JN160863

化合物命名法

—IUPAC 勧告に準拠—

第2版

日本化学会 命名法専門委員会 編

東京化学同人

まえがき

1974年1月に発行された日本化学会の「化合物命名法」は約40年間に7回の補訂を重ねた．この補訂7版を大幅に改訂し，2011年に装いも新たに「化合物命名法── IUPAC勧告に準拠──」が東京化学同人から発行された．幸いこの出版は好評で，表紙の色から“オレンジブック”とよばれて多くの方々に使っていただいている．

本書はこの2011年発行の第2版である．本書の構成は初版と同様，I. 総則に続いて，II. 無機化学命名法，III. 有機化学命名法，IV. 高分子化学命名法の4章から成り立っている．このうち，IIおよびIVの記述はそれぞれ2005年および2007年にIUPACから発行された書籍（具体的な書名等はI. 総則を参照されたい）に準拠している．本書初版のIII. 有機化学命名法の記述はIUPACの1979規則と1993規則（1979規則に軽微な補足・修正を施したもの）に準拠したものであった．

ところが，2013年にThe Royal Society of ChemistryからNomenclature of Organic Chemistry：IUPAC Recommendations and Preferred Names 2013（以下2013勧告という）が出版された．2013勧告の内容をわが国の化学関係者にできるだけ早く届けるため，初版の第III章有機化学命名法に大きな変更を加えた．すなわち，この改訂版では第III章を第一部と第二部に分割し，第一部に初版の第III章とほぼ同じ内容を掲載し，第二部に有機化学命名法2013勧告におけるおもな変更点を解説した．この勧告は，1979年に発行されたNomenclature of Organic Chemistry：Sections A, B, C, D, E, F and H, 1979 Edition, Pergamon Press（これが1979規則である）以来久々となる命名規則のきわめて大幅な変更である．

ここで，2013勧告についてごく簡単に説明をしておこう．IUPACが定めた命名法規則に従って命名すると，一般に一つの化合物に対応する名称はただ一つになる．しかし，実際には複数の命名方式が許されているため，一つの化合物に複数の名称が可能となることがある．これまでは，これら複数の名称のどれもが正式のIUPAC名であった．しかし，2013勧告では優先IUPAC名（preferred IUPAC Name, PIN）という新たな概念を導入し，PINを優先的に使うことを推奨している．ただし，IUPAC命名法で許されるPIN以外の名称も一般IUPAC名（general IUPAC name, GIN）として使用は認めている．IUPACは2013勧告において“情報の爆発的増大や国際化により，索引作成や商工業，環境・安全情報の分野での法規制などにおいて，一つの化合物にはできるだけ一つの名称を用いることが望ましいという要請が強まっている”として，PINを導入した理由を説明している．

原著の2013勧告は，ほとんど1600ページに達する分厚い書籍である．しかし，この本を調べなくても本改訂版の第III章 第二部を読めば，基本的な有機化合物のPINを導出できるように工夫してある．

2013勧告は導入されたばかりであり，国際的にまだほとんど普及していない．したがって，日本化学会発行の報文などにおける有機化合物名は1979規則や1993規則に従ったものを使用することでまったく問題はない．しかしながら，2013勧告にPINが採用された経緯からわかるように，PINは今後，商工業や産業界などに広く普及していく可能性がある．今後，省庁などによる法規制において，“PINを使用すること”といった決定が行われる可能性すらありうる．いずれにしても，2013 勧告が学術分野を含め，どの領域にどのように普及していくのか，その動向から目が離せなくなったといえよう．

本改訂版を出版するにあたり，初版の記述を全面的に検討し，わかりにくい記述には修正を加えた．化合物名を調べる際，ぴったり同じ化合物の名称を索引で見つけることができれば非常に便利である．さらに，ある化合物の名称を調べる際に，関連化合物の名称がわかればこれも大きな助けになる．そこで今回，無機化合物については化合物名（英語名および日本語名）をできるだけ数多く拾い，有機化合物については基礎となる置換基，鎖，環系の名称（英語名および日本語名）を丹念に拾って索引の充実を図った．

東京化学同人には，初版の出版同様，編集，校正にとどまらず細かな点に至るまでご配慮をいただいた．また，日本化学会の美園康宏氏には命名法専門委員会で大変お世話になった．あわせて厚く御礼を申し上げたい．

2016 年 2 月

日本化学会 命名法専門委員会
委員長　荻　野　博

「有機化学命名法 — IUPAC 2013 勧告および優先 IUPAC 名」日本化学会 命名法専門委員会訳著，東京化学同人（2017）が刊行され，日本語字訳基準が一部変更になりました．詳しくは東京化学同人のホームページより「化合物命名法 — IUPAC 勧告に準拠（第 2 版）」補遺・正誤表をご覧ください．

公益社団法人 日本化学会 命名法専門委員会

委員長　荻　野　　博　　元 東北大学大学院理学研究科 教授，
放送大学名誉教授，東北大学名誉教授，理学博士

委　員　岩　本　振　武　　元 東京大学大学院総合文化研究科 教授，
東京大学名誉教授，理学博士

岡　崎　廉　治　　元 東京大学大学院理学系研究科 教授，理学博士

北　山　辰　樹　　元 大阪大学大学院基礎工学研究科 教授，
大阪大学名誉教授，工学博士

齋　藤　太　郎　　元 東京大学大学院理学系研究科 教授，
東京大学名誉教授，工学博士

務　台　　潔　　元 東京大学大学院総合文化研究科 教授，
東京大学名誉教授，理学博士

（五十音順）

目　　次

I. 総　則……1

I-1 IUPAC命名法規則……1

I-2 化合物名日本語表記の原則……1

I-3 化合物名字訳規準……3

II. 無機化学命名法……7

II-A 元素名……7

II-B 無機化学命名法の基本原理と文法……11

II-B1 化合物の化学式……11

II-B2 体系的命名法……13

II-B3 置換命名法……15

II-B4 文　法……16

II-C イオンと原子団……18

II-C1 陽イオン……18

II-C2 陰イオン……18

II-C3 原子団……20

II-D 酸とその誘導体……21

II-D1 酸の慣用名称と体系名称……21

II-D2 水素名称……23

II-D3 オキソ酸誘導体の官能基代置名称……24

II-D4 複塩など……25

II-E 配位化合物，有機金属化合物……26

II-E1 配位化合物の化学式……26

II-E2 配位子の名称……27

II-E3 配位子の略号……27

II-E4 配位化合物の命名……30

II-E5 カッパ方式および立体配置……32

II-E6 有機金属化合物……33

II-E7 複核および多核錯体……34

II-F 付加化合物……35

II-G 固　体……36

II-G1 定比相と不定比相……36

II-G2 固相の名称……36

II-G3 化学組成……36

II-G4 多　形……37

II-H ホウ素化合物……38

II-I おもなイオンと原子団の名称……38

III. 有機化学命名法……43

第一部　有機化学命名法の基礎（1979規則および1993規則）……43

III1-A 炭化水素……44

III1-A1 鎖状炭化水素……44

III1-A2 鎖状炭化水素基……45

III1-A3 単環炭化水素……47

III1-A4 縮合多環炭化水素……48

III1-A5 橋かけ環炭化水素……50

III1-A6 スピロ炭化水素……51

III1-A7 炭化水素環集合……51

III1-B 基本複素環系……52

III1-B1 複素単環化合物……52

III1-B2 縮合複素環系……54

III1-B3 “ア”命名法（代置命名法）……56

III1-B4 複素環基……57

III1-C 特性基……58

III1-C1 特性基命名法の種類……58

III1-C2 特性基命名法の一般原則……59

III1-C3 ハロゲン誘導体……64

III1-C4 アルコール，フェノール……64

III1-C5 エーテル……65

III1-C6 カルボニル化合物および誘導体…66

III1-C7 カルボン酸および誘導体……68

III1-C8 二価硫黄を含む化合物……74

III1-C9 スルホキシド，スルホン……76

III1-C10 硫黄酸および誘導体……77

III1-C11 アミン，イミン，アンモニウム化合物……78

Ⅲ1-C12　アミド，イミド……………………80
Ⅲ1-C13　ニトリル……………………………81
Ⅲ1-C14　アゾおよびアゾキシ化合物……81
Ⅲ1-C15　ヒドラジンと誘導体……………83
Ⅲ1-C16　尿素およびチオ尿素の誘導体…83
Ⅲ1-C17　複雑な化合物の名称構成の手引……83
Ⅲ1-C18　ラジカル（遊離基）………………89
Ⅲ1-C19　イ　オ　ン…………………………90

第二部　有機化学命名法 2013 勧告における主要な変更点……………………92
Ⅲ2-A　命名法および関連事項………………92
Ⅲ2-A1　対象となる元素範囲の拡張………92
Ⅲ2-A2　優先 IUPAC 名(PIN)と命名法……92
Ⅲ2-B　母体となる炭化水素および環系に関する事項……98
Ⅲ2-B1　鎖状炭化水素………………………98
Ⅲ2-B2　環状炭化水素………………………99
Ⅲ2-B3　複素環化合物………………………100
Ⅲ2-B4　主鎖の選択…………………………101
Ⅲ2-B5　ヒドロ，デヒドロ接頭語…………102
Ⅲ2-C　特　性　基……………………………103
Ⅲ2-C1　優先 IUPAC 名(PIN)と特性基命名法……103
Ⅲ2-C2　ハロゲン誘導体……………………103
Ⅲ2-C3　アルコール，フェノール…………103
Ⅲ2-C4　ヒドロペルオキシド………………104
Ⅲ2-C5　エーテル……………………………104
Ⅲ2-C6　カルボニル化合物…………………105
Ⅲ2-C7　ケ　テ　ン…………………………106
Ⅲ2-C8　アセタールとケタール……………106
Ⅲ2-C9　カルボン酸および誘導体…………107
Ⅲ2-C10　硫黄を含む化合物………………112
Ⅲ2-C11　アミン，イミン，アンモニウム化合物……116
Ⅲ2-C12　アゾおよびアゾキシ化合物……118
Ⅲ2-C13　ヒドラジンと誘導体……………119
Ⅲ2-C14　ラジカル（遊離基）………………120
Ⅲ2-C15　イ　オ　ン………………………121

Ⅳ．高分子化学命名法……………………………127
Ⅳ-A　ホモポリマー……………………………127
Ⅳ-A1　規則性ポリマーの構造基礎命名法の一般原則……127
Ⅳ-A2　命名用 CRU の定め方………………127
Ⅳ-A3　ポリマーの命名………………………128
Ⅳ-A4　ポリマーの原料基礎名………………131
Ⅳ-B　コポリマー………………………………133
Ⅳ-B1　不規則性ポリマーと規則性ポリマー……133
Ⅳ-B2　コポリマーの原料基礎命名法の原理……133
Ⅳ-B3　コポリマーの命名……………………134
Ⅳ-B4　重縮合，重付加系コポリマー………135
Ⅳ-B5　分類式原料基礎命名法………………136
Ⅳ-C　非線状ポリマーと高分子集合体……136
Ⅳ-C1　非線状ポリマーおよび高分子集合体命名の一般原則…136
Ⅳ-C2　非線状ポリマーの命名………………137
Ⅳ-C3　高分子集合体の命名…………………138
Ⅳ-D　略　語……………………………………138
Ⅳ-D1　ポリマーの略語…………………………138
Ⅳ-D2　コポリマーの略語………………………138

付録 1　多環化合物の命名……………………………139
1.1　縮合環化合物の命名……………………139
1.2　橋かけ環化合物の命名…………………154
1.3　スピロ環化合物の命名…………………156

付録 2　指示水素と付加水素…………………………159
2.1　環状モノケトン…………………………159
2.2　環状ジケトン……………………………160
2.3　環状トリケトン…………………………161
2.4　チオケトン，イミン，二価の基，スピロ環化合物など……161

付録 3 *Chemical Abstracts* 索引名と IUPAC 名 ……162
3.1 元 素 名……162
3.2 炭化水素名……162
3.3 炭化水素基名……163
3.4 基本複素環の名称……163
3.5 カルボン酸の名称……163
3.6 特性基名……163
3.7 第一級アミンの名称……163
3.8 オキソ酸の類縁体……163

付録 4 置 換 基 の 基 名 表 ……165

欧 文 索 引 ……169
和 文 索 引 ……180

掲載表一覧

表 I-1　化合物名の字訳規準表……2
表 II-1　元 素 表……8
表 II-2　元素周期表……9
表 II-3　原子番号 113 番以上の元素に対して暫定的に認められた名称と記号…10
表 II-4　元素の順位……11
表 II-5　単核母体水素化物の名称……15
表 II-6　配位子の略号……28
表 II-7　多面体記号……32
表 II-8　14 種のブラベ格子に用いる Pearson 記号……37
表 II-9　おもなイオンと原子団の名称……39
表 III1-1　飽和直鎖炭化水素 C_nH_{2n+2} の名称……44
表 III1-2　複素環のヘテロ原子の種類を示す接頭語……52
表 III1-3　複素環の環の大きさと水素化の状態を表す語幹……53
表 III1-4　接頭語としてのみ呼称される特性基（強制接頭語）……59
表 III1-5　特性基が主基として呼称されるための化合物種類の優先順位……60
表 III1-6　置換命名法で用いられる主要基の接尾語と接頭語……61
表 III1-7　基官能命名法で用いられる官能種類名……63
表 III1-8　母体カチオン名……90
表 III2-1　倍数命名法で使われる多価置換基の例……94
表 III2-2　化合物種類の優先順位……97
表 III2-3　特性基カチオンの接尾語対応表……123
表 IV-1　ポリマー鎖を構成する単位となる二価の基の名称……130
表 IV-2　よく使われるポリマーの原料基礎名と構造基礎名……131
表 IV-3　コポリマーの命名法……134
表 IV-4　非線状ポリマーおよび高分子集合体の
骨格構造と接頭語，接続記号……137
付録 4　置換基の基名表……165

I. 総　　　　則

I-1 IUPAC 命名法規則

現在用いられている IUPAC（国際純正・応用化学連合）制定の命名法規則としては，つぎのものがある．

（1）Nomenclature of Inorganic Chemistry：IUPAC Recommendations 2005
　© 2005 by IUPAC（The Royal Society of Chemistry）

（2）Nomenclature of Organic Chemistry：Sections A, B, C, D, E, F and H, 1979 Edition
　© 1979 by IUPAC（Pergamon Press）

（3）Compendium of Polymer Terminology and Nomenclature：IUPAC Recommendations 2008
　© 2009 by IUPAC（The Royal Society of Chemistry）

有機化学命名法において，1993 年に（2）を暫定的に補足修正したガイド（4）が，2013 年に本格的に大幅修正した（5）が発行されている．

（4）A Guide to IUPAC Nomenclature of Organic Compounds：Recommendations 1993
　© 1993 by IUPAC（Blackwell Scientific Publications）

（5）Nomenclature of Organic Chemistry：IUPAC Recommendations and Preferred Names 2013
　© 2013 by IUPAC（The Royal Society of Chemistry）

IUPAC 命名法規則を日本語に翻訳したものとしては，つぎのものがある．

（6）日本化学会 化合物命名法委員会 訳著，“無機化学命名法 ── IUPAC 2005 年勧告 ──”，
　東京化学同人（2010）

（7）平山健三・平山和雄 訳著，“有機化学・生化学命名法（上・下）”，改訂第 2 版，南江堂
　（1988, 1989）

（8）高分子学会 高分子命名法委員会 訳，“高分子の命名法・用語法”，講談社（2007）

上記の文献（5）については，“化学と工業”，Vol. 68，No. 4，p. 366（2015）に（2）および（4）以降のおもな修正点に関する解説がある．本書でも肝要な修正点をⅢ章 第二部に記載してある．なお，IUPAC が発行する命名法や述語に関する出版物は分野別に表紙の色が決まっており，文献（1）はレッドブック，文献（2），（5）はブルーブック，文献（3）はパープルブック，Quantities, Units and Symbols in Physical Chemistry はグリーンブックとよばれる．

I-2 化合物名日本語表記の原則

I-2.1 外国語で命名された化合物名を日本語で書くとき，(*a*) 日本語に翻訳する場合，(*b*) 原語をそのまま片仮名書きする場合，および (*c*) 両者を併用する場合があるが，いずれの場合にも，一つの原語に対して一つの日本語が対応するように心がける．

例：(*a*) 硫酸カルシウム，安息香酸
　　(*b*) アンモニア，エタノール
　　(*c*) 三塩化ホスホリル，パルミチン酸

I-2.2 従来の文部科学省学術用語集に採用されていた既定用語，および従来広く慣用されてきた日本語の化合物名は，なるべく変えないようにするが，原則としては，片仮名書きの通則を決めて，全体的に統一をはかるように配慮する．

I-2.3 化合物名の片仮名書きにおいては，原語の発音とは関係なく，つまり**音訳**ではなく，字訳規準に従って原語のつづりを機械的に片仮名に変換する**字訳**方式を採用する．

例：butane ブタン （ビューテインではない）

benzene ベンゼン （ベンズィーンではない）

化合物名を字訳するときは，英語つづりの名称を原語とし，そのアルファベット文字を片仮名文字との対応表によって片仮名文字に変えたものを，原則として，日本語名の基準とする．

I-2.4 アルファベット文字のつづり字を片仮名文字に移すための対応表（**字訳規準表**とよぶ）の作成にあたっては，従来広く慣用されてきた化合物名がなるべく変わらないように配慮してある（表 I-1）．

I-2.5 既定用語で，英語以外の外国語を原語として字訳された化合物名が広く慣用されているもの

表 I-1 化合物名の字訳規準表[a)]

	字訳							備考
（子音字）	A. 子音字とそれに続く母音字との組合わせ					B. 子音字のみ[b)]		
	（母音字） a	i,y	u	e	o	同じ子音字がつぎにくるとき	他の子音字がつぎにくるときまたは単語末尾のとき	
	ア	イ	ウ	エ	オ			子音字と組合わせられていない母音字
b	バ	ビ	ブ	ベ	ボ	促	ブ	
c	カ	シ	ク	セ	コ	促	ク*	＊ ch＝k；ch, k, qu の前の c は促音；sc は別項
d	ダ	ジ	ズ	デ	ド	促	ド	
f	ファ	フィ	フ	フェ	ホ	＊	フ	＊ ff＝f；pf＝p
g	ガ	ギ	グ	ゲ	ゴ	促	グ	gh＝g
h	ハ	ヒ	フ	ヘ	ホ	—	長	sh, th は別項；ch＝k；gh＝g；ph＝f；rh，rrh＝r
j	ジャ	ジ	ジュ	ジェ	ジョ	—	ジュ	
k	カ	キ	ク	ケ	コ	促	ク	
l	ラ	リ	ル	レ	ロ	＊	ル	＊ ll＝l
m	マ	ミ	ム	メ	モ	ン	ム*	＊ b, f, p, pf, ph の前の m はン
n	ナ	ニ	ヌ	ネ	ノ	ン	ン	
p	パ	ピ	プ	ペ	ポ	促	プ*	＊ pf＝p，ph＝f
qu	クア	キ	—	クエ	クオ	—	—	
r	ラ	リ	ル	レ	ロ	＊	ル*	＊ rr, rh, rrh＝r
s	サ	シ	ス	セ	ソ	促	ス*	＊ sc, sh は別項
sc	スカ	シ	スク	セ	スコ	—	スク	
sh	シャ	シ	シュ	シェ	ショ	—	シュ	
t	タ	チ	ツ	テ	ト	促	ト*	＊ th は別項
th	タ	チ	ツ	テ	ト	—	ト	
v	バ	ビ	ブ	ベ	ボ	—	ブ	
w	ワ	ウィ	ウ	ウェ	ウォ	—	ウ	
x	キサ	キシ	キス	キセ	キソ	—	キス	
y	ヤ	イ	ユ	イエ	ヨ	—	＊	＊ この場合は母音字
z	ザ	ジ	ズ	ゼ	ゾ	促	ズ	

a） I-3.8 に字訳規準表の例外を示した．
b） “促” は促音化（例：saccharin サッカリン），“長” は長音化（例：prehnitene プレーニテン）

は，すでに定着した日本語名と認め，英語を原語とする字訳名に改めることはしない．

例：ドイツ語 Palmitinsäure の字訳に由来するパルミチン酸という日本語名は定着した慣用名として認め，英語の palmitic acid の字訳によるパルミト酸という日本語名は採用しない．

日本語名が定着している元素名を，その英語名の字訳に改めることはしない．たとえば，Na ナトリウム，K カリウムなどはそのままである．また，元素名には字訳規準を厳密には適用していない．II-A を参照のこと．

I-2.6　数を表す接頭語 mono，di，tri，tetra などを日本語にするとき，翻訳名の前では“一，二，三，四”などと翻訳し，字訳名の前では“モノ，ジ，トリ，テトラ”などと字訳する．ただし，元素名の前ではすべて“一，二”などと翻訳する．

例：calcium diacetate　二酢酸カルシウム

2,2′,2″,2‴-(ethane-1,2-diyldinitrilo)tetraacetic acid

2,2′,2″,2‴-(エタン-1,2-ジイルジニトリロ)四酢酸

tetraethyllead　テトラエチル鉛　　disodium succinate　コハク酸二ナトリウム

I-2.7　既定用語として，字訳の通則に従わない片仮名書きを残す場合には，用語集などに字訳の通則の例外であることを明示するように考慮する[1)]．

例：① salicylic acid　サリチル酸，② cresol　クレゾール，③ strychnine　ストリキニーネ，④ colchicine　コルヒチン，など．

I-3　化合物名字訳規準

I-3.1　原　語

この規準は，普通のアルファベット文字で書かれた化合物名を日本語で字訳するときの基準である．片仮名文字に字訳する化合物名は，原則として，英語を原語とするが，従来の慣習で，英語以外の外国語を原語として字訳された化合物名が，日本語として定着していると認められるものは，そのまま使う．

I-3.2　字訳すべき文字

記号，翻訳すべき部分，語尾の e を除き，原語のすべてのアルファベット文字を字訳する．前記の e が複合名の中間にあるときも同様に扱う．原語の記号はすべてそのまま使う．

例：acetylacetone　アセチルアセトン

dimethylformamide　ジメチルホルムアミド

2,4-dinitroaniline　2,4-ジニトロアニリン

2,4-di-*O*-acetyl-D-glucose　2,4-ジ-*O*-アセチル-D-グルコース

benzenesulfonic acid　ベンゼンスルホン酸

I-3.3　つなぎ符号

化合物名が原語で 2 語以上にわたり，続けて字訳すると難解となり，あるいは他の化合物と混同するような場合には，原語の語間に相当する部分につなぎ符号＝を入れる．

例：methyl phenyl malonate　メチル＝フェニル＝マロナート

2-ethylhexyl propyl ketone　2-エチルヘキシル＝プロピル＝ケトン

つなぎ符号がなくてもまぎらわしくない場合には，つなぎ符号を入れなくてもよい．

例：ethyl alcohol　エチルアルコール　　diethyl ether　ジエチルエーテル

ethyl methyl ketone　エチルメチルケトン

---

1) 本書では，字訳の通則の例外は×をつけて示してある．

I-3.4 子音字と母音字

子音字とは英語字母のうちa，e，i，o，uを除いた21字母とする．

母音字とはa，e，i，o，u，y（直後に母音がこないとき，または母音がくるがyが音節末尾のとき）の6字母とする．

注：methyl，cyanoなどのyは母音字．yohimbineなどのyは子音字．

ch，ff，gh，ll，pf，ph，qu，rh，rr，rrh，sc，sh，thは子音字1個と同様に扱う．

I-3.5 原語と字訳語の文字対応

(a) 子音字1個とそれに続く母音字1個は組合わせて表I-1の字訳規準表A欄により字訳する．

(b) 母音字を伴わない子音字は字訳規準表B欄により字訳する．

(c) 直前が子音字でない母音字はローマ字つづりと同じに字訳する．

例：auxin　アウキシン　　ionone　イオノン　　thiirane　チイラン

thiuram　チウラム　　guanidine　グアニジン　　linalool　リナロオール

(d) 元素名iodineに関連のあるioは“ヨー”と字訳する（上記(c)項の例外）．

例：iodobenzene　ヨードベンゼン　　iodide　ヨージド*

＊“ヨウ化”または“ヨウ化物”と翻訳する場合もある．

(e) 母音字yはiと同様，æまたはそれに代わるaeはeと同様，œまたはそれに代わるoeはeと同様，ouはuと同様，euはoiと同様に字訳する（上記(c)項の例外）．

例：cæsium（英）＝ caesium（IUPAC名, 英）＝ cesium（米）　セシウム

œstrone（英）＝ oestrone（英）＝ estrone（米）　エストロン

coumarin　クマリン　　leucine　ロイシン

(f) 下記の語尾は上記(a)～(c)項の例外とし，下に示すように字訳する．

al	(ア)ール	ase	(ア)ーゼ	ate	(ア)ート[1]	ol	(オ)ール	ole	(オ)ール
oll	(オ)ール	ose	(オ)ース	ot	(オ)ート	it	(イ)ット	ite	(イ)ット
yt	(イ)ット								

上記の（ア）は字訳規準表A欄のア列の文字であることを表し，原語の語尾直前の文字によりどの行の片仮名になるか決まる．（イ），（オ）についても同様である[2]．

例：hexanal　ヘキサナール　　amylase　アミラーゼ　　acetate　アセタート*

anisole　アニソール　　glucose　グルコース　　nitrite　ニトリット*

＊“酢酸——”または“酢酸塩”，“亜硝酸塩”などと翻訳する場合もある．

I-3.6 基　本　名

有機化合物の命名においては，化合物の構造を，鎖状あるいは環状の炭化水素，基本複素環などを基本とし，これに置換基や特性基が結合しているものとみなす．この基本部分の名称を**基本名**という．

例：hexane　ヘキサン　　cyclohexane　シクロヘキサン

benzene　ベンゼン　　furan　フラン

pyridine　ピリジン　　thiophene　チオフェン

---

1) 有機酸エステルなど，とくに工業原料，工業製品などの名称では，英語の“音訳”による“(エ)ート”もよく使われる．

2) これらの接尾語は，直前の子音字と組合わせて字訳することになる．本書のII章およびIII章では，母音字で始まる接尾語の字訳に（ア），（イ）などのように括弧をつけることを省略した．

I-3.7 複　合　名

基本名に，**基本名語幹**（例：acet, benz, succin, phthal），**官能種類名**（functional class name，例：aldehyde, amine, nitrile），**接頭語**（例：di, cyclo, chloro），**接尾語**（例：ene, ol, yl, oyl）などが組合わされて複合名をつくる．

(a) 複合名は語構成要素ごとにI-3.5によって字訳する．

例：methylanthracene　メチルアントラセン（メチラントラセンとしない）
benzaldehyde　ベンズアルデヒド（ベンザルデヒドとしない）
benzylamine　ベンジルアミン（ベンジラミンとしない）
pyridinamine　ピリジンアミン（ピリジナミンとしない）
acetamide　アセトアミド（アセタミドとしない）

(b) 語構成要素の二つ以上が短縮融合してできた語の融合箇所の子音字-母音字は組合わせてI-3.5 (a) に従って字訳する．

例：hydro-oxy → hydroxy　ヒドロキシ
methyl-oxy → methoxy　メトキシ
meso-oxalyl → mesoxalyl　メソキサリル
oxal-amoyl → oxamoyl　オキサモイル
sulfur-amoyl → sulfamoyl　スルファモイル
methyl-acrylic acid → methacrylic acid　メタクリル酸
chloro-anil → chloranil　クロラニル

ただし，語尾eが脱落して他の要素と結合するのは短縮融合ではない．

例：hexane-amide → hexanamide　ヘキサンアミド

また，基本名語幹と官能種類名との結合は，短縮融合ではない．

例：benzamide　ベンズアミド　succinimide　スクシンイミド
acetamidine　アセトアミジン

(c) 異性，異量などを表すiso, paraなどの接頭語が母音で始まる基本名（または他の構成要素）につくとき，接頭語末尾のaまたはoが脱落することがある．これらはいずれも脱落前の形にして字訳する．

例：iso-oxazole → isoxazole　イソオキサゾール
para-aldehyde → paraldehyde　パラアルデヒド
proto-actinium → protactinium　プロトアクチニウム

有機化合物の置換命名法で，tetra，hexaなどの数を表す接頭語が，特性基を表す接尾語の前につくときも，同様に字訳する．

例：tetra-ol → tetrol　テトラオール
hexa-one → hexone　ヘキサオン

(d) 母音字で始まる接尾語とその前の子音字は組合わせてI-3.5(a) に従って字訳する．該当する接尾語には ene，yne，ol，olate，al，one，ate，oate，yl，oyl，ylene，ylidene，ylidyne，olide，ide，ine，ium，onium などがある．

例：ethanol　エタノール　hexenone　ヘキセノン
butenyl　ブテニル　anilinium　アニリニウム

aldehyde，amine，imine，amide などの官能種類名は，上記I-3.7 (a) 項に従って字訳する．

例：cinnamaldehyde　シンナムアルデヒド（シンナマルデヒドとしない）
ethylamine　エチルアミン（エチラミンとしない）

（e）euphony o（英語の場合，発音しやすいように，語構成要素末尾につけ加えられる o）とその前の子音字は組合わせて I-3.5(a) に従って字訳する．基名などの末尾の o もこれに該当する．

例：butyrolactone　ブチロラクトン　　propiononitrile　プロピオノニトリル

（f）二重結合 1 個をもつ橋かけ環炭化水素，スピロ炭化水素，炭化水素基の名称は，炭素原子数を表す基本名語幹の後に母音 a があるものとして字訳する．

例：bicyclo[2.2.1]hept-2-ene　ビシクロ[2.2.1]ヘプタ-2-エン
spiro[4.4]non-2-ene　スピロ[4.4]ノナ-2-エン
but-1-ene-1,4-diyl　ブタ-1-エン-1,4-ジイル

I-3.8　字訳規準表の適用範囲と例外

字訳規準表を適用してアルファベット文字を片仮名文字に字訳するのは，学術用語として使われる化合物名に限定する．化学工業製品や医薬品などの商品名，あるいは鉱物名，酵素名などには，本稿の字訳規準表に準拠しない慣用名が普及しているものも多数あるが，これらの慣用名まで規準表に基づいて直ちに改変しようというものではない．

例：acetate　アセテート（工業製品として）　indanthrene dye　インダンスレン染料
Neutral Red　ニュートラルレッド　aureomycin　オーレオマイシン
lysozyme　リゾチーム

また，物質名以外の一般化学用語にも，この字訳規準表はそのままでは適用できない．

例：monomer　モノマー　polymer　ポリマー
emulsion　エマルション　sol　ゾル
glass　ガラス　Dry Ice（dry ice）[1)]　ドライアイス

学術用語としての化合物名であっても，字訳規準表の例外となる字訳名が定着しているものは，例外として認めなければならない．

例：alcohol　アルコール（規準表によればアルコホール）
ether　エーテル（規準表によればエテル）
succin　スクシン（規準表によればスッシン）

pseudo をプソイドとしたり，pteridine をプテリジン（Ⅲ1-B2.1 参照）とするような定着した用法を除き，英語では黙音となる p が語頭あるいは語幹の頭字となるときの ps...，pn...，pt... などでは，例外として p を字訳しない．

例：psoralen　ソラレン
pnictide　ニクトゲン化物（15 族元素の集合名 pnictogens ニクトゲンに由来）

また，異なる原語を規準表によって字訳すると同じ日本語名になってしまうような場合には，特殊の例外規定が必要となる．つぎに示す典型的な例については，下に記す便法を講ずることが，文部科学省学術用語集にも記載されている．

例：allyl　アリル　benzine　ベンジン
aryl　アリール　benzyne　ベンザイン

1）　かつては，Dry Ice が商標名であるため，D と I の大文字表記が正しいとされていたが，現在では普通名詞化して dry ice と表記される例も多い．

II. 無機化学命名法

数次にわたる改訂を重ねた現行 IUPAC 規則の日本語版は“無機化学命名法――IUPAC 2005 年勧告――”東京化学同人（2010）（I-1，文献（6））として刊行されている．同書は，その原著と同じく，表紙の地色が赤なので，**レッドブック**とよばれる．2005 年勧告では，1990 年勧告（以下 1990 勧告と略す）を大幅に改訂している．ここではそのレッドブック最新版（以下 2005 勧告と略す）に準拠して無機化学命名法の基本を解説する．詳細については 2005 勧告を参照されたい．

II-A　元　素　名

II-A1　元素の英語および日本語の固有名称と記号は元素表（表 II-1）に記した．日本語名称の由来には歴史があり，片仮名名称の個々を見ると，漢字片仮名化，ドイツ語典拠，英語典拠が混在し，また英語典拠の場合でも，必ずしも英語名称の字訳規準に従ってはいない[1]．

II-A2　元素の族番号と周期は IUPAC 元素周期表（表 II-2）で定められる．水素を除く[2]1 族と 2 族および 13 族から 18 族までの元素を**主要族元素** main group elements とする．元素を s, p, d, f などの記号を用いて分族してもよく，たとえば 3 族から 12 族までの元素は **d ブロック元素** d-block elements となる．これらの元素は一般に**遷移元素** transition elements とされるが，その場合，12 族元素は必ずしも含まれるとは限らない．12 族元素を遷移元素としない場合は，主要族元素とされる．ランタノイドおよびアクチノイドである **f ブロック元素** f-block elements を**内遷移元素** inner transition elements とすることもある．

ある特定の目的に適切であれば，**族の最上段の元素名を冠した族名**の使用も認められる．たとえば，13 族 B, Al, Ga, In, Tl をホウ素族，4 族 Ti, Zr, Hf, Rf をチタン族とするようにである．

このような同族元素および類似元素に対する集合的名称として，IUPAC は以下を公認している．**アルカリ金属** alkali metals（Li, Na, K, Rb, Cs, Fr），**アルカリ土類金属** alkaline earth metals（Be, Mg, Ca, Sr, Ba, Ra），**ニクトゲン** pnictogens（N, P, As, Sb, Bi），**カルコゲン** chalcogens（O, S, Se, Te, Po），**ハロゲン** halogens（F, Cl, Br, I, At），**貴ガス** noble gases（He, Ne, Ar, Kr, Xe, Rn），**ランタノイド** lanthanoids（La, Ce, Pr, Nd, Pm, Sm, Eu, Gd, Tb, Dy, Ho, Er, Tm, Yb, Lu），**希土類金属** rare earth metals（Sc, Y, ランタノイド），**アクチノイド** actinoids（Ac, Th, Pa, U, Np, Pu, Am, Cm, Bk, Cf, Es, Fm, Md, No, Lr）．ニクトゲン，カルコゲン，ハロゲンの化合物としての総括的名称として，ニクトゲン化物，カルコゲン化物，ハロゲ

1）学界・業界の一部や報道媒体で見られるジューテリウム（D），リシウム（Li），ボロン（B），アルミニューム（Al），シリコン（Si），チタニウム（Ti），バナジン（V），ニオビウムあるいはナイオビウム（Nb），ジルコン（Zr），アンチモニー（Sb），ヨード（I），プラセオジミウム（Pr），ネオジミウム（Nd），プロメシウム（Pm），ユーロピウム（Eu），ルテシウム（Lu），タンタラム（Ta），プラチナ（Pt），ソーリウム（Th），プロタクチニウム（Pa），ウラニウム（U）などの表記は避けるべきであり，カドミニウム，ネオジウムなどの誤用もあってはならない．

2）水素は陽イオン化では 1 族，陰イオン化では 17 族に類似するが，化学的性質には，アルカリ金属ともハロゲンとも，それぞれ顕著な差が認められる．そこで，水素を主要族元素とはしない（当然，遷移元素でもない）とするのが，1990 年勧告以降からの IUPAC の見解である．

表 II-1 元 素 表

原子番号	元素記号	元 素 名	
1	H	hydrogen	水素
2	He	helium	ヘリウム
3	Li	lithium	リチウム
4	Be	beryllium	ベリリウム
5	B	boron	ホウ素
6	C	carbon	炭素
7	N	nitrogen	窒素
8	O	oxygen	酸素
9	F	fluorine	フッ素
10	Ne	neon	ネオン
11	Na	sodium	ナトリウム
12	Mg	magnesium	マグネシウム
13	Al	aluminium (aluminum)*	アルミニウム
14	Si	silicon	ケイ素
15	P	phosphorus	リン
16	S	sulfur	硫黄
17	Cl	chlorine	塩素
18	Ar	argon	アルゴン
19	K	potassium	カリウム
20	Ca	calcium	カルシウム
21	Sc	scandium	スカンジウム
22	Ti	titanium	チタン
23	V	vanadium	バナジウム
24	Cr	chromium	クロム
25	Mn	manganese	マンガン
26	Fe	iron	鉄
27	Co	cobalt	コバルト
28	Ni	nickel	ニッケル
29	Cu	copper	銅
30	Zn	zinc	亜鉛
31	Ga	gallium	ガリウム
32	Ge	germanium	ゲルマニウム
33	As	arsenic	ヒ素
34	Se	selenium	セレン
35	Br	bromine	臭素
36	Kr	krypton	クリプトン
37	Rb	rubidium	ルビジウム
38	Sr	strontium	ストロンチウム
39	Y	yttrium	イットリウム
40	Zr	zirconium	ジルコニウム
41	Nb	niobium	ニオブ
42	Mo	molybdenum	モリブデン
43	Tc	technetium	テクネチウム
44	Ru	ruthenium	ルテニウム
45	Rh	rhodium	ロジウム
46	Pd	palladium	パラジウム
47	Ag	silver	銀
48	Cd	cadmium	カドミウム
49	In	indium	インジウム
50	Sn	tin	スズ
51	Sb	antimony	アンチモン
52	Te	tellurium	テルル
53	I	iodine	ヨウ素
54	Xe	xenon	キセノン
55	Cs	caesium (cesium)*	セシウム
56	Ba	barium	バリウム
57	La	lanthanum	ランタン
58	Ce	cerium	セリウム
59	Pr	praseodymium	プラセオジム
60	Nd	neodymium	ネオジム
61	Pm	promethium	プロメチウム
62	Sm	samarium	サマリウム
63	Eu	europium	ユウロピウム
64	Gd	gadolinium	ガドリニウム
65	Tb	terbium	テルビウム
66	Dy	dysprosium	ジスプロシウム
67	Ho	holmium	ホルミウム
68	Er	erbium	エルビウム
69	Tm	thulium	ツリウム
70	Yb	ytterbium	イッテルビウム
71	Lu	lutetium	ルテチウム
72	Hf	hafnium	ハフニウム
73	Ta	tantalum	タンタル
74	W	tungsten	タングステン
75	Re	rhenium	レニウム
76	Os	osmium	オスミウム
77	Ir	iridium	イリジウム
78	Pt	platinum	白金
79	Au	gold	金
80	Hg	mercury	水銀
81	Tl	thallium	タリウム
82	Pb	lead	鉛
83	Bi	bismuth	ビスマス
84	Po	polonium	ポロニウム
85	At	astatine	アスタチン
86	Rn	radon	ラドン
87	Fr	francium	フランシウム
88	Ra	radium	ラジウム
89	Ac	actinium	アクチニウム
90	Th	thorium	トリウム
91	Pa	protactinium	プロトアクチニウム
92	U	uranium	ウラン
93	Np	neptunium	ネプツニウム
94	Pu	plutonium	プルトニウム
95	Am	americium	アメリシウム
96	Cm	curium	キュリウム
97	Bk	berkelium	バークリウム
98	Cf	californium	カリホルニウム
99	Es	einsteinium	アインスタイニウム
100	Fm	fermium	フェルミウム
101	Md	mendelevium	メンデレビウム
102	No	nobelium	ノーベリウム
103	Lr	lawrencium	ローレンシウム
104	Rf	rutherfordium	ラザホージウム
105	Db	dubnium	ドブニウム
106	Sg	seaborgium	シーボーギウム
107	Bh	bohrium	ボーリウム
108	Hs	hassium	ハッシウム
109	Mt	meitnerium	マイトネリウム
110	Ds	darmstadtium	ダームスタチウム
111	Rg	roentgenium	レントゲニウム
112	Cn	copernicium	コペルニシウム
113	Nh	nihonium	ニホニウム
114	Fl	flerovium	フレロビウム
115	Mc	moscovium	モスコビウム
116	Lv	livermorium	リバモリウム
117	Ts	tennessine	テネシン
118	Og	oganesson	オガネソン

* 括弧内のつづりも広く用いられている.

表 II-2 元素周期表

周期＼族	1	2	3	4	5	6	7	8	9	10	11	12	13	14	15	16	17	18
1	1 **H**																	2 **He**
2	3 **Li**	4 **Be**											5 **B**	6 **C**	7 **N**	8 **O**	9 **F**	10 **Ne**
3	11 **Na**	12 **Mg**											13 **Al**	14 **Si**	15 **P**	16 **S**	17 **Cl**	18 **Ar**
4	19 **K**	20 **Ca**	21 **Sc**	22 **Ti**	23 **V**	24 **Cr**	25 **Mn**	26 **Fe**	27 **Co**	28 **Ni**	29 **Cu**	30 **Zn**	31 **Ga**	32 **Ge**	33 **As**	34 **Se**	35 **Br**	36 **Kr**
5	37 **Rb**	38 **Sr**	39 **Y**	40 **Zr**	41 **Nb**	42 **Mo**	43 **Tc**	44 **Ru**	45 **Rh**	46 **Pd**	47 **Ag**	48 **Cd**	49 **In**	50 **Sn**	51 **Sb**	52 **Te**	53 **I**	54 **Xe**
6	55 **Cs**	56 **Ba**	*57–71 ランタノイド	72 **Hf**	73 **Ta**	74 **W**	75 **Re**	76 **Os**	77 **Ir**	78 **Pt**	79 **Au**	80 **Hg**	81 **Tl**	82 **Pb**	83 **Bi**	84 **Po**	85 **At**	86 **Rn**
7	87 **Fr**	88 **Ra**	‡89–103 アクチノイド	104 **Rf**	105 **Db**	106 **Sg**	107 **Bh**	108 **Hs**	109 **Mt**	110 **Ds**	111 **Rg**	112 **Cn**	113 **Nh**	114 **Fl**	115 **Mc**	116 **Lv**	117 **Ts**	118 **Og**

*57 **La**	58 **Ce**	59 **Pr**	60 **Nd**	61 **Pm**	62 **Sm**	63 **Eu**	64 **Gd**	65 **Tb**	66 **Dy**	67 **Ho**	68 **Er**	69 **Tm**	70 **Yb**	71 **Lu**
‡89 **Ac**	90 **Th**	91 **Pa**	92 **U**	93 **Np**	94 **Pu**	95 **Am**	96 **Cm**	97 **Bk**	98 **Cf**	99 **Es**	100 **Fm**	101 **Md**	102 **No**	103 **Lr**

ン化物も使用される．ニクトゲンをニコゲン pnicogen ということもある．

ランタノイドの語義が“ランタン類似”であるからランタンは含まれないとする主張もあるが，一般にはランタンを含む用法が定着している．同様にアクチノイドでもアクチニウムを含む用法が定着している．命名法規則に従えば，語尾が ide となる語は――化物およびその陰イオンを指し，ランタニド lanthanide はランタン化物，アクチニド actinide はアクチニウム化物を意味することになるから，元素群の集合名称としてランタニド，アクチニドを用いるのは適切さに欠ける．

II-A3　元素記号に，原子番号，質量数などをつけて表示するときには，左下に原子番号，左上に質量数，右下に原子の個数，右上にイオン電荷を表記する．元素記号と原子番号は独立ではないが，核反応を記載するときには便利である．単に同位体を表記するときには，質量数と元素記号だけで十分な場合が多い．名称としては，たとえば ^{90}Sr は，strontium-90 ストロンチウム-90 とする．

例：$^{32}_{16}S_2^{2+}$：原子番号 16，質量数 32 の硫黄原子 2 個からなる 2 価陽イオン．

右上に記すイオン電荷は +, 2+, 3+, …；−, 2−, 3−, … のように，符号の前に価数の数字を書くが，数字が 1 のときは省略する．しかし，名称中にイオン電荷などを記すときには，1 は省略しない．

例：$[Ag(NH_3)_2]^+$　diamminesilver(1+)　ジアンミン銀(1+)

$[Ag(CN)_2]^-$　dicyanidoargentate(1−)　ジシアニド銀酸イオン(1−)

II-A4　$^{26}_{12}$Mg と $^{4}_{2}$He(α 粒子) とが反応して $^{29}_{13}$Al と $^{1}_{1}$H(プロトン) が生成する核反応はつぎのように書く．

$$^{26}\mathrm{Mg}(\alpha, p)^{29}\mathrm{Al}, \quad ^{26}\mathrm{Mg}(^{4}\alpha, ^{1}p)^{29}\mathrm{Al}, \quad \text{あるいは} \quad ^{26}_{12}\mathrm{Mg}(^{4}_{2}\mathrm{He}, ^{1}_{1}\mathrm{H})^{29}_{13}\mathrm{Al}$$

II-A5　**水素の同位体**である ^{1}H, ^{2}H, ^{3}H はそれぞれ protium プロチウム，deuterium ジュウテリウム，tritium トリチウムである．後二者を記号 D, T で表すこともあるが，特別の理由がない限り ^{2}H, ^{3}H の使用が望まれる．水素イオン $^{1}H^+$, $^{2}H^+$, $^{3}H^+$ はプロトン，ジュウテロン，トリトンであるが，天然の同位体混合物としての水素イオンは，プロトンではなく，hydron ヒドロンとすることが望ましい．もちろん，水素イオンという名称も正当である．ミューオン，ミューオニウムについては 2005 勧告を参照されたい．

II-A6　分子式あるいは結晶構造が明確な**同素体** allotrope には，その構造情報に基づく体系名称を使うのがよい．しかし，非体系的慣用名称も許容されている．

例：化学式	体系名称	許容される別名称
O_2	dioxygen 二酸素	oxygen 酸素
O_3	trioxygen 三酸素	ozone オゾン
S_6	hexasulfur 六硫黄	ε-sulfur ε-硫黄
S_8	*cyclo*-octasulfur *cyclo*-八硫黄	α-sulfur α-硫黄
		β-sulfur β-硫黄
		γ-sulfur γ-硫黄
S_n	polysulfur ポリ硫黄	μ-sulfur μ-硫黄　または　plastic sulfur ゴム状硫黄
C_{60}	hexacontacarbon 六十炭素	[60]fullerene [60]フラーレン

II-A7　原子番号 113 以上の元素に対して認められた暫定名称と暫定記号は表 II-3 に示した．この表には，原子番号のアラビア数字の個々をラテン語系数詞で連書した名称と，それら 3 個の頭文字を連結した記号を導く，暫定的命名の原則を例示するために，存在報告例のないものも多数含まれている．

表 II-3　原子番号 113 番以上の元素に対して暫定的に認められた名称と記号[a)]

原子番号	英語名称[b),c)]	日本語名称[b),c)]	記号
119	ununennium	ウンウンエンニウム	Uue
120	unbinilium	ウンビニリウム	Ubn
121	unbiunium	ウンビウニウム	Ubu
130	untrinilium	ウントリニリウム	Utn
140	unquadnilium	ウンクアドニリウム	Uqn
150	unpentnilium	ウンペントニリウム	Upn
160	unhexnilium	ウンヘキスニリウム	Uhn
170	unseptnilium	ウンセプトニリウム	Usn
180	unoctnilium	ウンオクトニリウム	Uon
190	unennilium	ウンエンニリウム	Uen
200	binilnilium	ビニルニリウム	Bnn
201	binilunium	ビニルウニウム	Bnu
202	binilbium	ビニルビウム	Bnb
300	trinilnilium	トリニルニリウム	Tnn
400	quadnilnilium	クアドニルニリウム	Qnn
500	pentnilnilium	ペントニルニリウム	Pnn
900	ennilnilium	エンニルニリウム	Enn

a) これらの名称は，IUPAC によって正式名称が制定されるまでのみ，用いられる．
b) たとえば，‘element 113 元素 113’ のように書いてもよい．
c) 名称における数字表現：0 nil ニル，1 un ウン，2 bi ビ，3 tri トリ，4 quad クアド，5 pent ペント，6 hex ヘキス，7 sept セプト，8 oct オクト，9 enn エン

Ⅱ-B 無機化学命名法の基本原理と文法

Ⅱ-B1 化合物の化学式

Ⅱ-B1.1 実験式 experimental formula は物質の原子組成比を示す．式中の元素記号は，特別の基準がない限り，アルファベット順に配列する．炭素を含む化合物は例外で，C，H を先においた後，アルファベット順とする．

例：$Cl_3CoH_{18}N_6$,　　$C_6H_{24}Cl_3CoN_6$

実験式以外の化学式では，**電気的陽性成分を前，電気的陰性成分を後**に書く．実際の電気陰性度にはこだわらず，表Ⅱ-4 に示す順序で元素の電気的序列を定める．F が最も陰性であり，Rn が最も陽性である．その結果，O は F 以外のハロゲンに対しても陽性とされ，たとえば，従来の二酸化塩素 chlorine dioxide ClO_2 は塩化二酸素 dioxygen chloride O_2Cl となる．この原則に従うと水酸化物イオンは HO^- となるが，すでに一般化されている OH^- の使用が容認されている．錯体，鎖状化合物，塩などの定式化された化学種で陽性あるいは陰性成分が複数となるとき，**化学式**では原則として**元素記号のアルファベット順**に配列する．**英語名称**では，陽性成分，陰性成分のそれぞれについて，元素あるいは原子団の**名称のアルファベット順**に従って連記する．日本語の名称では，語尾が“──化”あるいは“──酸”となる電気的陰性成分を前におき，陽性成分を続けて書く．複数種の配列順は英語名称に従う．ただし，陽性成分の名称が長くなるときは（錯体などの場合），陽性成分を前におき，陰性部分を後において──化物あるいは──酸塩とする．

例：BiClO　　bismuth chloride oxide　　塩化酸化ビスマス
　　　陰イオンは Cl^- と O^{2-}；BiCl(O) としてもよい

NaOCl　　sodium hypochlorite　　次亜塩素酸ナトリウム
　　　陰イオンは OCl^-；Na(OCl) としてもよい

$AlK(SO_4)_2$　　aluminium potassium sulfate　　硫酸アルミニウムカリウム

$BaTiO_3$ (*perovskite* type)　　barium titanium trioxide (*perovskite* type)
　　三酸化バリウムチタン（ペロブスカイト型）

$FeCr_2O_4$ (*spinel* type)　　dichromium iron tetraoxide (*spinel* type)
　　四酸化二クロム鉄（スピネル型）

trans-$[CoCl_2(NH_3)_4]Cl$　　*trans*-tetraamminedichloridocobalt(Ⅲ) chloride
　　trans-テトラアンミンジクロリドコバルト(Ⅲ)塩化物

表 Ⅱ-4 元素の順位

															H		
He	Li	Be											B	C	N	O	F
Ne	Na	Mg											Al	Si	P	S	Cl
Ar	K	Ca	Sc	Ti	V	Cr	Mn	Fe	Co	Ni	Cu	Zn	Ga	Ge	As	Se	Br
Kr	Rb	Sr	Y	Zr	Nb	Mo	Tc	Ru	Rh	Pd	Ag	Cd	In	Sn	Sb	Te	I
Xe	Cs	Ba	La→Lu	Hf	Ta	W	Re	Os	Ir	Pt	Au	Hg	Tl	Pb	Bi	Po	At
Rn	Fr	Ra	Ac→Lr	Rf	Db	Sg	Bh	Hs	Mt	Ds	Rg						

構造情報を示すときには，上例の $FeCr_2O_4$ のように，配列順序の原則を外れてもよい．鎖状構造の分子では，原子の連結順に配列する．

例：HOCN　cyanic acid　シアン酸　HNCO　isocyanic acid　イソシアン酸

HONC　fulminic acid　雷酸

定式化されていない二元以上の多元化合物の化学式は，非金属間，金属間を問わず，表Ⅱ-4で，より陽性からより陰性の向きで出現する順序に元素記号を配列して書く．

Ⅱ-B1.2　一つの中心原子に2種以上の異なる原子あるいは原子団が結合しているときには，化学式では中心原子を先頭に書き，それ以外の原子または原子団（その先頭原子）を元素記号のアルファベット順に並べる．

例：PBr_2Cl　phosphorus dibromide chloride　二臭化塩化リン

$SbCl_2F$　antimony dichloride fluoride　二塩化フッ化アンチモン

MgCl(OH)　magnesium chloride hydroxide　塩化水酸化マグネシウム

アルファベット順の優先順位をNに関連して例示すると

N^{3-}，NH_2^-，NH_3，NO_2^-，NO_2^{2-}，NO_3^-，$N_2O_2^{2-}$，N_3^-，Na，NaCl，Nb_2O_5，$NdCl_3$，NH_4Cl

のようになる．NH_4 は元素記号に準じたものとして扱われる．

構造情報を重視した体系的命名法によれば，たとえば H_2SO_4 sulfuric acid 硫酸 は，付加命名法では $[SO_2(OH)_2]$ dihydroxidodioxidosulfur ジヒドロキシドジオキシド硫黄 となるが（英語名称では，元素記号ではなく，その倍数接頭語を無視した英語名称頭文字のアルファベット順に成分を順序づける)，一般に酸解離性水素を先頭に書く H_2SO_4 とする表記も許容されている．ここで SO_4 の配列はアルファベット順に反するが，電気的陽性原子が先にくる原子団 SO_4 とみなす．そのような原子団を含む化学式を例示する．

例：H_3PO_4　phosphoric acid　リン酸

$H_2[PtCl_6]$　hexachloridoplatinic(Ⅳ) acid　ヘキサクロリド白金(Ⅳ)酸

UO_2SO_4　dioxidouranium(Ⅵ) sulfate　硫酸ジオキシドウラン(Ⅵ)

Ⅱ-B1.3　同位体修飾化合物の化学式　指定された同位体だけが指示された位置を占めている**同位体置換化合物** isotopically substituted compound では，その同位体核種の質量数を明示する．同じ位置を複数種の核種が占めるときは，質量数が大きくなる順に元素記号を並べる．

例：$H^{36}Cl$，$^{32}PCl_3$，H^3HO，$^{42}KNa^{14}CO_3$

同位体で標識した化合物には，特定数標識化合物と特定位置標識化合物とがある．形式上，同位体で修飾されていない化合物と特定の同位体置換化合物との混合物とされるのが**特定数標識化合物** specifically labelled compound である．つまり，存在する全分子中，同位体置換されているのは一部分だけである状態になっている場合である．特定している位置にある特定の同位体核種を角括弧で囲んで指定する．

例：$H[^{36}Cl]$：天然の同位体存在度をもつ塩化水素に塩素-36の水素化物が混合している

$[^{13}C]O[^{17}O]$：天然の同位体存在度をもつ二酸化炭素に，炭素-13および酸素-17をもつ二酸化炭素が混合している

特定位置標識化合物 selectively labelled compound は特定数標識化合物の混合物とみなすことができる．標識核種を角括弧で囲み，化学式の先頭におく．（特定数標識化合物の標識核種は，式中で角括弧に囲まれている．）

例：$[^{36}Cl]SOCl_2$：二塩化チオニルの塩素の一部が ^{36}Cl となっている．

$SO(Cl_{2-n}{}^{36}Cl_n)$（$n=0, 1, 2$）の混合物

[^{2}H]PH_3：ホスファンの水素において ^{2}H が濃縮されている.
$P(H_{3-n}{}^{2}H_n)$（$n=0, 1, 2, 3$）の混合物

Ⅱ-B1.4　分子，配位子，官能基などに対して，化学式ではなく，略号が用いられることがあるが，その用法には注意を要する．元素記号，単位記号，あるいは DNA, NMR, HPLC などのように概念が定着しているものと同じ文字列を別の化学種の略号とすることは，きわめて望ましくない．特に配位子の場合，表Ⅱ-6（p.28～30）にその一部が収載されているが，IUPAC 無機化学命名法として公認された 183 種の略号がある．そこでの定義と異なる化学種に対して，公認略号と重複するような略号を設定することは避けるべきである．自ら略号を設定するときは，必ず 2005 勧告付表Ⅶを参照すべきである．

ローマ字での略号を設定するときは，特に必要である場合を除き，小文字の使用が望ましいとされている．DMSO，THF のように，有機溶媒の略号として大文字の使用が定着している化学種であっても，配位子の略号として使用するときは，dmso，thf のように小文字で表記する．また，すでに定義されている記号の意味を無視した略号への流用，たとえば類似した一連の化合物系に対する A-I，A-Ⅱ，… のような略号の設定は，それぞれ A と I，A とⅡの付加化合物である場合を除き，避けるべきである．有機配位子では，母体となる有機化合物の体系的命名法に基づく名称に準拠した略号とすることが望まれ，慣用名などに準拠する略号は新たに設定すべきではないとされている．

Ⅱ-B2　体系的命名法

化合物の命名には，古くから知られている化合物の慣用名称（以下慣と略記）と，新化合物に適用されるべき体系名称の，両者に配慮した命名規則が必要となる．現行の体系的命名法は，定比組成命名法，置換命名法，付加命名法を三本柱として構成されている．

定比組成命名法（定と略記）では，定比組成化合物への適用を基本とし，電気的陽性成分と陰性成分の組成比を明示する．**置換命名法**（置と略記）では，**母体水素化物** parent hydride を基本物質に想定し，その水素原子を他元素の原子で置換した誘導体として対象化合物を命名する．有機化学命名法との共通性があり，主要族元素化合物の命名に適する．**付加命名法**（付と略記）では，中心原子に配位原子が付加する構造を想定して対象化合物を命名する．オキソ酸，錯体などの命名に適する．

Ⅱ-B2.1　定比組成命名法において，化合物の化学式は各成分とそれらの比を明記し，名称はそれに従って定まる．日本語名称では，比較的簡単な組成の化合物の名称は，化学式では後半となる電気的陰性成分が先行し，それが単原子または同種多原子のときは，その元素名称語尾に（“素”があればこれを外して）“化”を加え（硫黄での“硫化”は例外），陽性成分の名称を続ける．

例：KCl　potassium chloride　塩化カリウム　OF_2　oxygen difluoride　二フッ化酸素
SF_6　sulfur hexafluoride　六フッ化硫黄　SiC　silicon carbide　炭化ケイ素
Ca_3P_2　calcium phosphide　リン化カルシウム　または
tricalcium diphosphide　二リン化三カルシウム
O_2F_2　dioxygen difluoride　二フッ化二酸素
NaN_3　sodium trinitride　三窒化ナトリウム
（慣用名称 sodium azide　アジ化ナトリウムも許容される）

電気的陰性成分が異種多原子のときは，その原子団の名称の語尾を“酸”として，陽性成分の名称を続ける．

例：KSCN　potassium thiocyanate　チオシアン酸カリウム

異種多原子でも語尾が“酸”とはならず，“化”となる例外もある．

例：NaOH　sodium hydroxide　水酸化ナトリウム

KCN　potassium cyanide　シアン化カリウム

成分比を示すときにはギリシャ語起源の**倍数接頭語**を使う．

mono	モノ	一	di	ジ	二	tri	トリ	三	tetra	テトラ	四
penta	ペンタ	五	hexa	ヘキサ	六	hepta	ヘプタ	七	octa	オクタ	八
nona	ノナ	九	deca	デカ	十	undeca	ウンデカ	十一	dodeca	ドデカ	十二

原則として，名称の字訳部分ではモノ，ジなどの字訳片仮名を用い，日本語部分では相当する漢数字を用いる．元素名はすべて日本語とみなす．モノあるいは一は，混乱を生じないときは，省略できる．

例：NO　nitrogen monooxide　一酸化窒素

(nitrogen oxide 酸化窒素としない．monooxide は monoxide としてもよい．)

N_2O　dinitrogen oxide　酸化二窒素　(nitrous oxide 亜酸化窒素としない)

NO_2　nitrogen dioxide　二酸化窒素　(nitrogen peroxide 過酸化窒素としない)

N_2O_4　dinitrogen tetraoxide　四酸化二窒素

P_2O_5　diphosphorus pentaoxide　五酸化二リン

P_4O_{10} は tetraphosphorus decaoxide　十酸化四リン

S_2Cl_2　disulfur dichloride　二塩化二硫黄

Fe_3O_4　triiron tetraoxide　四酸化三鉄

MnO_2　manganese dioxide　二酸化マンガン

manganese(IV) oxide　酸化マンガン(IV)　でもよい

II-B2.2　酸化数　上の最後の例のように，中心元素の酸化数によって組成比が自明となるときは，元素名に続く丸括弧内にローマ数字で表記する名称も用いられる．

例：$FeCl_2$　iron(II) chloride　塩化鉄(II)　(ferrous chloride 塩化第一鉄としない)

$FeCl_3$　iron(III) chloride　塩化鉄(III)　(ferric chloride 塩化第二鉄としない)

Cu_2O　copper(I) oxide　酸化銅(I)　(cuprous oxide 酸化第一銅としない)

CuO　copper(II) oxide　酸化銅(II)　(cupric oxide 酸化第二銅としない)

Cr_2O_3　chromium(III) oxide　酸化クロム(III)

BaO_2　barium(II) peroxide　過酸化バリウム(II)

(barium dioxide　二酸化バリウム　などの別名称については 2005 勧告を参照)

$K_4[Ni(CN)_4]$　potassium tetracyanidonickelate(0)　テトラシアニドニッケル(0)酸カリウム

$K_4[Fe(CN)_6]$　potassium hexacyanidoferrate(II)　ヘキサシアニド鉄(II)酸カリウム

$Na_2[Fe(CO)_4]$　sodium tetracarbonylferrate(−II)　テトラカルボニル鉄(−II)酸ナトリウム

単に元素の酸化状態を酸化数で表記するときには，たとえば Mn^{4+}, Mn^{IV} あるいは manganese(IV) マンガン(IV) の形式で表示する．Mn(IV) とする表記は，命名法規則の中では定義されていない．非金属と結合している水素の酸化数は I，金属と結合している水素の酸化数は −I とする．

錯体のように，組成が複雑な化合物の名称では，混同を避けて明確な比を示すために，bis ビス，tris トリス，tetrakis テトラキス，pentakis ペンタキス… の倍数接頭語を用いる．これらが修飾する部分は丸括弧で囲む．

例：$[Cr(en)_3]Cl_3$　tris(ethane-1,2-diamine)chromium(III) chloride

トリス(エタン-1,2-ジアミン)クロム(III)塩化物

$[Pt(PPh_3)_4]$　tetrakis(triphenylphosphane)platinum(0)

テトラキス(トリフェニルホスファン)白金(0)

II-B2.3 電荷数 ローマ数字による酸化数ではなく，アラビア数字でイオンの電荷数を表記する名称も用いられる．多原子イオンでは，中心原子ではなく，イオン名称直後の丸括弧内にアラビア数字と記号で表記するが，1は省略せず，必ず表記する．混合原子価錯体のような，酸化数の帰属が複雑あるいは困難な化学種では，その構造単位全体としての電荷数を表記する．分数や小数の酸化数表記は推奨できない．

例：$FeSO_4$ iron(2+) sulfate 硫酸鉄(2+)

$Fe_2(SO_4)_3$ iron(3+) sulfate 硫酸鉄(3+)

UO_2SO_4 dioxidouranium(2+) sulfate 硫酸ジオキシドウラン(2+)

$K[Ag(CN)_2]$ potassium dicyanidoargentate(1−) ジシアニド銀酸(1−)カリウム

$K_2[Ni(CN)_4]$ potassium tetracyanidonickelate(2−) テトラシアニドニッケル酸(2−)カリウム

II-B3 置換命名法

II-B3.1 水素を含む**二元化合物**の化学式はII-B1.1に従って書く．

II-B3.2 単核水素化物の体系名称：母体水素化物の名称 母体となる水素化物の水素原子を他の原子で置換した形式をもつ化合物の名称を誘導する置換命名法において，基幹となる水素化物が母体水素化物である．その名称は表II-5のように定められている．従来の名称とは異なるものが少なくないが，それらの名称設定の詳細については2005勧告を参照されたい．

上記それぞれの水素化物における水素原子の個数は**標準結合数**と定義され，標準結合数とは異なる個数のときはギリシャ文字λの右上にその個数をアラビア数字で記入し，ハイフンで名称につなぐ．

例：PH_5 λ^5-ホスファン　H_6S λ^6-スルファン　SnH_2 λ^2-スタンナン

II-B3.3 多核母体水素化物(ホウ素および炭素の水素化物を除く) 標準結合数をとる同種原子の鎖状構造母体水素化物の名称では，鎖の原子数を倍数接頭語で示す．

例：HOOH dioxidane ジオキシダン (hydrogen peroxide 過酸化水素も許容される)

H_2NNH_2 diazane ジアザン (hydrazine ヒドラジンも許容される)

H_2PPH_2 diphosphane ジホスファン

H_3SnSnH_3 distannane ジスタンナン

HSeSeSeH triselane トリセラン

$H_3SiSiH_2SiH_2SiH_3$ tetrasilane テトラシラン

非標準結合数をとる元素を含むとき，不飽和結合があるとき，環状構造をとるとき，ヘテロ原子を含むときなどについては2005勧告を参照されたい．

ホウ素の水素化物についてはII-Hに記載してある．

表 II-5 単核母体水素化物の名称

BH_3	borane ボラン	CH_4	methane メタン	NH_3	azane アザン	H_2O	oxidane オキシダン	HF	fluorane フルオラン
AlH_3	alumane アルマン	SiH_4	silane シラン	PH_3	phosphane ホスファン	H_2S	sulfane スルファン	HCl	chlorane クロラン
GaH_3	gallane ガラン	GeH_4	germane ゲルマン	AsH_3	arsane アルサン	H_2Se	selane セラン	HBr	bromane ブロマン
InH_3	indigane インジガン	SnH_4	stannane スタンナン	SbH_3	stibane スチバン	H_2Te	tellane テラン	HI	iodane ヨーダン
TlH_3	thallane タラン	PbH_4	plumbane プルンバン	BiH_3	bismuthane ビスムタン	H_2Po	polane ポラン	HAt	astatane アスタタン

Ⅱ-B4　文　法

Ⅱ-B4.1　括　弧

化学式および名称中で使用される括弧には，{　}（波括弧，中括弧，ブレース brace），[　]（角括弧，大括弧，ブラケット bracket），(　)（丸括弧，小括弧，パーレン parenthesis）の 3 種類がある．ワープロ印字の際には，半角英数字モードのフォントを使用するのが適当である．

化学式中での多重使用順序は [　]，[(　)]，[{(　)}]，[({(　)})]，[{({(　)})}]，… となる．ただし，使用括弧が指定されている化学種が含まれるときには，その指定が優先する．

名称における多重使用順序は (　)，[(　)]，{[(　)]}，({[(　)]})，… となるが，これは置換命名法での一般則である．使用括弧が指定されている名称が含まれるときには，その指定が優先する．

Ⅱ-B4.1.1　角括弧使用例

化学式で，錯体の配位構造となる成分を囲む．電荷，組成比などは角括弧の外側に記す．

例：$[Fe(\eta^5\text{-}C_5H_5)_2]$　bis(η^5-cyclopentadienyl)iron　ビス(η^5-シクロペンタジエニル)鉄

$[Co(NH_3)_6]_2[Pt(CN)_4]_3$　bis[hexaamminecobalt(Ⅲ)] tris[tetracyanidoplatinate(Ⅱ)]

トリス[テトラシアニド白金(Ⅱ)酸]ビス[ヘキサアンミンコバルト(Ⅲ)]

または　hexaamminecobalt(Ⅲ) tetracyanidoplatinate(Ⅱ)

ヘキサアンミンコバルト(Ⅲ)テトラシアニド白金(Ⅱ)酸塩

$[\{Pt(\eta^2\text{-}C_2H_4)Cl(\mu\text{-}Cl)\}_2]$　bis[(μ-chlorido)chlorido(η^2-ethene)platinum(Ⅱ)]

ビス[(μ-クロリド)クロリド(η^2-エテン)白金(Ⅱ)]

この錯体は，塩化物イオン 1 個とエテン分子 1 個が配位した白金(Ⅱ) を，2 個の架橋塩化物イオンが架橋配位した複核錯体であり，この式と名称は $[Pt_2(\eta^2\text{-}C_2H_4)_2Cl_4]$ とするよりも詳しい構造情報を与える．$[Pt(\eta^2\text{-}C_2H_4)Cl_2]_2$ とする式は，独立した $[Pt(\eta^2\text{-}C_2H_4)Cl_2]$ 錯体 2 個を示すので，正しくない．

無機鎖状化合物の化学式で，繰返し単位を囲む．

例：$SiH_3[SiH_2]_8SiH_3$　decasilane　デカシラン

固体化合物での八面体 6 配位位置を指定する，あるいは同位体標識核種を特定する化学式，名称での使用例もある．

Ⅱ-B4.1.2　丸括弧使用例

化学式中で，また，名称中で，イオン，置換基，配位子，分子などの原子団，あるいは酸化数，電荷数などの数値・符号などを囲んで明確に示す．個数は括弧の右下付きのアラビア数字で示す．硝酸イオンや硫酸イオンのように周知されている例も含めた一般的使用が奨励されるが，強制されてはいない．

例：$Ca_3(PO_4)_2$　calcium phosphate　リン酸カルシウム

$[Co(en)_3]^{3+}$　tris(ethane-1,2-diamine)cobalt(3+)　トリス(エタン-1,2-ジアミン)コバルト(3+)

H_2PHO_3 = $PH(O)(OH)_2$　phosphonic acid　ホスホン酸　(慣)　　または

$[PH(O)(OH)_2]$　hydridodihydroxidooxidophosphorus

ヒドリドジヒドロキシドオキシドリン　(付)

ポリラジカルイオンの化学式におけるラジカル不対電子の個数とイオン電荷数を区別するとき，前者を丸括弧で囲む．

例：$NO^{(2\bullet)-}$　oxidonitrate(2•1−)　オキシド硝酸(2•1−)　(付)：2 価ラジカルの 1 価陰イオン

化学式中ではイオン電荷数の 1 は省略されるが，名称中では 1 を必ず書く．

固体化合物で，同種位置を無秩序に占める類縁異種原子それぞれを，コンマで分けてスペースをおかずに列記して囲む.

例：K(Br,Cl)

結晶性物質の結晶の型を囲む．結晶系あるいはブラベ格子の記号は化学式に直結して表記し，結晶型は化学式から英数半角1字分のスペースをおいて表記する.

例：C(*cF*8) diamond ダイヤモンド：面心立方格子構造をとり，単位胞中に8原子を含む炭素

MgO (*NaCl* type) magnesium oxide (*NaCl* type) 酸化マグネシウム (*NaCl* 型)

塩化ナトリウム型の結晶構造をもつ酸化マグネシウム

化学種の凝集状態を示す記号 g, l, s などを，化学式に直結して表記する.

例：H_2O(g)：水蒸気 water vapor, gaseous water H_2O(l)：(液体の)水 water, liquid water

H_2O(s)：氷 ice, solid water

グリーンブックによると，水溶液を示す記号 aq も同様に NaOH(aq) のように表記する.

光学活性化合物の旋光符号，キラリティー記号，配置指数のような立体表示記号などを囲む.

例：$(+)_{598}$-$[Co(en)_3]Cl_3$ (2*R*, 3*S*)-$SiH_2ClSiHClSiHClSiH_2SiH_3$ (*OC*-6-22)-$[Co(NH_3)_3(NO_2)_3]$

II-B4.2 ハイフン，プラス・マイナス，ダッシュ等の記号・符号

化学式や名称中で使用されるハイフンの前後にはスペースをおかない．電荷を示す＋と－をワープロ入力するときは，英数字用半角フォントを使用する．計算機用プログラム言語開発の初期段階から，タイプライター印字での簡便記法であったマイナス記号のハイフン - による代用（マイナスハイフン）が慣用化してしまったが，電子印刷時代の現在ではマイナス記号 − (Unicode U+2212) を用いるべきである.

名称中での金属—金属結合の表記，付加化合物成分間の分割記号には**全角ダッシュ** “em” dash (Unicode U+2014) を使う．また，付加化合物での組成比はアラビア数字を**斜線** / で区切って表記する．数字と斜線の間にはスペースをおかない.

例：$[Mn_2(CO)_{10}]$ bis(pentacarbonylmanganese)(*Mn*—*Mn*)

= $[\{Mn(CO)_5\}_2]$ ビス(ペンタカルボニルマンガン)(*Mn*—*Mn*)

$2CHCl_3 \cdot 4H_2S \cdot 9H_2O$ chloroform—hydrogen sulfide—water (2/4/9)

クロロホルム—硫化水素—水 (2/4/9)

上記の付加化合物の式では，各成分間を半角**中黒**（なかぐろ）・(Unicode U+00B7) で区切る．ワープロ入力の際に，それ以外の大きい黒丸点を誤入力しないよう注意する．大きい黒丸点 • は**ラジカルドット**であり，全く別の意味をもつ記号である.

II-B4.3 ギリシャ文字

体系的無機化学命名法で使われるギリシャ文字（立体あるいはローマン体）は以下の通りである.

Δ 錯体の絶対配置記号

δ キレート環配座の絶対配置記号．固体化学での組成の小幅な変動を示す下付き文字では斜字体 *δ* となる.

η ハプト配位子を示し，右上付きアラビア数字でハプト数を示す.

κ κ-方式における配位原子位置記号

Λ 錯体の絶対配置記号

λ キレート環配座の絶対配置記号．λ-方式における非標準結合数にあることを示し，右上付きアラビア数字で結合数を示す.

μ 架橋配位子を示す.

Ⅱ-C　イオンと原子団

Ⅱ-C1　陽イオン

Ⅱ-C1.1　塩の**単原子陽イオン**の名称は元素名をそのまま用いる．陽イオンと元素を明確に区別する必要がある場合はイオンをつける．

例：Na^+　sodium(1+)　ナトリウム(1+)
Cu^+　copper(1+)　銅(1+)　(cuprous 第一銅とはしない)
Cu^{2+}　copper(2+)　銅(2+)　(cupric 第二銅とはしない)
Cl^+　chlorine(1+)　塩素(1+)　(“塩素”イオンは陽イオンである)
Mn^{7+}　manganese(7+)　マンガン(7+)

同種多原子陽イオンでは，原子数を示す倍数接頭語を元素名につけ，単原子陽イオンと同じく，電荷数を示す．不対電子をラジカルドットで示してもよい．

例：O_2^+　dioxygen(1+)　二酸素(1+)　または　$O_2^{\bullet +}$　dioxygen(•1+)　二酸素(•1+)
$N_2^{(2\bullet)2+}$　dinitrogen(2•2+)　二窒素(2•2+)　S_4^{2+}　tetrasulfur(2+)　四硫黄(2+)
Hg_2^{2+}　dimercury(2+)　二水銀(2+)　H_3^+　trihydrogen(1+)　三水素(1+)

Ⅱ-C1.2　**異種多原子陽イオン**は母体水素化物からの置換命名法あるいは付加命名法で命名する．置換名称では，名称それ自体が電荷を示すので，電荷数を付記する必要はない．付加名称では，不対電子をラジカルドットで示してもよい．非体系的慣用名称として ammonium アンモニウム，oxonium オキソニウムなどが許容されている．

例：NH_4^+　azanium　アザニウム　(置)　または　ammonium　アンモニウム　(慣)
$N_2H_5^+$　diazanium　ジアザニウム　(置)　または　hydrazinium　ヒドラジニウム　(慣)
$[N(CH_3)_4]^+$　tetramethylazanium　テトラメチルアザニウム　(置)　または
tetramethylammonium　テトラメチルアンモニウム　(慣)
H_3O^+　oxidanium　オキシダニウム　(置)　または
oxonium　オキソニウム　(慣)　(ヒドロニウム hydronium としない)
PH_4^+　phosphanium　ホスファニウム　(置)　(ホスホニウム phosphonium としない)
H_4O^{2+}　oxidanediium　オキシダンジイウム　(置)
SbF_4^+　tetrafluorostibanium　テトラフルオロスチバニウム　(置)　または
tetrafluoridoantimony(1+)　テトラフルオリドアンチモン(1+)　(付)　または
tetrafluoridoantimony(V)　テトラフルオリドアンチモン(V)　(付)
$BH_3^{\bullet +}$　boraniumyl　ボラニウミル　(置)　または
trihydridoboron(•1+)　トリヒドリドホウ素(•1+)　(付)

Ⅱ-C2　陰イオン

英語名を日本語に直訳した陰イオン名称の語尾は“──化物”あるいは“──酸”となり，物質の名称と区別できない場合があるので，ここではすべての陰イオン名称の後に“イオン”を明記する．

英語名称の語尾が ide あるいは ate となる陰イオンが配位子となるときはその語尾が ido あるいは ato となるが，日本語名称は，その英語名称の字訳片仮名表記とする．

Ⅱ-C2.1　**単原子陰イオン**の名称は，元素名の語尾を“──化物”とする．誤解の余地がなければ電荷数表示は省略してよい．

例：H^-　hydride(1−)　水素化物(1−)イオン　または　hydride　水素化物イオン
$^1H^-$　protide(1−)　プロチウム化物(1−)イオン　または
protide　プロチウム化物イオン
$^2H^-$, D^-　deuteride(1−)　ジュウテリウム化物(1−)イオン　または
deuteride　ジュウテリウム化物イオン
Cl^-　chloride(1−)　塩化物(1−)イオン　または
chloride　塩化物イオン　（塩素イオンではない）
O^{2-}　oxide(2−)　酸化物(2−)イオン　または
oxide　酸化物イオン　（酸素イオンではない）

ゲルマニウム化物イオンの英語名称は germide とし，体系的命名による GeH_3^- の英語名称 germanide と区別する．

同種多原子陰イオンの名称は，原子組成を示す倍数接頭語に続く元素名の語尾を“—化物”として電荷数を付記する．不対電子をラジカルドットで示してもよい．慣用名もいくつか許容されている．

例：O_2^-　dioxide(1−)　二酸化物(1−)イオン　または　superoxide 超酸化物イオン　（慣）
あるいは
$O_2^{\bullet -}$　dioxide(•1−)　二酸化物(•1−)イオン
O_2^{2-}　dioxide(2−)　二酸化物(2−)イオン　または　peroxide　過酸化物イオン　（慣）
O_3^-　trioxide(1−)　三酸化物(1−)イオン　または　ozonide　オゾン化物イオン　（慣）
C_2^{2-}　dicarbide(2−)　二炭化物(2−)イオン　または　acetylide　アセチリドイオン　（慣）
N_3^-　trinitride(1−)　三窒化物(1−)イオン　または　azide　アジ化物イオン　（慣）
Sn_5^{2-}　pentastannide(2−)　五スズ化物(2−)イオン

II-C2.2　異種多原子陰イオンには，置換命名法による名称あるいは付加命名法による名称，それにいくつかの許容された非体系的慣用名称が与えられている．付加名称に不対電子をラジカルドットで付記するのもよい．英語名語尾そのものが陰イオンを示す置換名称では，その字訳の片仮名表記のままとする．

例：NH_2^-　azanide　アザニドイオン　（置），
dihydridonitrate(1−)　ジヒドリド硝酸(1−)イオン　（付）　または
amide　アミドイオン　（慣）
NO_2^-　dioxidonitrate(1−)　ジオキシド硝酸(1−)イオン　（付）　または
nitrite　亜硝酸イオン　（慣）
OH^-　oxidanide　オキシダニドイオン　（置），
hydridooxygenate(1−)　ヒドリド酸素酸(1−)イオン　（付）　または
hydroxide　水酸化物イオン　（慣）
GeH_3^-　germanide　ゲルマン化物イオン　（置）　または
trihydridogermanate(1−)　トリヒドリドゲルマン酸(1−)イオン　（付）
HS^-　sulfanide　スルファニドイオン　（置）　または
hydrogen(sulfide)(1−)　ヒドロゲン(スルフィド)(1−)イオン　（付）
SO_3^{2-}　trioxidosulfate(2−)　トリオキシド硫酸(2−)イオン　（付）　または
sulfite　亜硫酸イオン　（慣）
OCl^-　chloridooxygenate(1−)　クロリド酸素酸(1−)イオン　（付）　または
hypochlorite　次亜塩素酸イオン　（慣）

ClO_3^-　trioxidochlorate(1−)　トリオキシド塩素酸(1−)イオン　(付)　または
chlorate　塩素酸イオン　(慣)

$[PF_6]^-$　hexafluoro-λ^5-phosphanuide　ヘキサフルオロ-λ^5-ホスファヌイド　(置)　または
hexafluoridophosphate(1−)　ヘキサフルオリドリン酸(1−)イオン　(付)

$[CuCl_4]^{2-}$　tetrachloridocuprate(Ⅱ)　テトラクロリド銅(Ⅱ)酸イオン　(付)

Ⅱ-C2.3　付加命名法では，多価陰イオンにヒドロンが付加したイオンを**水素名称** hydrogen name として命名する．基幹となる酸陰イオン付加名称の部分を丸括弧内に収めた後に“水素”と丸括弧内の電荷を示す形式とする．使用が許容される慣用名称（非体系名称）の一覧はⅡ-D2.2にまとめてある．

例：HCO_3^-　hydrogen(trioxidocarbonate)(1−)（トリオキシド炭酸)水素(1−)イオン（付）または
hydrogencarbonate　炭酸水素イオン　(慣)

HPO_4^{2-}　hydrogen(tetraoxidophosphate)(2−)
(テトラオキシドリン酸)水素(2−)イオン　(付)　または
hydrogenphosphate　リン酸水素イオン　(慣)

$H_2PO_4^-$　dihydrogen(tetraoxidophosphate)(1−)
(テトラオキシドリン酸)二水素(1−)イオン　(付)　または
dihydrogenphosphate　リン酸二水素イオン　(慣)

Ⅱ-C3 原　子　団

構造から見て一つの化学単位のように挙動する原子団に対して，体系的命名法に準拠してはいないが，使用が許容されている慣用名がある．しかし，それらの原子団の化学的挙動は単純ではない場合が多く，誤解や混乱を招かないように留意する必要がある．

例：OH（＝ HO）　−OH基としてはhydroxy　ヒドロキシ
$OH^\bullet$ ラジカルとしてはhydroxyl　ヒドロキシル
OH^- 陰イオンとしてはhydroxide　水酸化物イオン
陰イオン性配位子としてはhydroxido　ヒドロキシド

OOH（＝ HOO）　−OOH基としてhydroperoxy　ヒドロペルオキシ

CO　＞C=O基および配位子としてcarbonyl　カルボニル

NO　−N=O基としてはnitroso　ニトロソ
$NO^\bullet$ ラジカルとしてはnitrosyl　ニトロシル
NO^- 陰イオンとしてはoxidonitrate(1−)　オキシド硝酸イオン(1−)
中性配位子NOとしてはnitrosyl　ニトロシル

NO_2　$-NO_2$基としてはnitro　ニトロ
−ONO基としてはnitrosooxy　ニトロソオキシ
$NO_2^\bullet$ ラジカルとしてはnitryl　ニトリル
NO_2^+ はニトリルではなく，dioxidonitrogen(1+)　ジオキシド窒素(1+)
NO_2^- はnitrite　亜硝酸イオン

PO　＞P(O)−基として，また$PO^\bullet$ ラジカルとしてphosphoryl　ホスホリル
PO^+ はホスホリルではなく，oxidophosphorus(1+)　オキシドリン(1+)

SO　＞SO基としてsulfinyl　スルフィニル
$SO^{\bullet+}$ はスルフィニルあるいはthionyl　チオニルではなく，
oxidosulfur(•1+)　オキシド硫黄(•1+)

SO_2 >SO_2 基として sulfonyl スルホニル

SeO >SeO 基として seleninyl セレニニル

SeO_2 >SeO_2 基として selenonyl セレノニル

ClO（= OCl） −ClO 基として，また $OCl^{\bullet}$ ラジカルとしては chlorosyl クロロシル

OCl^- 陰イオンは hypochlorite 次亜塩素酸イオン

−OCl 基としては chlorooxy クロロオキシ

ClO_2（= O_2Cl） −ClO_2 基として chloryl クロリル

ClO_2^+ 陽イオンはクロリルではなく，

dioxidochlorine(1+) ジオキシド塩素(1+)

ClO_2^- 陰イオンは chlorite 亜塩素酸イオン

ClO_3（= O_3Cl） −ClO_3 基として perchloryl ペルクロリル

ClO_3^+ 陽イオンはペルクロリルではなく，

trioxidochlorine(1+) トリオキシド塩素(1+)

ClO_3^- 陰イオンは chlorate 塩素酸イオン

PS −PS 基として thiophosphoryl チオホスホリル

PS^+ 陽イオンはチオホスホリルではなく，sulfidophosphorus(1+) スルフィドリン(1+)

これらが関与する化合物は，付加名称あるいは置換名称によって体系的に命名できる．

例：

$COCl_2$	dichloridooxidocarbon	ジクロリドオキシド炭素	（付）
NOCl	chloridooxidonitrogen	クロリドオキシド窒素	（付）
NO_2S	dioxidosulfidonitrogen	ジオキシドスルフィド窒素	（付）
$PSCl_3$	trichloridosulfidophosphorus	トリクロリドスルフィドリン	（付）
SO_2NH	imidodioxidosulfur	イミドジオキシド硫黄	（付）
IO_2F	fluoridodioxidoiodine	フルオリドジオキシドヨウ素	（付）

Ⅱ-D 酸とその誘導体

Ⅱ-D1 酸の慣用名称と体系名称

歴史的に酸と名付けられてきた物質の化学組成あるいは構造と名称との関係は多様であり，既知の酸の名称を一貫して体系化された規則によって命名しなおすことはあまりに非現実的である．体系化を重視すると，新しい名称に“酸”を用いることはできなくなる．現実に即する一つの手法として，付加命名法および置換命名法の原則になるべく従うとするのが 2005 勧告の思想であり，IUPAC 1990 年勧告 I-9.6 にあった“酸命名法”は無視されることになった．

厳密には化合物名ではないので IUPAC 勧告には明記されていないが，伝統的な慣用名称として，塩化水素の水溶液である hydrochloric acid **塩酸** を含むハロゲン化水素水溶液ならびに擬ハロゲン化水素水溶液に対する名称がある．日本語名称では，塩酸以外はすべて，酸（形式上）としての名称は“──化水素酸”とし，塩（形式上）の名称は塩酸を含めて“──化物”とすることに変更はない．

形式上，ある元素の酸化物に水が付加して生成した酸解離性の −OH 基をもつ化学種を，その元素の **オキソ酸** oxoacid という．オキソ酸の日本語名称は，元素名に‘酸’をつけるのを原則とするが，伝統的慣用名称では元素名に若干の変更を加えている．

ホウ素 → ホウ酸（ボロン酸）；炭素 → 炭酸；窒素 → 硝酸；アルミニウム → アルミン酸；
ケイ素 → ケイ酸；硫黄 → 硫酸；バナジウム → バナジン酸；ヒ素 → ヒ酸

単核オキソ酸は，形式上，ヒドロキシド配位子の単核錯体となるので，その分子やイオンは付加命名で以下の例のようになる．

例：

$H_3SO_4^+$ = $[SO(OH)_3]^+$	trihydroxidooxidosulfur(1+)	トリヒドロキシドオキシド硫黄(1+)
H_2SO_4 = $[SO_2(OH)_2]$	dihydroxidodioxidosulfur	ジヒドロキシドジオキシド硫黄
HSO_4^- = $[SO_3(OH)]^-$	hydroxidotrioxidosulfur(1−)	ヒドロキシドトリオキシド硫黄(1−)

今後は順次，体系名称が実用されるであろうが，現在では慣用されている非体系的名称が許容されている．オキソ酸について，許容されている慣用名と対応する付加名称を例示する．ホウ素のオキソ酸については II-H3 を参照．

例：

化学式	慣用名	付加名称
H_2CO_3 = $[CO(OH)_2]$	carbonic acid 炭酸	dihydroxidooxidocarbon ジヒドロキシドオキシド炭素
H_4SiO_4 = $[Si(OH)_4]$	silicic acid ケイ酸	tetrahydroxidosilicon テトラヒドロキシドケイ素
HNO_3 = $[NO_2(OH)]$	nitric acid 硝酸	hydroxidodioxidonitrogen ヒドロキシドジオキシド窒素
HNO_2 = $[NO(OH)]$	nitrous acid 亜硝酸	hydroxidooxidonitrogen ヒドロキシドオキシド窒素
H_3PO_4 = $[PO(OH)_3]$	phosphoric acid リン酸	trihydroxidooxidophosphorus トリヒドロキシドオキシドリン
H_2PHO_3 = $[PHO(OH)_2]$	phosphonic acid ホスホン酸	hydridodihydroxidooxidophosphorus ヒドリドジヒドロキシドオキシドリン
H_3PO_3 = $[P(OH)_3]$	phosphorous acid 亜リン酸	trihydroxidophosphorus トリヒドロキシドリン
H_2SO_4 = $[SO_2(OH)_2]$	sulfuric acid 硫酸	dihydroxidodioxidosulfur ジヒドロキシドジオキシド硫黄
H_2SO_3 = $[SO(OH)_2]$	sulfurous acid 亜硫酸	dihydroxidooxidosulfur ジヒドロキシドオキシド硫黄
$H_2S_2O_7$ = $[(HO)S(O)_2OS(O)_2(OH)]$	disulfuric acid 二硫酸	μ-oxido-bis(hydroxidodioxidosulfur) μ-オキシド-ビス(ヒドロキシドジオキシド硫黄)
$H_2S_2O_6$ = $[(HO)(O)_2SS(O)_2(OH)]$	dithionic acid ジチオン酸	bis(hydroxidodioxidosulfur)(*S*—*S*) ビス(ヒドロキシドジオキシド硫黄)(*S*—*S*)
$HClO_4$ = $[ClO_3(OH)]$	perchloric acid 過塩素酸	hydroxidotrioxidochlorine ヒドロキシドトリオキシド塩素
$HClO_3$ = $[ClO_2(OH)]$	chloric acid 塩素酸	hydroxidodioxidochlorine ヒドロキシドジオキシド塩素
$HClO_2$ = $[ClO(OH)]$	chlorous acid 亜塩素酸	hydroxidooxidochlorine ヒドロキシドオキシド塩素

$HClO$ ＝ $[O(H)Cl]$ hypochlorous acid chloridohydridooxygen
次亜塩素酸 クロリドヒドリド酸素

II-D2 水素名称

II-D2.1 付加命名法で組立てられた陰イオン名称を丸括弧で囲み，必要ならば適切な倍数接頭語に続けて“水素”を付記し（英語名ではこの部分が先頭となる），電荷があればそれを丸括弧内に囲んだアラビア数字で表記する水素名称では，形式上は酸であっても，語尾が酸とはならない名称となる．

例：$H_2Mo_6O_{19}$ ＝ $H_2[Mo_6O_{19}]$ dihydrogen(nonadecaoxidohexamolybdate)
(ノナデカオキシド六モリブデン酸)二水素

$H_4[SiW_{12}O_{40}]$ tetrahydrogen[(tetracontaoxidosilicondodecatungsten)ate]
[(テトラコンタオキシドケイ素十二タングステン)酸]四水素 または
tetrahydrogen(silicododecatungstate)
(シリコ十二タングステン酸)四水素 または

＝ $H_4[W_{12}O_{36}(SiO_4)]$ tetrahydrogen[hexatriacontaoxido(tetraoxidosilicato)dodecatungstate]
[ヘキサトリアコンタオキシド(テトラオキシドシリカト)十二タングステン酸]四水素

$H_6[P_2W_{18}O_{62}]$ hexahydrogen[dohexacontaoxido(diphosphorusoctadecatungsten)ate]
[ドヘキサコンタオキシド(二リン十八タングステン)酸]六水素 または
hexahydrogen(diphosphooctadecatungstate)
(ジホスホ十八タングステン酸)六水素 または

＝ $H_6[W_{18}O_{54}(PO_4)_2]$
hexahydrogen[tetrapentacontaoxidobis(tetraoxidophosphato)octadecatungstate]
[テトラペンタコンタオキシドビス(テトラオキシドホスファト)十八タングステン酸]六水素

$H_4[Fe(CN)_6]$ tetrahydrogen(hexacyanidoferrate)
(ヘキサシアニド鉄酸)四水素

$H_2[PtCl_6]\cdot 2H_2O$ dihydrogen(hexachloridoplatinate)—water (1/2)
(ヘキサクロリド白金酸)二水素—水 (1/2)

HCN hydrogen(nitridocarbonate) (ニトリド炭酸)水素

$H_2P_2O_7^{2-}$ dihydrogen(diphosphate) (二リン酸)二水素イオン または

＝ $H_2[(O_3P)O(PO_3)]^{2-}$ dihydrogen[μ-oxidobis(trioxidophosphate)](2−)
[μ-オキシドビス(トリオキシドリン酸)]二水素(2−)イオン

酸解離性ヒドロンをもつ陰イオン構造を強調するなら，以下の使用例もあげられる．

例：

$HMnO_4$	hydrogen(tetraoxidomanganate)	(テトラオキシドマンガン酸)水素
H_2CrO_4	dihydrogen(tetraoxidochromate)	(テトラオキシドクロム酸)二水素
$H_2Cr_2O_7$	dihydrogen(heptaoxidodichromate)	(ヘプタオキシド二クロム酸)二水素
H_2O_2	dihydrogen(peroxide)	(ペルオキシド)二水素
HO_2^-	hydrogen(peroxide)(1−)	(ペルオキシド)水素(1−)イオン
H_2S	dihydrogen(sulfide)	(スルフィド)二水素
$H_2NO_3^+$	dihydrogen(trioxidonitrate)(1+)	(トリオキシド硝酸)二水素(1+)

水素名称はII-C2.3でも触れたが，これは無機化学命名法であり，現在のところ有機酸には適用されていない．たとえば，potassium hydrogen phthalate フタル酸水素カリウムの陰イオン $C_6H_4(CO_2H)(CO_2)^-$

の日本語名称はフタル酸水素イオンであり，英語名称の表記は hydrogen phthalate となる.

II-D2.2 いわゆる酸性塩イオンの慣用名称のうち，誤解の余地はないものとして使用が許容されている以下の例がある.

例:

陰イオン	許容名	水素名称
$H_2BO_3^-$	dihydrogenborate	dihydrogen(trioxidoborate)(1−)
	ホウ酸二水素イオン	(トリオキシドホウ酸)二水素(1−)イオン
HBO_3^{2-}	hydrogenborate	hydrogen(trioxidoborate)(2−)
	ホウ酸水素イオン	(トリオキシドホウ酸)水素(2−)イオン
HCO_3^-	hydrogencarbonate	hydrogen(trioxidocarbonate)(1−)
	炭酸水素イオン	(トリオキシド炭酸)水素(1−)イオン
$H_2PO_4^-$	dihydrogenphosphate	dihydrogen(tetraoxidophosphate)(1−)
	リン酸二水素イオン	(テトラオキシドリン酸)二水素(1−)イオン
HPO_4^{2-}	hydrogenphosphate	hydrogen(tetraoxidophosphate)(2−)
	リン酸水素イオン	(テトラオキシドリン酸)水素(2−)イオン
$HPHO_3^-$	hydrogenphosphonate	hydrogen(hydridotrioxidophosphate)(1−)
	ホスホン酸水素イオン	(ヒドリドトリオキシドリン酸)水素(1−)イオン
$H_2PO_3^-$	dihydrogenphosphite	dihydrogen(trioxidophosphate)(1−)
	亜リン酸二水素イオン	(トリオキシドリン酸)二水素(1−)イオン
HPO_3^{2-}	hydrogenphosphite	hydrogen(trioxidophosphate)(2−)
	亜リン酸水素イオン	(トリオキシドリン酸)水素(2−)イオン
HSO_4^-	hydrogensulfate	hydrogen(tetraoxidosulfate)(1−)
	硫酸水素イオン	(テトラオキシド硫酸)水素(1−)イオン
HSO_3^-	hydrogensulfite	hydrogen(trioxidosulfate)(1−)
	亜硫酸水素イオン	(トリオキシド硫酸)水素(1−)イオン

II-D3 オキソ酸誘導体の官能基代置名称

官能基代置命名法 functional replacement nomenclature によると，母体オキソ酸の −OH または =O を他の原子あるいは原子団で代置して生じる化合物では，それぞれの原子あるいは原子団を特有の接頭語あるいは挿入語で示す.

代置操作	接頭語		挿入語	
OH → NH_2	amid(o)	アミド	amid(o)	アミド
O → OO	peroxy	ペルオキシ	peroxo	ペルオキソ
O → S	thio	チオ	thio	チオ
O → Se	seleno	セレノ	seleno	セレノ
O → Te	telluro	テルロ	telluro	テルロ
OH → F	fluoro	フルオロ	fluorid(o)	フルオリド
OH → Cl	chloro	クロロ	chlorid(o)	クロリド
OH → Br	bromo	ブロモ	bromid(o)	ブロミド
OH → I	iodo	ヨード	iodid(o)	ヨージド
OH → CN	cyano	シアノ	cyanid(o)	シアニド

対象となる化合物の慣用名称と官能基代置名称には同じあるいは類似するものが多い．慣用名称の使用が許容されているものを例示しておく．

例：化学式	慣用名称	官能基代置名称
HNO_4	peroxynitric acid ペルオキシ硝酸	peroxynitric acid ペルオキシ硝酸
$[NO(OOH)]$	peroxynitrous acid ペルオキシ亜硝酸	peroxynitrous acid ペルオキシ亜硝酸
NO_2NH_2	nitramide　ニトロアミド	nitric amide　硝酸アミド
H_3PO_5	peroxyphosphoric acid ペルオキシリン酸	phosphoroperoxoic acid ホスホロペルオキソ酸
$POCl_3$ (＝ $[PCl_3O]$)	phosphoryl trichloride 三塩化ホスホリル	phosphoryl trichloride 三塩化ホスホリル
$H_4P_2O_8$ (＝ $[(HO)_2P(O)OOP(O)(OH)_2]$)	peroxydiphosphoric acid ペルオキシ二リン酸	2-peroxydiphosphoric acid 2-ペルオキシ二リン酸
H_2SO_5	peroxysulfuric acid ペルオキシ硫酸	sulfuroperoxoic acid スルフロペルオキソ酸
$H_2S_2O_8$	peroxydisulfuric acid ペルオキシ二硫酸	2-peroxydisulfuric acid 2-ペルオキシ二硫酸
$H_2S_2O_3$ (＝ $[SO(OH)_2S]$)	thiosulfuric acid チオ硫酸	sulfurothioic *O*-acid スルフロチオ*O*-酸
$H_2S_2O_3$ (＝ $[SO_2(OH)(SH)]$)	thiosulfuric acid チオ硫酸	sulfurothioic *S*-acid スルフロチオ*S*-酸
$[S(OH)_2S]$	thiosulfurous acid チオ亜硫酸	sulfurothious *O*-acid スルフロ亜チオ*O*-酸
$[SO(OH)(SH)]$	thiosulfurous acid チオ亜硫酸	sulfurothious *S*-acid スルフロ亜チオ*S*-酸
SO_2Cl_2	sulfuryl dichloride 二塩化スルフリル	sulfuryl dichloride 二塩化スルフリル
$SOCl_2$	thionyl dichloride 二塩化チオニル	sulfurous dichloride 亜硫酸ジクロリド
$HS(NH_2)O_3$ (＝ $[S(NH_2)O_2(OH)]$)	sulfamic acid スルファミン酸	sulfuramidic acid スルフラミド酸
$[S(NH_2)_2O_2]$	sulfuric diamide 硫酸ジアミド	sulfuric diamide 硫酸ジアミド
HSCN	thiocyanic acid チオシアン酸	
HNCS	isothiocyanic acid イソチオシアン酸	

II-D4 複塩など

陽イオンまたは陰イオン，あるいは両者が複数ある塩の化学式と名称は，一般に定比組成命名法に従う．化学式では陽イオン，陰イオンのそれぞれを記号・式の頭字のアルファベット順に配列し，英語名称ではそれぞれ各イオンの名称のアルファベット順に空白をおきながらつなげていく．日本語名称では，陽イオン陰イオンの順が逆になり，英語名称の配列順に従った陰イオン名称を前に，陽イオン名称を後におく．

例：$KMgF_3$　magnesium potassium trifluoride　三フッ化マグネシウムカリウム

$NaTl(NO_3)_2$　sodium thallium(I) dinitrate　二硝酸ナトリウムタリウム(I)

$NaNH_4HPO_4$　ammonium sodium hydrogenphosphate　リン酸水素アンモニウムナトリウム

Ⅱ-D2.2 に示した酸性塩イオンでは，たとえばリン酸水素イオン HPO_4^- が一つの構造単位となっている．

$Na_6ClF(SO_4)_2$（$= NaCl \cdot NaF \cdot 2Na_2SO_4$）　hexasodium chloride fluoride bis(sulfate)

塩化フッ化ビス(硫酸)六ナトリウム

$Ca_5F(PO_4)_3$　pentacalcium fluoride tris(phosphate)　フッ化トリス(リン酸)五カルシウム

直上の例も含め，リン酸イオンと硫酸イオンの倍数接頭語をトリス，ビスとするのは，二硫酸 $H_2S_2O_7$，三リン酸 $H_5P_3O_{10}$ がそれぞれ別の化学種の名称となるからである．

$Cu_2Cl(OH)_3$　dicopper(Ⅱ) chloride trihydroxide　塩化三水酸化二銅(Ⅱ)：形式的付加化合物の式として，$CuCl_2 \cdot 3Cu(OH)_2$ と表記されることもある．

$AlCa_2(OH)_7 \cdot nH_2O$　aluminium dicalcium heptahydroxide hydrate

七水酸化アルミニウム二カルシウム水和物

水分子数が不定の水和物の名称では，単に水和物 hydrate とする．

Ⅱ-E　配位化合物，有機金属化合物

Ⅱ-E1　配位化合物の化学式

Ⅱ-E1.1　配位化合物の化学式は［　］で囲み，［　］に入れた配位式中では中心原子を最初に，つぎに配位子の記号（化学式，略号）を先頭文字のアルファベット順に並べる（IUPAC 1990 規則では，陰イオン性配位子，中性配位子の順に並べ，それぞれの分類中で配位原子の元素記号のアルファベット順に並べるとされていた）．たとえば，配位子としてのアセトニトリルは表記法の違い（CH_3CN，MeCN，NCMe）により C, M, N が先頭文字になる．ついで右下付き数字の増加順とする．一文字からなる元素記号は二文字からなる元素記号よりも優先されるので，たとえば CO は Cl よりも優先される．窒素を含む化学種の序列の例はⅡ-B1.2 を参照のこと．しかし，より多くの結合，構造情報を伝達するために，配位原子が中心金属原子に最も近い場所になるように配位子を表記する場合もある．たとえばアクア錯体において，$[Cr(OH_2)_6]^{3+}$ など．

複雑な構造の配位化合物の化学式を書くときの**括弧の使用順**は，［　］，[( )]，[{( )}]，[({( )})]，[{({( )})}]，… となる．

Ⅱ-E1.2　対イオンは示さず，電荷をもつ配位化合物の化学式だけを書くときは，電荷を角括弧の外側に右上付きで，数字は符号の前におく（1 の場合は数字を書かない）．中心原子の**酸化数**は**ローマ数字**で表記し，元素記号の右上付きで示す．

例：$[Cr^{III}Cl_3(H_2O)_3]$，$[Fe^{-II}(CO)_4]^{2-}$

II-E2 配位子の名称

II-E2.1 陰イオン性配位子の名称は，無機，有機に関係なく，語尾が ‘o’［オ］で終わる．英語で ide，ite，ate で終わるときは，最後の ‘e’ を ‘o’ で置き換え，ido イド，ito イト，ato アト とする．

よく使われる陰イオン性配位子の名称を挙げる．

H^-	hydrido	ヒドリド	$(O_2)^{2-}$	peroxido	ペルオキシド
F^-	fluorido	フルオリド	$(O_2)^-$	superoxido	スペルオキシド
Cl^-	chlorido	クロリド	$(OH)^-$	hydroxido	ヒドロキシド
Br^-	bromido	ブロミド	$(SH)^-$	sulfanido	スルファニド
I^-	iodido	ヨージド	$(SO_4)^{2-}$	sulfato	スルファト
CN^-	cyanido	シアニド	$(S_2O_3)^{2-}$	thiosulfato	チオスルファト
O^{2-}	oxido	オキシド	$(OCN)^-$	cyanato	シアナト
S^{2-}	sulfido	スルフィド	$(SCN)^-$	thiocyanato	チオシアナト
N^{3-}	nitrido	ニトリド	$(NO_2)^-$	nitrito	ニトリト
			N_3^-	trinitrido	トリニトリド，
				azido	アジド （慣）

II-E2.2 有機化合物が水素イオンを失い酸として作用して錯体をつくるときには，これを陰イオン性配位子として取扱い，語尾の e を ato アト とする（e が語尾のときは削除する）．カルボン酸イオンが配位子となるときは語尾 ate アート を ato アト に変える．

例：

$C_5H_7O_2^-$	acetylacetonato	アセチルアセトナト
$C_4H_7N_2O_2^-$	dimethylglyoximato	ジメチルグリオキシマト
CH_3COO^-	acetato	アセタト

II-E2.3 配位する分子または陽イオンの名称は，特別の場合を除き，もとのまま変更しないで用いる．中性および陽イオン性配位子の名称，倍数接頭語を含む無機陰イオン性配位子などに対し，括弧が必要である．しかし，aqua アクア，ammine アンミン，carbonyl カルボニル，nitrosyl ニトロシル，methyl メチル などの配位子の慣用名では，あいまいさが生じる場合を除き，括弧を必要としない．

例：

$P(C_2H_5)_3$	triethylphosphane	トリエチルホスファン
py	pyridine	ピリジン
bpy	2,2′-bipyridine	2,2′-ビピリジン
en	ethane-1,2-diamine	エタン-1,2-ジアミン
H_2O	aqua	アクア
NH_3	ammine	アンミン
CO	carbonyl	カルボニル
NO	nitrosyl	ニトロシル

II-E3 配位子の略号

配位子の略号は使用する論文中で説明をつける必要がある．よく使われるものは表としてまとめてある．略号は原則として**小文字**で書く．有機の基に由来する陰イオン性配位子の略号は Me, Et, Ph, Cp などを使う．金属は Me ではなく M で表す．中性の配位子と，それから水素イオンが失われて生ずる陰イオンとをはっきり区別することが必要である．表 II-6 に示した略号中では，たとえばアセチルアセトナト acac（acetylacetonato）はアセチルアセトン Hacac（acetylacetone）から水素イオンが失われた陰イオン性配位子である．

表 II-6 配位子の略号

略記号	系統的名称	他の名称（略号の由来）[a]
[12]aneS4	1,4,7,10-tetrathiacyclododecane	
[14]1,3-dieneN4	1,4,8,11-tetraazacyclotetradeca-1,3-diene	
[14]aneN4	1,4,8,11-tetraazacyclotetradecane	cyclam
18-crown-6	1,4,7,10,13,16-hexaoxacyclooctadecane	
2,3,2-tet	*N,N′*-bis(2-aminoethyl)propane-1,3-diamine	1,4,8,11-tetraazaundecane
3,3,3-tet	*N,N′*-bis(3-aminopropyl)propane-1,3-diamine	1,5,9,13-tetraazatridecane
Ac	acetyl	
acac	2,4-dioxopentan-3-ido	acetylacetonato
acacen	2,2′-[ethane-1,2-diylbis(azanylylidene)]bis(4-oxopentan-3-ido)	bis(acetylacetonato)ethylenediamine
ade	9*H*-purin-6-amine	adenine
ala	2-aminopropanoato	alaninato
benzo-15-crown-5	2,3,5,6,8,9,11,12-octahydro-1,4,7,10,13-benzopentaoxacyclopentadecine	
big	bis(carbamimidoyl)azanido	biguanid-3-ido
bpy	2,2′-bipyridine	
Bu	butyl	
Bz[b]	benzyl	
bzac	1,3-dioxo-1-phenylbutan-2-ido	benzoylacetonato
bzim	1*H*-benzimidazol-1-ido	
cat	benzene-1,2-diolato	catecholato
cdta	2,2′,2″,2‴-(cyclohexane-1,2-diyldinitrilo)tetraacetato	
chxn	cyclohexane-1,2-diamine	
C_5Me_5[c]	pentamethylcyclopentadienyl	
cod	cycloocta-1,5-diene	
cot	cycloocta-1,3,5,7-tetraene	
Cp	cyclopentadienyl	
crypt-211	4,7,13,18-tetraoxa-1,10-diazabicyclo[8.5.5]icosane	cryptand 211
crypt-222	4,7,13,16,21,24-hexaoxa-1,10-diazabicyclo[8.8.8]hexacosane	cryptand 222
Cy	cyclohexyl	
cyclam	1,4,8,11-tetraazacyclotetradecane	[14]ane N4
cys	2-amino-3-sulfanylpropanoato	cysteinato
cyt	4-aminopyrimidin-2(1*H*)-one	cytosine
dabco	1,4-diazabicyclo[2.2.2]octane	
dach	cyclohexane-1,2-diamine	chxn
dbm	1,3-dioxo-1,3-diphenylpropan-2-ido	dibenzoylmethanato
dea	2,2′-azanediyldi(ethan-1-olato)	diethanolaminato
depe	ethan-1,2-diylbis(diethylphosphane)	1,2-bis(diethylphosphino)ethane
diar	benzene-1,2-diylbis(dimethylarsane)	
dien	*N*-(2-aminoethyl)ethane-1,2-diamine	diethylenetriamine
diop	[(2,2-dimethyl-1,3-dioxolane-4,5-diyl)bis(methylene)]bis(diphenylphosphane)	
dmf	*N,N*-dimethylformamide	
dmg	butane-2,3-diylidenebis(azanolato)	dimethylglyoximato
dmpe	ethane-1,2-diylbis(dimethylphosphane)	1,2-bis(dimethylphosphino)ethane
dmso	(methanesulfinyl)methane	dimethyl sulfoxide
dpm	2,2,6,6-tetramethyl-3,5-dioxoheptan-4-ido	dipivaloylmethanato
dppe	ethane-1,2-diylbis(diphenylphosphane)	1,2-bis(diphenylphosphino)ethane
dppm	methylenebis(diphenylphosphane)	bis(diphenylphosphino)methane
dtpa	2,2′,2″,2‴-(carboxylatomethyl)azanediylbis[ethane-2,1-diylnitrilo]tetraacetato	diethylenetriaminepentaacetato
ea	2-aminoethan-1-olato	ethanolaminato

表 II-6　（つづき）

略記号	系統的名称	他の名称（略号の由来）[a]
edta	2,2′,2″,2‴-(ethane-1,2-diyldinitrilo)tetraacetato	ethylenediaminetetraacetato
en	ethane-1,2-diamine	
Et	ethyl	
Et_2dtc	*N*,*N*′-diethylcarbamodithioato	*N*,*N*′-diethyldithiocarbamato
fod	6,6,7,7,8,8,8-heptafluoro-2,2-dimethyl-3,5-dioxooctan-4-ido	
gly	aminoacetato	glycinato
gua	2-amino-9*H*-purin-6(1*H*)-one	guanine
hfa	1,1,1,5,5,5-hexafluoropentane-2,4-dioxopentan-3-ido	hexafluoroacetylacetonato
his	2-amino-3-(imidazol-4-yl)propanoato	histidinato
hmpa	hexamethylphosphoric triamide	
hmta	1,3,5,7-tetraazatricyclo[3.3.1.$1^{3,7}$]decane	hexamethylenetetramine
ida	2,2′-azanediyldiacetato	iminodiacetato
im	1*H*-imidazol-1-ido	
isn	pyridine-4-carboxamide	isonicotinamide
Me	methyl	
met	2-amino-4-(methylsulfanyl)butanoato	methioninato
nbd	bicyclo[2.2.1]hepta-2,5-diene	norbornadiene
nia	pyridine-3-carboxamide	nicotinamide
nta	2,2′,2″-nitrilotriacetato	
oep	2,3,7,8,12,13,17,18-octaethylporphyrin-21,23-diido	
ox	ethanedioato	oxalato
pc	phthalocyanine-29,31-diido	
Ph	phenyl	
phen	1,10-phenanthroline	
pip	piperidine	
pn	propane-1,2-diamine	
Pr	propyl	
pro	pyrrolidine-2-carboxylato	prolinato
py	pyridine	
pz	1*H*-pyrazol-1-ido	
salen	2,2′-[ethane-1,2-diylbis(azanylylidenemethanylylidene)]⊂diphenolato	bis(salicylidene)ethylenediaminato
salgly	*N*-(2-oxidobenzylidene)glycinato	salicylideneglycinato
saltn	2,2′-[propane-1,3-diylbis(azanylylidenemethanylylidene)]⊂diphenolato	bis(salicylidene)⊂trimethylenediaminato
tacn	1,4,7-triazonane	1,4,7-triazacyclononane
tcne	ethenetetracarbonitrile	tetracyanoethylene
tcnq	2,2′-(cyclohexa-2,5-diene-1,4-diylidene)di(propanedinitrile)	tetracyanoquinodimethane
tea	2,2′,2″-nitrilotri(ethan-1-olato)	triethanolaminato
terpy	2,2′:6,2″-terpyridine	terpyridine
tfa	trifluoroacetato	
thf	oxolane	tetrahydrofuran
thy	5-methylpyrimidine-2,4(1*H*,3*H*)-dione	thymine
tmen	*N*,*N*,*N*′,*N*′-tetramethylethane-1,2-diamine	
tn	propane-1,3-diamine	trimethylenediamine
Tp	hydridotris(pyrazolido-*N*)borato(1−)	hydrotris(pyrazolyl)borato

表 Ⅱ-6（つづき）

略記号	系統的名称	他の名称（略号の由来）[a]
tpp	5,10,15,20-tetraphenylporphyrin-21,23-diido	
tren	tris(2-aminoethyl)amine	
trien	*N*, *N'*-bis(2-aminoethyl)ethane-1,2-diamine	triethylenetetramine
triphos[d]	[(phenylphosphanediyl)bis(ethane-2,1-diyl)]bis○ (diphenylphosphane)	
tris	2-amino-2-(hydroxymethyl)propane-1,3-diol	tris(hydroxymethyl)aminomethane
tu	thiourea	
ura	pyrimidine-2,4(1*H*,3*H*)-dione	uracil

a）これらの名称の多くは，もはや許容されていない．
b）Bz はこれまでしばしば‘benzoyl’の略号として，また‘benzyl’の略号として Bzl が用いられたことがある．したがって，それらの代替として PhCO，$PhCH_2$ を用いることが望ましい．
c）pentamethylcyclopentadienyl ペンタメチルシクロペンタジエニルの略号として Cp* を使用するのには賛成できない．星印* は，励起状態，光学活性物質，その他を特定するのに用いられるので，混乱を招く原因になりうるからである．
d）略号 triphos を，リン原子 4 個をもつ配位子 $PhP(CH_2PPh_2)_3$ の略号として用いるべきではない．
＊ 記号○は，英語名称をハイフンのない場所で改行したことを示している．

Ⅱ-E4　配位化合物の命名

Ⅱ-E4.1　配位化合物の**命名の一般的規則**として，(i) 配位子の名称は，中心原子の名称の前に並べる．(ii) 同じ錯体に属する名称の各部分の間には，スペースを入れない．(iii) 配位子の名称はアルファベット順に並べるが，倍数接頭語は無視する．倍数接頭語 di ジ，tri トリ などは，一般に単純な配位子の数を示す．括弧は必要ない．bis ビス，tris トリス，tetrakis テトラキスなどは，複雑な配位子の数を示すため，あるいはあいまいさを避けるために括弧をつけて用いる．配位化合物名称の日本語表記は原則として英語表記を字訳したものを用いる．

Ⅱ-E4.2　錯陽イオンおよび錯体分子中の中心原子名は元素名のままで変化しないが，錯陰イオン中では，英語では元素名の語尾が ate，日本語では──酸となる．そのとき Cu は cuprate 銅酸，Ag は argentate 銀酸，Au は aurate 金酸，Fe は ferrate 鉄酸，Pb は plumbate 鉛酸，Sn は stannate スズ酸となる．

Ⅱ-E4.3　配位化合物命名には，中心金属の酸化数をローマ数字で明らかにする方式，錯体イオンの電荷をアラビア数字で示す方式，錯体イオンの組成比を倍数接頭語により示す方式の 3 種の方式があり，同一化学式に対し異なる名称を与える場合がある．この中では中心金属の酸化数を示す方式が一般的に用いられる．

例：$K_4[Fe(CN)_6]$　potassium hexacyanidoferrate(Ⅱ)　ヘキサシアニド鉄(Ⅱ)酸カリウム
　　potassium hexacyanidoferrate(4−)　ヘキサシアニド鉄酸(4−)カリウム
　　tetrapotassium hexacyanidoferrate　ヘキサシアニド鉄酸四カリウム

$[Co(NH_3)_6]Cl_3$　hexaamminecobalt(Ⅲ) chloride　ヘキサアンミンコバルト(Ⅲ)塩化物

$[Co(H_2O)_2(NH_3)_4]Cl_3$　tetraamminediaquacobalt(Ⅲ) chloride
　テトラアンミンジアクアコバルト(Ⅲ)塩化物

$[CoCl(NH_3)_5]Cl_2$　pentaamminechloridocobalt(2+) chloride
　ペンタアンミンクロリドコバルト(2+)塩化物

$[PtCl(NH_2CH_3)(NH_3)_2]Cl$　diamminechlorido(methanamine)platinum(Ⅱ) chloride
　ジアンミンクロリド(メタンアミン)白金(Ⅱ)塩化物

$[Pt(C_5H_5N)Cl_2(NH_3)]$	amminedichlorido(pyridine)platinum(Ⅱ) アンミンジクロリド(ピリジン)白金(Ⅱ)
$K_2[PdCl_4]$	potassium tetrachloridopalladate(Ⅱ) テトラクロリドパラジウム(Ⅱ)酸カリウム
$K_2[Ni(CN)_4]$	potassium tetracyanidonickelate(Ⅱ) テトラシアニドニッケル(Ⅱ)酸カリウム
$K[Au(OH)_4]$	potassium tetrahydroxidoaurate(1－) テトラヒドロキシド金酸(1－)カリウム
$K_2[OsCl_5N]$	potassium pentachloridonitridoosmate(Ⅵ) ペンタクロリドニトリドオスミウム(Ⅵ)酸カリウム
$Na_3[Ag(S_2O_3)_2]$	sodium bis(thiosulfato)argentate(Ⅰ) ビス(チオスルファト)銀(Ⅰ)酸ナトリウム
$[Co(NH_3)_5N_3]SO_4$	pentaamminetrinitridocobalt(Ⅲ) sulfate ペンタアンミントリニトリドコバルト(Ⅲ)硫酸塩
$Li[AlH_4]$	lithium tetrahydridoaluminate(1－) テトラヒドリドアルミン酸(1－)リチウム
$Na[BH_4]$	sodium tetrahydridoborate(1－) テトラヒドリドホウ酸(1－)ナトリウム
$[Cu(acac)_2]$	bis(acetylacetonato)copper(Ⅱ) ビス(アセチルアセトナト)銅(Ⅱ)
$[Ni(dmg)_2]$	bis(dimethylglyoximato)nickel(Ⅱ) ビス(ジメチルグリオキシマト)ニッケル(Ⅱ)
cis-$[PtCl_2(PEt_3)_2]$	*cis*-dichloridobis(triethylphosphane)platinum(Ⅱ) *cis*-ジクロリドビス(トリエチルホスファン)白金(Ⅱ)
$[Pt(py)_4][PtCl_4]$	tetrakis(pyridine)platinum(Ⅱ) tetrachloridoplatinate(Ⅱ) テトラクロリド白金(Ⅱ)酸テトラキス(ピリジン)白金(Ⅱ)
$[Fe(bpy)_3]Cl_2$	tris(2,2′-bipyridine)iron(Ⅱ) chloride トリス(2,2′-ビピリジン)鉄(Ⅱ)塩化物
$[Co(en)_3]_2(SO_4)_3$	tris(ethane-1,2-diamine)cobalt(Ⅲ) sulfate トリス(エタン-1,2-ジアミン)コバルト(Ⅲ)硫酸塩
$[Cr(H_2O)_6]Cl_3$	hexaaquachromium(Ⅲ) chloride ヘキサアクアクロム(Ⅲ)塩化物
$Na_2[Fe(CN)_5NO]$	sodium pentacyanidonitrosylferrate(Ⅲ) ペンタシアニドニトロシル鉄(Ⅲ)酸ナトリウム
$[Co(CO)_4H]$	tetracarbonylhydridocobalt(Ⅰ) テトラカルボニルヒドリドコバルト(Ⅰ)

Ⅱ-E5 カッパ方式および立体配置

Ⅱ-E5.1 配位子中の配位原子をイタリック体の元素記号で示し，前にギリシャ文字カッパ κ をつける方式で配位のあいまいさを避ける．これらの記号は，配位子名あるいは配位原子が存在する配位子中の環，鎖，あるいは置換基部分の後におく．同じ配位原子が 2 個以上関与するときは，κ^2，κ^3 のように右上に数字で示す．

例：$[Co(NH_3)_3(NO_2)_3]$ triamminetrinitrito-κ*N*-cobalt(Ⅲ)
トリアンミントリニトリト-κ*N*-コバルト(Ⅲ)

$[Co(NH_3)_3(ONO)_3]$ triamminetrinitrito-κ*O*-cobalt(Ⅲ)
トリアンミントリニトリト-κ*O*-コバルト(Ⅲ)

$[Co(NCS)(NH_3)_5]Cl_2$ pentaamminethiocyanato-κ*N*-cobalt(2+) chloride
ペンタアンミンチオシアナト-κ*N*-コバルト(2+)塩化物

$[Co(NH_3)_5(SCN)]Cl_2$ pentaamminethiocyanato-κ*S*-cobalt(2+) chloride
ペンタアンミンチオシアナト-κ*S*-コバルト(2+)塩化物

$[NiBr_2(Me_2PCH_2CH_2PMe_2)]$ dibromido[ethane-1,2-diylbis(dimethylphosphane-κ^2*P*)]nickel(Ⅱ)
ジブロミド[エタン-1,2-ジイルビス(ジメチルホスファン-κ^2*P*)]ニッケル(Ⅱ)

Ⅱ-E5.2 配位子の相対位置を記述するために，一般用語（*cis* シス，*trans* トランス，*mer* メル，*fac* ファクなど）が使用されているが，これらは特定の幾何構造（たとえば，平面四角形あるいは八面体）

表 Ⅱ-7 多面体記号[a)]

配位多面体		配位数	多面体記号
直 線	linear	2	*L*-2
折れ線	angular	2	*A*-2
三角形	trigonal plane	3	*TP*-3
三方錐	trigonal pyramid	3	*TPY*-3
T-型	T-shape	3	*TS*-3
四面体	tetrahedron	4	*T*-4
平面四角形	square plane	4	*SP*-4
正方錐	square pyramid	4	*SPY*-4
シーソー	see-saw	4	*SS*-4
三方両錐	trigonal bipyramid	5	*TBPY*-5
正方錐	square pyramid	5	*SPY*-5
八面体	octahedron	6	*OC*-6
三方柱	trigonal prism	6	*TPR*-6
五方両錐	pentagonal bipyramid	7	*PBPY*-7
一冠八面体	octahedron, face monocapped	7	*OCF*-7
四角面一冠三方柱	trigonal prism, square-face monocapped	7	*TPRS*-7
立方体	cube	8	*CU*-8
正方ねじれ柱	square antiprism	8	*SAPR*-8
(三角)十二面体	dodecahedron	8	*DD*-8
六方両錐	hexagonal bipyramid	8	*HBPY*-8
トランス-二冠八面体	octahedron, *trans*-bicapped	8	*OCT*-8
三角面二冠三方柱	trigonal prism, triangular-face bicapped	8	*TPRT*-8
四角面二冠三方柱	trigonal prism, square-face bicapped	8	*TPRS*-8
四角面三冠三方柱	trigonal prism, square-face tricapped	9	*TPRS*-9
七方両錐	heptagonal bipyramid	9	*HBPY*-9

a) 厳密にはすべての幾何構造が多面体で表現できるとは限らない．

で配位原子が 2 種類しかないときにのみ使える．他の幾何構造か，2 種類以上の配位原子がある化合物のジアステレオ異性体は，**多面体記号** polyhedral symbol（表Ⅱ-7）で区別される．

配位の幾何構造が多面体記号で明らかになると，どの配位子（あるいは配位原子）が特定の配位位置を占めるかを**配置指数** configuration index で定める．

例：［$Pt(CH_3CN)Cl_2(py)$］　(*SP*-4-1)-(acetonitrile)dichlorido(pyridine)platinum(Ⅱ)
(*SP*-4-1)-(アセトニトリル)ジクロリド(ピリジン)白金(Ⅱ)

上記の（*SP*-4-1）における数字 1 は最優先順配位原子に対しトランス位にある配位原子の優先順位数である．詳細は 2005 勧告を参照のこと．

Ⅱ-E5.3　絶対配置（鏡像異性体の区別）の体系には 2 種類ある．一つは化合物の化学組成に基づくものであり，四面体中心を説明するための *R*/*S* 方式とその他の多面体に用いられる *C*/*A* 方式である．第 2 の方式は分子の幾何構造に基づくものであり，斜交直線方式といい，普通八面体錯体のみに適用される．八面体型のトリス(二座配位子)錯体の絶対配置を示すには，この方式が用いられ，錯体のデルタ形とラムダ形をギリシャ文字 Δ，Λ で示す．キレート環配座の絶対配置を示す場合には，δ，λ を用いる．

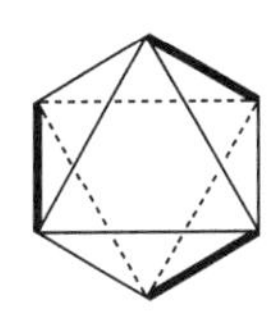
デルタ *delta*（Δ）

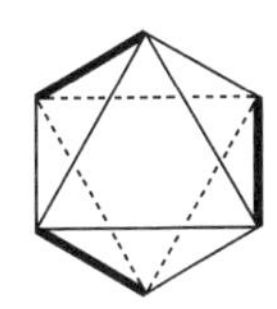
ラムダ *lambda*（Λ）

Ⅱ-E6　有機金属化合物

Ⅱ-E6.1　母体水素化物から 1 個の水素原子が除去されたものとして，母体水素化物名称の語尾 ane アン を接尾語 yl イル に換えて命名する置換命名法に従う．あるいは 1 個の炭素原子を介して配位する有機配位子を，炭素原子から 1 個の水素原子の除去によって生成する陰イオンとみなすなら，陰イオン名の語尾 ide イド を ido イド で置き換えて命名する付加命名法に従う．酸化数は有機金属化合物に適用するのが困難な場合があるので，形式酸化数を有機金属錯体の中心金属に帰属することはしない．

例：［BeEtH］　ethylhydridoberyllium　エチルヒドリドベリリウム
ethanidohydridoberyllium　エタニドヒドリドベリリウム

［$OsEt(NH_3)_5$］Cl
pentaammine(ethyl)osmium(1＋) chloride　ペンタアンミン(エチル)オスミウム(1＋)塩化物
pentaammineethanidoosmium(1＋) chloride　ペンタアンミン(エタニド)オスミウム(1＋)塩化物

Li［$CuMe_2$］
lithium dimethylcuprate(1－)　ジメチル銅酸(1－)リチウム
lithium dimethanidocuprate(1－)　ジメタニド銅酸(1－)リチウム

［$Rh(C_6H_5C_2)(PPh_3)_2(py)$］
(phenylethynyl)(pyridine)bis(triphenylphosphane)rhodium
(フェニルエチニル)(ピリジン)ビス(トリフェニルホスファン)ロジウム
(phenylethynido)(pyridine)bis(triphenylphosphane)rhodium
(フェニルエチニド)(ピリジン)ビス(トリフェニルホスファン)ロジウム

Ⅱ-E6.2　アルケン，アルキン，アリル C_3H_5，ブタジエン C_4H_6，シクロペンタジエニル C_5H_5，ベンゼン C_6H_6，シクロヘプタトリエニル C_7H_7，シクロオクタジエン C_8H_{12}，シクロオクタテトラエン C_8H_8 のような配位子は形式的に陰イオン性か中性とみなせる．これらはπ系を形成しており，2個以上の炭素原子が中心金属と結合した有機金属化合物をつくる．π系を構成する鎖または環中の炭素原子のうち中心金属と結合するものの数を n 個とするとき，配位子名の前に η^n をつけ，イータ n または n ハプトとよぶ．η^n 記号は $n \geq 2$ で定義される．したがって，配位原子1個の配位子に η^1 を付記することはできない．

例：$[Pt(\eta^2\text{-}C_2H_4)Cl_2(NH_3)]$ amminedichlorido(η^2-ethene)platinum
アンミンジクロリド(η^2-エテン)白金

$[Cr(\eta^3\text{-}C_3H_5)_3]$ tris(η^3-allyl)chromium
トリス(η^3-アリル)クロム

$[Co(\eta^3\text{-}CH_3C_3H_4)(CO)_3]$ (η^3-2-butenyl)tricarbonylcobalt
(η^3-2-ブテニル)トリカルボニルコバルト

$[Fe(\eta^5\text{-}C_5H_5)_2]$ bis(η^5-cyclopentadienyl)iron
ビス(η^5-シクロペンタジエニル)鉄

ferrocene フェロセン，ruthenocene ルテノセン，osmocene オスモセン，nickelocene ニッケロセンなどのメタロセン命名法は，2個のシクロペンタジエニル環が事実上平行で金属がdブロック元素のビス(η^5-シクロペンタジエニル)金属（と環置換誘導体）の分子性化合物に限定すべきである．フェロセンをFc，ビス(η^5-シクロペンタジエニル)鉄(III) を ferrocenium フェロセニウムとして Fc^+ と表記することは認められない．

$[Cr(\eta^6\text{-}C_6H_6)_2]$ bis(η^6-benzene)chromium
ビス(η^6-ベンゼン)クロム

$[Ni(\eta^4\text{-}C_8H_{12})_2]$ bis(η^4-cyclooctadiene)nickel
ビス(η^4-シクロオクタジエン)ニッケル

$[U(\eta^8\text{-}C_8H_8)_2]$ bis(η^8-cyclooctatetraene)uranium
ビス(η^8-シクロオクタテトラエン)ウラン

$[Fe(\eta^4\text{-}C_8H_8)(CO)_3]$ tricarbonyl(η^4-cyclooctatetraene)iron
トリカルボニル(η^4-シクロオクタテトラエン)鉄

II-E6.3 13～16族元素の有機金属化合物は置換命名法（母体水素化物の名称に基づく命名法）に従い命名する．

$AlEt_3$ triethylalumane トリエチルアルマン
$SnMe_2$ dimethylstannane ジメチルスタンナン

II-E7 複核および多核錯体

中心金属原子を2個以上もつ多核錯体では，架橋配位子あるいは金属—金属結合により，金属間を連結する．架橋配位子は名称に接頭語としてギリシャ文字μとハイフンをつけて表す．2個の金属を連結する場合はμ，n 個の金属を連結する場合は μ_n（$n \geq 3$）を用いる．同じ配位子の架橋数による優先順位は，たとえば μ_3-Cl > μ-Cl > Cl である．金属—金属結合はこの結合に関与する複数の中心金属原子の名称を列挙した後に，元素記号をイタリック体で示し，全角ダッシュで分離して括弧で囲む．中心構造単位を示すために，たとえば三角クラスターでは *triangulo*-，四面体クラスターでは *tetrahedro*-，八面体クラスターでは *octahedro*-などをつける．架橋される中心原子とそれに対する配位原子を明示する必要があるときは，カッパ方式がμとともに使われる．たとえば，1:2:3κ^3S は中心原子1,2,3を架橋した硫黄原子からの三つすべての結合を明示している．1種以上の金属を含む多核錯体における，金属原子の順序は，元素の順序の表（表II-4）において，後にくるものを優先する．

例： $[\{Cr(NH_3)_5\}_2(\mu\text{-}OH)]Cl_5$ μ-hydroxido-bis(pentaamminechromium)(5+) chloride
μ-ヒドロキシド-ビス(ペンタアンミンクロム)(5+)塩化物

$[\{Fe(CO)_3\}_2(\mu\text{-}CO)_3]$ tri-μ-carbonyl-bis(tricarbonyliron)(*Fe*—*Fe*)
トリ-μ-カルボニル-ビス(トリカルボニル鉄)(*Fe*—*Fe*)

$[Mo_2Fe_2S_4(SPh)_4]^{2-}$ tetrakis(benzenethiolato)-1κ*S*,2κ*S*,3κ*S*,4κ*S*-tetra-μ_3-sulfido-1:2:3κ^3*S*;1:2:4κ^3*S*;1:3:4κ^3*S*;2:3:4κ^3*S*-(dimolybdenumdiiron)ate(2−)
テトラキス(ベンゼンチオラト)-1κ*S*,2κ*S*,3κ*S*,4κ*S*-テトラ-μ_3-スルフィド-1:2:3κ^3*S*;1:2:4κ^3*S*;1:3:4κ^3*S*;2:3:4κ^3*S*-(二モリブデン二鉄)酸(2−)イオン

$[Mn_2(CO)_{10}]$ bis(pentacarbonylmanganese)(*Mn*—*Mn*)
ビス(ペンタカルボニルマンガン)(*Mn*—*Mn*)

$Cs_3[Re_3Cl_{12}]$ caesium dodecachlorido-*triangulo*-trirhenium(3 *Re*—*Re*)(3−)
ドデカクロリド-*triangulo*-三レニウム酸(3 *Re*—*Re*)(3−)セシウム

$[Os_3(CO)_{12}]$ dodecacarbonyl-1κ^4*C*,2κ^4*C*,3κ^4*C*-*triangulo*-triosmium(3 *Os*—*Os*)
ドデカカルボニル-1κ^4*C*,2κ^4*C*,3κ^4*C*-*triangulo*-三オスミウム(3 *Os*—*Os*)

$[Fe_2Pt(CO)_8(PPh_3)_2]$ octacarbonyl-1κ^4*C*,2κ^4*C*-bis(triphenylphosphane-3κ^2*P*)-*triangulo*-diironplatinum(*Fe*—*Fe*)(2 *Fe*—*Pt*)
オクタカルボニル-1κ^4*C*,2κ^4*C*-ビス(トリフェニルホスファン-3κ^2*P*)-*triangulo*-二鉄白金(*Fe*—*Fe*)(2 *Fe*—*Pt*)

$[Be_4(\mu_4\text{-}O)(\mu\text{-}O_2CMe)_6]$ hexakis(μ-acetato-κ*O*:κ*O′*)-μ_4-oxido-*tetrahedro*-tetraberyllium
ヘキサキス(μ-アセタト-κ*O*:κ*O′*)-μ_4-オキシド-*tetrahedro*-四ベリリウム

II-F 付加化合物

II-F1 供与体-受容体錯体，水和物，複塩などの（形式的）付加化合物の名称は，個々の成分化合物名を全角ダッシュで連結し，それに続けて英数半角1字分のスペースをおいてから各成分の組成比を丸括弧で囲んだアラビア数字と斜線からなる組成記号で示す．個々の成分の記載順は，まず組成比の増加順，ついでアルファベット順とする．例外として水は常に最後におく．

例： $3CdSO_4\cdot8H_2O$ cadmium sulfate—water (3/8) 硫酸カドミウム—水 (3/8)

$Al_2(SO_4)_3\cdot K_2SO_4\cdot24H_2O$ aluminium sulfate—potassium sulfate—water (1/1/24)
硫酸アルミニウム—硫酸カリウム—水 (1/1/24)

$BF_3\cdot2H_2O$ boron trifluoride—water (1/2) 三フッ化ホウ素—水 (1/2)

$BH_3\cdot(C_2H_5)_2O$ borane—ethoxyethane (1/1) ボラン—エトキシエタン (1/1)

II-F2 ate は一般に陰イオン成分を示すのであるが，水を成分とする付加化合物に対しては，**水和物 hydrate** という名称も許容される．

例： $CuSO_4\cdot5H_2O$ copper(II) sulfate pentahydrate 硫酸銅(II)五水和物

Ⅱ-G 固　体

固体の詳細な構造を完全に体系的名称によって構築することは困難である. IUPAC 2005 年勧告において, この問題の取扱いが試みられているが, 以下に概略の一部を説明する.

Ⅱ-G1 定比相と不定比相

二成分または多成分系で中間結晶相（安定または準安定相）が現れる場合, 熱力学的にはその組成は変動しうる. 塩化ナトリウム NaCl のように組成変動が非常に小さいときには**定比相** stoichiometric phase とよび, ウスタイト（FeO）のように組成が変動するときには**不定比相** non-stoichiometric phase とよぶ. 不定比相は複雑な化学式をもつ相を意味せず, 変動組成の相のことである.

Ⅱ-G2 固相の名称

定比相の名称は通常の化合物命名法に従うが, 不定比相に対しては, 厳密に体系的な名称は不便であるので, 化学式の方が望ましい. 名称は, 避けられないとき（たとえば索引に使う場合）のみに用いるべきであり, つぎの例のような形式にする.

例：iron(Ⅱ) sulfide (iron deficient)　硫化鉄(Ⅱ) (鉄不足)
　　molybdenum dicarbide (carbon excess)　二炭化モリブデン (炭素過剰)

鉱物名は構造型を示すために使い, できるなら総称として用いる. 英語ではイタリック体で示す.

例：$NiFe_2O_4$ (*spinel* type)　$NiFe_2O_4$ (スピネル型)
　　$BaTiO_3$ (*perovskite* type)　$BaTiO_3$ (ペロブスカイト型)

Ⅱ-G3 化学組成

組成が変動する機構が不明のときでも使える一般の記号は～（約, circa）[1]で, 化学式の前につける.

例：～FeS, ～CuZn

組成の変動の一部または全部が置換によって起こる相については, 原子または原子団の記号を（　）に入れて示す. 元素記号のアルファベット順とする.

例：(Cu,Ni)　純 Cu から純 Ni までの全範囲
　　K(Br,Cl)　純 KBr から純 KCl の範囲を示す

置換と同時に空位が生ずるときも同様に表す.

$(Li_2,Mg)Cl_2$　LiCl と $MgCl_2$ との中間組成の固溶体.
$(Al_2,Mg_3)Al_6O_{12}$　$MgAl_2O_4$（= $Mg_3Al_6O_{12}$）と Al_2O_3（スピネル型）（= $Al_2Al_6O_{12}$）の中間組成の固溶体.

一般的には組成を示す変数を含む記号を使用すべきである.

例：Cu_xNi_{1-x} $(0 \le x \le 1)$ は (Cu,Ni) と同等である.
　　KBr_xCl_{1-x} $(0 \le x \le 1)$ は K(Br,Cl) と同等である.
　　$Li_{2-2x}Mg_xCl_2$ $(0 \le x \le 1)$ は $(Li_2,Mg)Cl_2$ と同等であるが, $2Li^+$ を Mg^{2+} により置換するごとに 1 個の陽イオンに空位が生ずることを明確に示す.

---

1) グリーンブックによれば, ～は "比例する proportional to" を意味する数学記号である.

$Co_{1-x}O$ は陽イオンの空位があることを示す．$x=0$ ではこの式は定比組成 CoO に相当する．

$Ca_xZr_{1-x}O_{2-x}$ は Zr が一部 Ca により置換され，陰イオンの空位が生ずることを示す．$x=0$ では
この式は定比組成 ZrO_2 になる．

もし変数 x が小さい値に限られていれば，x の代わりに δ あるいは ε を使う．特定の組成範囲は x（または δ, ε）の実際の数値を入れて示す．

例：$Fe_{3x}Li_{4-x}Ti_{2(1-x)}O_6$ ($x=0.35$) または $Fe_{1.05}Li_{3.65}Ti_{1.30}O_6$

$Ni_{1-\delta}O$

格子欠陥の問題，不定比相の詳細などは2005勧告を見よ．

II-G4 多　　形

温度，圧力などによって単体や化合物の結晶構造が変わるとき，これは**多形** polymorphism とよばれる．多形の表示にはギリシャ文字，ローマ数字などが使われたこともあるが，結晶構造を示す小文字イタリック記号を使うべきである．たとえば，ZnS(*c*) は閃亜鉛鉱構造を，ZnS(*h*) はウルツ石構造を示す．これらの記号 *c*, *h* は cubic（立方），hexagonal（六方）の頭文字をとったものである．同じ晶系でいくつかの多形が存在するときは，表II-8に示す Pearson 記号で区別できるであろう．

少しひずんだ構造には～（約，circa）をつける．たとえば ～*c* は少しひずんだ立方晶結晶格子を示す．また簡単なよく知られた化合物を（　）に入れてつけてもよい．たとえば 345 K 以上の AuCd は AuCd (*CsCl* 型）の方が AuCd(*c*) よりもよい．

表 II-8　14種のブラベ格子に用いる Pearson 記号

晶　系	格子記号[a)]	Pearson 記号
三斜　triclinic	*P*	*aP*
単斜　monoclinic	*P*	*mP*
	S[b)]	*mS*
直方（斜方）[1)]　orthorhombic	*P*	*oP*
	S	*oS*
	F	*oF*
	I	*oI*
正方　tetragonal	*P*	*tP*
	I	*tI*
六方（および三方）　hexagonal（and trigonal *P*）	*P*	*hP*
菱面体　rhombohedral	*R*	*hR*
立方　cubic	*P*	*cP*
	F	*cF*
	I	*cI*

a)　*P* は単純格子，*S* は側面心（底心）格子，*F* は面心格子，*I* は体心格子，*R* は菱面体格子をさす．以前は *S* ではなく，*C* が用いられた[2)]．

b)　*y* 軸を主軸とする単斜晶系での第2座標系[2)]．

1）従来用いられていた“斜方”という呼称は誤解を生む余地があるとして，櫻井敏雄が提案した“直方”は，すでに日本国内の結晶学界に定着した用語となっている．

2）*S* は side-face-centred lattice，側面心格子の記号である．そうであれば，脚注 b）は不必要である．側面心格子は底心格子 base-centred lattice の名称を変えたものであり，底心格子と本質的な差はない．主軸が *b*(*y*) 軸となる単斜晶系では *C* 底心，*A* 底心の2種があり得るので，側面心格子で *S* とするほうが簡潔な表現となる．晶系に対応するイタリック小文字のうち，三斜晶系の *a* は anorthic（“三斜の”，“直交していない”の意）に由来する．直方格子は，これまで斜方格子とされていた格子であるが，三斜格子，単斜格子と異なり，座標軸がすべて直交しているので，直方格子とする．

II-H　ホウ素化合物

水素化ホウ素 borane の命名法は複雑であり，ここでは IUPAC 2005 年勧告の中の比較的簡単な系について説明する．

II-H1　最も単純な母体構造は BH_3 であり，borane ボランとよばれる．水素化ホウ素分子におけるホウ素原子の数は倍数接頭語で示す．水素原子数は名称のすぐあとにアラビア数字により示すが，これらの名称は組成に関する情報しか与えない．

例：B_2H_6　diborane(6)　ジボラン(6)

$B_{20}H_{16}$　icosaborane(16)　イコサボラン(16)

構造に関する情報は，*closo* クロソ，*nido* ニド，*arachno* アラクノなどの接頭語をハイフンでつないで示す．*closo* はカゴ型あるいは閉鎖構造で，特にすべての面が三角形となる正多面体のホウ素骨格，*nido* は鳥の巣のような，ほとんど閉鎖されたホウ素骨格，*arachno* はホウ素骨格が *nido* より一段開放された構造である．

例：*closo*-$B_6H_6^{2-}$　*closo*-hexaborane(6)(2−)　*closo*-ヘキサボラン(6)(2−)

nido-B_5H_9　*nido*-pentaborane(9)　*nido*-ペンタボラン(9)

arachno-B_4H_{10}　*arachno*-tetraborane(10)　*arachno*-テトラボラン(10)

水素化ホウ素の基本骨格を保ったままで，ホウ素原子を一つ以上，他の原子で置換した誘導体の名称は carbaborane カルバボランまたは carborane カルボラン，azaborane アザボラン，thiaborane チアボランなどである．

例：*closo*-$B_{10}C_2H_{12}$　dicarba-*closo*-dodecaborane(12)

ジカルバ-*closo*-ドデカボラン(12)

II-H2　ボランから誘導された陰イオンは錯陰イオンとして命名される．

例：$[BH_4]^-$　tetrahydridoborate(1−)

テトラヒドリドホウ酸(1−)

$[B(CH_3)_2H_2]^-$　dihydridodimethanidoborate(1−)

ジヒドリドジメタニドホウ酸(1−)

$[B(CF_3)F_3]^-$　trifluoridotrifluoromethanidoborate(1−)

トリフルオリドトリフルオロメタニドホウ酸(1−)

II-H3　ホウ素のオキソ酸は慣用名でよぶことも許容される．

例：$H_3BO_3 = [B(OH)_3]$　boric acid　ホウ酸

$H_2BHO_2 = [BH(OH)_2]$　boronic acid　ボロン酸

$HBH_2O = [BH_2(OH)]$　borinic acid　ボリン酸

有機誘導体の例：$C_6H_5B(OH)_2 = [B(C_6H_5)(OH)_2]$　phenylboronic acid　フェニルボロン酸

II-I　おもなイオンと原子団の名称

主要かつ簡単な原子，原子イオン，中性原子団，陽イオン・陽イオン原子団，陰イオン，配位子の名称を表 II-9 に例示してある．全元素についての網羅ではないが，たとえばテルルについては類縁元素セレンでの名称からの類推が可能であろう．

表 Ⅱ-9 おもなイオンと原子団の名称

中性原子と原子団の式	中性原子, 分子, 原子団	陽イオン 陽イオン性原子団	陰イオン	配位子
AsO_4			AsO_4^{3-}, tetraoxidoarsenate(3−) テトラオキシドヒ酸(3−)	AsO_4^{3-}, tetraoxidoarsenato(3−) テトラオキシドアルセナト(3−)
BO_3			BO_3^{3-}, trioxidoborate(3−) トリオキシドホウ酸(3−)	BO_3^{3-}, trioxidoborato(3−) トリオキシドボラト(3−)
Br	(mono)bromine (一)臭素	Br^+, bromine(1+) 臭素(1+)	Br^-, bromide(1−) 臭化物(1−)	bromido ブロミド
BrO_3	trioxidobromine トリオキシド臭素	BrO_3^+, trioxidobromine(1+) トリオキシド臭素(1+)	BrO_3^-, trioxidobromine(1−) トリオキシド臭素(1−) bromate 臭素酸	BrO_3^-, trioxidobromato(1−) トリオキシドブロマト(1−) bromato ブロマト
CHO_3			HCO_3^-, hydrogencarbonate 炭酸水素	HCO_3^-, hydrogencarbonato ヒドロゲンカルボナト
CN			CN^-, nitridocarbonate(1−) ニトリド炭酸(1−) cyanide シアン化物	CN^-, nitridocarbonato(1−) ニトリドカルボナト(1−) cyanido シアニド
CNO			OCN^-, cyanate シアン酸 ONC^-, fulminate 雷酸	OCN^-, cyanato シアナト ONC^-, fulminato フルミナト
CNS			SCN^-, thiocyanate チオシアン酸 SNC^-, carbidosulfidonitrate(1−) カルビドスルフィド硝酸(1−)	SCN^-, thiocyanato チオシアナト SNC^-, carbidosulfidonitrato(1−) カルビドスルフィドニトラト(1−)
CO	carbon mon(o)oxide 一酸化炭素			CO, carbonyl カルボニル oxidocarbon オキシド炭素
CO_3			CO_3^{2-}, trioxidocarbonate(2−) トリオキシド炭酸(2−) carbonate 炭酸	CO_3^{2-}, trioxidocarbonato(2−) トリオキシドカルボナト(2−) carbonato カルボナト
Cl	(mono)chlorine (一)塩素	Cl^+, chlorine(1+) 塩素(1+)	Cl^-, chloride(1−) 塩化物(1−) chloride 塩化物	Cl^-, chlorido(1−) クロリド(1−) chlorido クロリド
F	(mono)fluorine (一)フッ素	F^+, fluorine(1+) フッ素(1+)	F^-, fluoride(1−) フッ化物(1−) fluoride フッ化物	F^-, fluorido(1−) フルオリド(1−) fluorido フルオリド
H	hydrogen 水素	H^+, hydrogen(1+) 水素(1+)	H^-, hydride 水素化物	hydrido ヒドリド
HO	hydroxy ヒドロキシ	HO^+, hydroxylium ヒドロキシリウム	OH^-, hydroxide 水酸化物	OH^-, hydroxido ヒドロキシド
HO_2	hydroperoxy ヒドロペルオキシ	HO_2^+, hydridodioxygen(1+) ヒドリド二酸素(1+)	HO_2^- hydrogen(peroxide)(1−) ヒドロゲン(ペルオキシド)(1−)	HO_2^-, hydrogen(peroxido)(1−) ヒドロゲン(ペルオキシド)(1−)
HO_3S			HSO_3^-, hydrogensulfite 亜硫酸水素	hydrogensulfito ヒドロゲンスルフィト

表 II-9 (つづき)

中性原子と原子団の式	中性原子, 分子, 原子団	陽イオン 陽イオン性原子団	陰イオン	配位子
HS	−SH, sulfanyl スルファニル	HS^+, sulfanylium スルファニリウム	HS^-, sulfanide スルファニド	HS^-, sulfanido スルファニド
H_2O	H_2O, water　水			H_2O, aqua　アクア
H_3O		H_3O^+, oxonium オキソニウム		
I	(mono)iodine (一)ヨウ素	I^+, iodine(1+) ヨウ素(1+)	I^-, iodide ヨウ化物	I^-, iodido(1−) ヨージド
MnO_4			MnO_4^-, permanganate 過マンガン酸 MnO_4^{2-}, manganate(VI) マンガン酸(VI)	MnO_4^-, permanganato ペルマンガナト MnO_4^{2-}, manganato(VI) マンガナト(VI)
N	(mono)nitrogen (一)窒素	N^+, nitrogen(1+) 窒素(1+)	N^{3-}, nitride 窒化物	N^{3-}, nitrido(3−) ニトリド(3−)
NH			NH^{2-}, imide　イミド	NH^{2-}, imido　イミド
NH_2			NH_2^-, amide　アミド	NH_2^-, amido　アミド
NH_3	ammonia アンモニア	NH_3^+, azaniumyl アザニウミル		NH_3, ammine アンミン
NO	NO, nitrogen mon(o)oxide 一酸化窒素	NO^+, oxidonitrogen(1+) オキシド窒素(1+)	NO^-, oxidonitrate(1−) オキシド硝酸(1−)	NO, nitrosyl ニトロシル NO^+, oxidonitrogen(1+) オキシド窒素(1+) NO^-, oxidonitrato(1−) オキシドニトラト(1−)
NO_2	NO_2, nitrogen dioxide 二酸化窒素	NO_2^+, dioxidonitrogen(1+) ジオキシド窒素(1+)	NO_2^-, nitrite　亜硝酸	NO_2^-, nitrito　ニトリト
NO_3	NO_3, nitrogen trioxide 三酸化窒素		NO_3^-, nitrate　硝酸	NO_3^-, nitrato　ニトラト
N_2	N_2, dinitrogen 二窒素			N_2, dinitrogen 二窒素
N_3	N_3, trinitrogen 三窒素		N_3^-, trinitride(1−) 三窒化物(1−) azide　アジ化物	N_3^-, trinitrido(1−) トリニトリド(1−) azido　アジド
O	(mono)oxygen (一)酸素		O^{2-}, oxide 酸化物	O^{2-}, oxido オキシド
OCl	OCl, oxygen (mono)chloride (一)塩化酸素		OCl^-, hypochlorite 次亜塩素酸	OCl^-, hypochlorito ヒポクロリト
OI	OI, oxygen (mono)iodide (一)ヨウ化酸素	OI^+, iodidooxygen(1+) ヨージド酸素(1+)	OI^-, hypoiodite 次亜ヨウ素酸	OI^-, hypoiodito ヒポヨージト
O_2	O_2, dioxygen 二酸素	O_2^+, dioxygen(1+) 二酸素(1+)	O_2^{2-}, peroxide 過酸化物 O_2^-, superoxide スペルオキシド	O_2^{2-}, peroxido ペルオキシド O_2^-, superoxido スペルオキシド
O_2Cl	O_2Cl, dioxygen chloride 塩化二酸素	ClO_2^+, dioxidochlorine(1+) ジオキシド塩素(1+)	ClO_2^-, chlorite 亜塩素酸	ClO_2^-, chlorito クロリト

表 II-9 (つづき)

中性原子と原子団の式	中性原子, 分子, 原子団	陽イオン 陽イオン性原子団	陰イオン	配位子
O_2I	O_2I, dioxygen iodide ヨウ化二酸素	IO_2^+, dioxidoiodine(1+) ジオキシドヨウ素(1+)	IO_2^-, iodite 亜ヨウ素酸	IO_2^-, iodito ヨージト
O_3	O_3, ozone オゾン		O_3^-, ozonide オゾン化物	O_3^-, ozonido オゾニド
O_3Br	O_3Br, trioxygen bromide 臭化三酸素	BrO_3^+, trioxidobromine(1+) トリオキシド臭素(1+)	BrO_3^-, bromate 臭素酸	BrO_3^-, bromato ブロマト
O_3Cl	O_3Cl, trioxygen chloride 塩化三酸素	ClO_3^+, trioxidochlorine(1+) トリオキシド塩素(1+)	ClO_3^-, chlorate 塩素酸	ClO_3^-, chlorato クロラト
O_3I	O_3I, trioxygen iodide ヨウ化三酸素	IO_3^+, trioxidoiodine(1+) トリオキシドヨウ素(1+)	IO_3^-, iodate ヨウ素酸	IO_3^-, iodato ヨーダト
O_4Cl	O_4Cl, tetraoxygen chloride 塩化四酸素		ClO_4^-, perchlorate 過塩素酸	ClO_4^-, perchlorato ペルクロラト
P	P, (mono)phosphorus (一)リン	P^+, phosphorus(1+) リン(1+)	P^{3-}, phosphide リン化物	P^{3-}, phosphido ホスフィド
PO	PO, phosphorus mon(o)oxide 一酸化リン	PO^+, oxidophosphorus (1+) オキシドリン(1+)	PO^-, oxidophosphate(1−) オキシドリン酸(1−)	
PO_3			PO_3^{3-}, phosphite 亜リン酸	PO_3^{3-}, phosphito ホスフィト
PO_4			PO_4^{3-}, phosphate リン酸	PO_4^{3-}, phosphato ホスファト
P_2O_7			$O_3POPO_3^{4-}$, diphosphate 二リン酸	$O_3POPO_3^{4-}$, diphosphato ジホスファト
ReO_4			ReO_4^-, tetraoxidorhenate(1−) テトラオキシドレニウム酸(1−) ReO_4^{2-}, tetraoxidorhenate(2−) テトラオキシドレニウム酸(2−)	ReO_4^-, tetraoxidorhenato(1−) テトラオキシドレナト(1−) ReO_4^{2-}, tetraoxidorhenato(2−) テトラオキシドレナト(2−)
S	S, (mono)sulfur (一)硫黄	S^+, sulfur(1+) 硫黄(1+)	S^{2-}, sulfide(2−) 硫化物(2−)	S^{2-}, sulfido(2−) スルフィド(2−)
SO	SO, sulfur mon(o)oxide 一酸化硫黄	SO^+, oxidosulfur(1+) オキシド硫黄(1+)	SO^-, oxidosulfate(1−) オキシド硫酸(1−)	[SO], oxidosulfur オキシド硫黄
SO_2	SO_2, sulfur dioxide 二酸化硫黄		SO_2^-, dioxidosulfate(1−) ジオキシド硫酸(1−) SO_2^{2-}, dioxidosulfate(2−) ジオキシド硫酸(2−)	[SO_2], dioxidosulfur ジオキシド硫黄 SO_2^{2-}, dioxidosulfato(2−) ジオキシドスルファト(2−)
SO_3	SO_3, sulfur trioxide 三酸化硫黄		SO_3^{2-}, sulfite 亜硫酸	SO_3^{2-}, sulfito スルフィト

表 II-9 （つづき）

中性原子と原子団の式	中性原子, 分子, 原子団	陽イオン 陽イオン性原子団	陰イオン	配位子
SO_4			SO_4^{2-}, sulfate 硫酸	SO_4^{2-}, sulfato スルファト
S_2O_3			$S_2O_3^{2-}$, thiosulfate チオ硫酸	$S_2O_3^{2-}$, thiosulfato チオスルファト
Se	(mono)selenium (一)セレン	selenium セレン	Se^{2-}, selenide セレン化物	selenido セレニド
SeO	SeO, selenium mon(o)oxide 一酸化セレン			[SeO], oxidoselenium オキシドセレン
SeO_2	SeO_2, selenium dioxide 二酸化セレン		SeO_2^{2-}, dioxidoselenate(2−) ジオキシドセレン酸(2−)	SeO_2^{2-}, dioxidoselenato(2−) ジオキシドセレナト(2−)
SeO_3	SeO_3, selenium trioxide 三酸化セレン		SeO_3^{2-}, selenite 亜セレン酸	SeO_3^{2-}, selenito セレニト
SeO_4			SeO_4^{2-}, selenate セレン酸	SeO_4^{2-}, selenato セレナト
SiO_3			$(SiO_3^{2-})_n$, metasilicate メタケイ酸	
SiO_4			SiO_4^{4-}, orthosilicate オルトケイ酸	
Te	Te, tellurium テルル		Te^{2-}, telluride(2−) テルル化物(2−)	Te^{2-}, tellurido(2−) テルリド(2−)
UO_2	UO_2, uranium dioxide 二酸化ウラン	UO_2^{+}, dioxidouranium(1+) ジオキシドウラン(1+) UO_2^{2+}, dioxidouranium(2+) ジオキシドウラン(2+)		

Ⅲ. 有機化学命名法

IUPACは有機化合物および生体関連化合物の命名法の規則を制定し，1979年に“有機化学命名法 A, B, C, D, E, FおよびHの部”[1]（本章では1979規則とよぶ），1993年には“有機化合物命名法ガイド”[2]（本章では1993規則とよぶ）を刊行した．1993規則は，1979規則の比較的小規模な修正・補足であったが，2013年に大幅な修正が行われ，“有機化学命名法：IUPAC勧告2013と優先IUPAC名2013”[3]（本章では2013勧告とよぶ）が刊行された．

一つの化合物に命名法規則に適う複数の名称がある場合，1979規則，1993規則ではそのいずれを用いてもよかったが，2013勧告では“優先IUPAC名”（詳細は第二部参照）の概念が導入されたことにより，それら複数の名称のうちの一つが，その優先的使用をIUPACが推奨する名称，つまり優先IUPAC名となった．しかし，2013勧告は2013年12月に刊行されて日が浅く，国際的にみてもまだほとんど活用されていないのが現状である．2013勧告においても，命名法の基本的な枠組みは1979規則で定められたものと同じであることを考慮すると，現段階で有機化学命名法の習得を志す人や論文作成のために規則を参照する人にとっては，やはり1979規則と1993規則の理解が肝要であり，今後の2013勧告の理解や活用のための前提でもある．そこで，本章では，まず第一部で1979規則と1993規則の概要を述べ，第二部で2013勧告での主要な変更点を解説することとした．第一部は，基本的に本書第一版の第Ⅲ章とほぼ同じ内容であり，これにすでに習熟している人は，第二部から読んでいただいて差支えない．

なお現時点では，化学会発行の報文においては，1979規則，1993規則，2013勧告のいずれに従ってもよいので，報文の作成には第二部の記述は必ずしも必要ではない．しかし，優先IUPAC名は，学術分野のみではなく官公庁・関連機関でもその使用が進む方向にあり，今後産業界を含む広い範囲で利用され普及していくと思われるので，第二部の解説も活用していただきたい．

IUPAC名と並んでよく用いられる *Chemical Abstracts* 索引名は，*Chemical Abstracts* がIUPAC命名法規則に準拠して独自に制定した規則に基づいてつくられている．*Chemical Abstracts* 索引名とIUPAC名の相違点については付録3を参照していただきたい．

第一部　有機化学命名法の基礎（1979規則および1993規則）

第一部では，有機化学命名法の基本的枠組みを定めている1979規則の中でも特に重要なA, BおよびCの部の概略を解説している．しかし，1993規則で重要な修正・補足も行われているので，一部の重要あるいは記述上便利と思われる規則については，**IUPAC 1993規則**として特に目立つかたちで記載した．また一部の表については，より使いやすくなっている2013勧告での変更を取入れて作成してある．

---

1) I-1（p. 1）の文献（2）と（7）参照.
2) I-1（p. 1）の文献（4）参照.
3) I-1（p. 1）の文献（5）参照.

Ⅲ1-A 炭 化 水 素

Ⅲ1-A1 鎖 状 炭 化 水 素

Ⅲ1-A1.1 飽和直鎖炭化水素は表 Ⅲ1-1 のように命名する．炭素原子数 5 以上の炭化水素の名称は，炭素原子数を表すギリシャ語（一部ラテン語）の数詞に接尾語 ane アン[1] をつける．

IUPAC 名では直鎖炭化水素名に *n*- をつけない[2]．

表 Ⅲ1-1 飽和直鎖炭化水素 C_nH_{2n+2} の名称

n	名 称		*n*	名 称	
1	methane	メタン	13	tridecane	トリデカン
2	ethane	エタン	14	tetradecane	テトラデカン
3	propane	プロパン	15	pentadecane	ペンタデカン
4	butane	ブタン	16	hexadecane	ヘキサデカン
5	pentane	ペンタン	17	heptadecane	ヘプタデカン
6	hexane	ヘキサン	18	octadecane	オクタデカン
7	heptane	ヘプタン	19	nonadecane	ノナデカン
8	octane	オクタン	20	icosane	イコサン
9	nonane	ノナン	21	henicosane	ヘンイコサン
10	decane	デカン	22	docosane	ドコサン
11	undecane	ウンデカン	30	triacontane	トリアコンタン
12	dodecane	ドデカン	40	tetracontane	テトラコンタン

Ⅲ1-A1.2 枝のある炭化水素は直鎖炭化水素の誘導体として命名する．分子内の最も長い直鎖の部分に相当する名称の前に，側鎖の基名とその数を接頭語として加える．

側鎖の位置は主鎖炭素の番号で表す．位置番号は側鎖の位置が最小の番号になるように選ぶ．

2 個以上の側鎖があるときは，二通りの位置番号のつけ方のうち，同じでない最初の数が小さくなるような方向を選ぶ[3]．

```
      1   2  3    4  5    6
例： CH3CHCH2CHCH2CH3        2,4-dimethylhexane     2,4-ジメチルヘキサン
         |      |
        CH3    CH3            (3,5- ではない)
     1   2       3   4    5    6   7
     CH3CH - CHCH2CH2CHCH3   2,3,6-trimethylheptane  2,3,6-トリメチルヘプタン
         |     |          |
        CH3   CH3        CH3  (2,5,6- ではない)
```

2 種以上の側鎖があるときは，基名のアルファベット順に並べる．異性を表すイタリック記号 *s*-，*t*- はアルファベット順では無視するが，isopropyl，isobutyl などは i の部に入れる．日本語名では，英語のアルファベット順をそのまま字訳する．

Ⅲ1-A1.3 他に置換基をもたない炭化水素に限って isobutane イソブタン，isopentane イソペンタン，neopentane ネオペンタン，isohexane イソヘキサンの非体系的名称を保存する．

---

1) 飽和炭化水素を表す接尾語は，日本語ではアンであるが，炭素原子数を表す語幹と組合わされた場合には，字訳通則（I-3.5 参照）により，ペンタン，デカンなどと字訳する．このように母音字で始まる接尾語をその前の子音字と組合わせて字訳する例は，有機化合物名についてしばしば出てくるが，本稿では以後いちいち断らないことにする．

2) Ⅲ1-A1.3 に示すように C_6 以下の炭化水素についてはイソブタン，ネオペンタンなどの名称が認められているので，直鎖を明示する必要のあるときは *n*- をつけてもよい．英語では直鎖のブタンは butane，イソブタンも含めて C_4H_{10} を表すときは butanes となるが，日本語では複数の表記がないので *n*-ブタンと書く必要のある場合がある．C_7 以上の炭化水素ではイソヘプタンのような名称は認められていないから，ヘプタンといえば *n*-ヘプタンをさす．

3) IUPAC 規則では炭化水素に限らず，一般に位置番号のつけ方について，**最小の位置番号**という表現をこの意味で使用している．

Ⅲ1-A1.4　二重結合をもつ直鎖炭化水素は相当する飽和炭化水素名の接尾語 ane を ene エン, adiene アジエン などに換えて命名する[1]. 異性体は二重結合が始まる炭素原子の位置番号で区別し, 位置番号は二重結合が最小の番号で表されるように選ぶ.

例: $\overset{1}{C}H_2=\overset{2}{C}H\overset{3}{C}H_2\overset{4}{C}H=\overset{5}{C}H\overset{6}{C}H_3$　1,4-hexadiene　1,4-ヘキサジエン

Ⅲ1-A1.5　三重結合をもつ直鎖炭化水素は yne イン, diyne ジイン などの接尾語を使って命名する. 非体系名として acetylene アセチレン は保存する.

Ⅲ1-A1.6　二重結合と三重結合をもつ直鎖炭化水素は enyne エンイン, enediyne エンジイン などの接尾語で命名する. 不飽和結合に最小位置番号を与えるので, 下の例のように三重結合の方が小さい番号になることがある. 二重結合と三重結合に同じ番号がつくときは二重結合の方に最小番号を与える.

例: $\overset{1}{C}H\equiv\overset{2}{C}-\overset{3}{C}H=\overset{4}{C}H\overset{5}{C}H_3$　3-penten-1-yne　3-ペンテン-1-イン[2]

$\overset{1}{C}H_2=\overset{2}{C}H\overset{3}{C}H=\overset{4}{C}H-\overset{5}{C}\equiv\overset{6}{C}H$　1,3-hexadien-5-yne　1,3-ヘキサジエン-5-イン[2]

Ⅲ1-A1.7　枝のある不飽和炭化水素は, 二重および三重結合の最多数を含む枝のない炭化水素の誘導体として命名する. 最多数の不飽和結合をもつ鎖が幾通りもあるときは, つぎの順序で選択する. ① 最多数の炭素原子をもつ鎖. ② 炭素原子数も同じなら, 最多数の二重結合をもつ鎖.

例:

$$\begin{array}{l} \qquad\qquad\quad CH_2CH_2CH_3 \\ \qquad\qquad\quad | \\ \underset{1}{C}H_2=\underset{2}{C}H-\underset{3}{C}=\overset{4}{C}-\overset{5}{C}\equiv\overset{6}{C}H \\ \qquad\qquad\qquad\quad | \\ \qquad\qquad\qquad CH_2CH_3 \end{array}$$

4-ethyl-3-propyl-1,3-hexadien-5-yne[2]
4-エチル-3-プロピル-1,3-ヘキサジエン-5-イン

IUPAC 1993 規則

二重結合, 三重結合の位置番号は, 相当する接尾語の前に記す[2].

例:			
2-butene	→	but-2-ene	ブタ-2-エン
1,4-hexadiene	→	hexa-1,4-diene	ヘキサ-1,4-ジエン
3-penten-1-yne	→	pent-3-en-1-yne	ペンタ-3-エン-1-イン
1,3-hexadien-5-yne	→	hexa-1,3-dien-5-yne	ヘキサ-1,3-ジエン-5-イン
3-hexene-1,5-diyne	→	hex-3-ene-1,5-diyne	ヘキサ-3-エン-1,5-ジイン

Ⅲ1-A2 鎖状炭化水素基

Ⅲ1-A2.1　飽和直鎖炭化水素の鎖端から水素 1 原子を除いてできる基は, 炭化水素名の接尾語 ane を yl イル に換えて命名する.

例: pentane → pentyl　ペンチル

Ⅲ1-A2.2　アルカンから誘導される枝のある一価の基は, 遊離原子価のある炭素原子（常に位置番

1) 非体系名として allene アレン, ethylene エチレンは保存するが, propylene プロピレン は不飽和炭化水素名ではなく, $-CH(CH_3)CH_2-$ の名称に使う.

2) **母音の省略**: 末尾が e で終わる母体炭化水素および複素環の名称の後に a, i, o, u または y で始まる接尾語が続く場合は, 接尾語の前に数字が入るか否かにかかわらず, 末尾の e は省略する.
di, tri などの数を表す接頭語（倍数接頭語）の場合は, この省略はない（例: diamino, triethyl, diene, diyne, triol など）. ただし tetra, penta, hexa などは, 母音で始まる接尾語に直接つながるとき, tetrol テトラオール, pentamine ペンタアミン, hexone ヘキサオンのように, 末尾の a は省略する. この場合も, tetraene, pentayne のような場合は省略しない. 字訳の際は省略された母音を補う.

号を1とする）から出発して最長鎖をもつ直鎖アルキル基の名称に側鎖の名称を接頭語としてつけて命名する．

例： $\overset{4}{C}H_3\overset{3}{C}H_2\overset{2}{C}H_2\overset{1}{C}H(CH_3)-$ 1-methylbutyl 1-メチルブチル (2-pentyl は誤)

置換されていない場合にのみ，つぎの名称を保存する．

isopropyl, isobutyl, *s*-butyl, *t*-butyl, isopentyl, neopentyl, *t*-pentyl,
isohexyl $(CH_3)_2CHCH_2CH_2CH_2-$

III1-A2.3 不飽和炭化水素から誘導される一価の基の名称は，炭化水素名の接尾語 ene, yne などを enyl エニル，ynyl イニルなどに換えて命名する．遊離原子価をもつ炭素原子の位置番号を1とする．

例： $\overset{3}{C}H_3-\overset{2}{C}(CH_3)=\overset{1}{C}H-$ 2-methyl-1-propenyl 2-メチル-1-プロペニル

vinyl ビニル，allyl アリル，isopropenyl イソプロペニルの名称は保存する．

III1-A2.4 yl で終わる名称の一価の炭化水素基の遊離原子価をもつ炭素原子からさらに水素原子を1個または2個除いて誘導される二価および三価の基は，相当する一価の基の名称に idene イデン または idyne イジン をつけて命名する．ただし $CH_2=$ は methylene メチレン とする．

例： $CH_3CH=$ ethylidene エチリデン　$CH_2=C=$ vinylidene ビニリデン

III1-A2.5 直鎖アルカンの両鎖端から水素原子1個ずつを除いて誘導される二価の基の名称は ethylene エチレン，trimethylene トリメチレン，tetramethylene テトラメチレン などとし，枝のある場合はこれに側鎖名を接頭語として命名する．

IUPAC 1993 規則

IUPAC 1979 規則では遊離原子価をもつ炭素を最優先して（位置番号を1として）基名をつくる（下の例（*a*））が，IUPAC 1993 規則では，遊離原子価をもつ炭素の位置番号を相当する接尾語の直前に書く方式（下の例（*b*））がより好ましいとされている．（*b*）方式の場合，特性基の接尾語と同様の扱いになり，遊離原子価をもった炭素の位置番号はすべて表記する．そのため，（*a*），（*b*）両方式を混用すると混乱を起こすことがある．

例：

$CH_3CH_2CH_2CH(CH_3)-$	(*a*)	1-methylbutyl	1-メチルブチル
	(*b*)	pentan-2-yl	ペンタン-2-イル
$CH_3-C(CH_3)=$	(*a*)	1-methylethylidene	1-メチルエチリデン
		isopropylidene	イソプロピリデン （無置換の場合）
	(*b*)	propan-2-ylidene	プロパン-2-イリデン（二重結合で結合した場合）[1]
$CH_3-\overset{|}{\underset{|}{C}}-CH_3$	(*a*)	1-methylethylidene,	isopropylidene
	(*b*)	propane-2,2-diyl	プロパン-2,2-ジイル（単結合で結合した場合）[1]
$-CH=CHCH_2CH_2-$	(*a*)	1-butenylene	1-ブテニレン
	(*b*)	but-1-ene-1,4-diyl	ブタ-1-エン-1,4-ジイル[2]

1） 炭素原子から水素を2個および3個除いて得られる遊離炭素原子には，その結合状態に応じて，2価の場合は ylidene イリデン（二重結合で結合した場合）あるいは diyl ジイル（すべて単結合）が，3価の場合は idyne イジン（三重結合で結合した場合），ylylidene イルイリデン（単結合＋二重結合），triyl トリイル（すべて単結合）のいずれかが接尾語となる．

2） methylidene メチリデンと methylene メチレンは，前者が二重結合の状態 $CH_2=$，後者は単結合の状態 $-CH_2-$ と，使い分けられる．2価基名 ethylene エチレンは ethane-1,2-diyl エタン-1,2-ジイルの代わりに，phenylene フェニレンは benzenediyl ベンゼンジイルの代わりに使うことが認められている．また，化合物名 ethylene エチレンは認められず，ethene エテンを使う．

例：$-\overset{2}{C}H_2\overset{1}{C}H-$ (CH_2CH_3 on C-1)　ethylethylene　エチルエチレン

Ⅲ1-A2.6　枝のない不飽和炭化水素の両鎖端から水素原子1個ずつを除いて誘導される二価の基は，炭化水素名の接尾語 ene，yne などを enylene エニレン，ynylene イニレン などに換えて命名する．

例：$-\overset{3}{C}H_2\overset{2}{C}H=\overset{1}{C}H-$　propenylene　プロペニレン

$-CH=CH-$ に対する vinylene ビニレン の名称は保存する．

Ⅲ1-A2.7　鎖の両端と中間の炭素原子に遊離原子価をもつ多価の基は，炭化水素名に接尾語 triyl トリイル，diylylidene ジイルイリデン などをつけて命名する．

例：

$-\overset{1}{C}H_2\overset{2}{C}H\overset{3}{C}H_2-$ (with a bond on C-2)　1,2,3-propanetriyl　1,2,3-プロパントリイル

$-\overset{1}{C}H_2-\overset{2}{C}-\overset{3}{C}H_2-$ (with a double bond on C-2)　1,3-propanediyl-2-ylidene　1,3-プロパンジイル-2-イリデン

Ⅲ1-A3 単環炭化水素

Ⅲ1-A3.1　側鎖のない飽和単環炭化水素の名称は，同数の炭素原子をもつ直鎖炭化水素名に接頭語 cyclo シクロ をつけてつくる．

例：cyclohexane　シクロヘキサン

Ⅲ1-A3.2　不飽和単環炭化水素の名称はシクロアルカンの名称の接尾語 ane を ene エン，adiene アジエン，yne イン などに換えて命名する．

例：cyclohexene　シクロヘキセン　　cyclopentadiene　シクロペンタジエン

Ⅲ1-A3.3　芳香族単環炭化水素に対する benzene ベンゼン という名称は保存する．

ベンゼンの置換体のうち，つぎの名称は保存する．

toluene	トルエン	xylene	キシレン（*o*-, *m*-, *p*-）	mesitylene	メシチレン
cumene	クメン	cymene	シメン（*o*-, *m*-, *p*-）	styrene	スチレン

Ⅲ1-A3.4　そのほかの置換された単環炭化水素は，上記の炭化水素の誘導体として命名する．しかしⅢ1-A3.3 のベンゼン置換体にさらに導入された置換基がその化合物にもとからあるものと同一の場合は，ベンゼンの誘導体として命名する．

例：

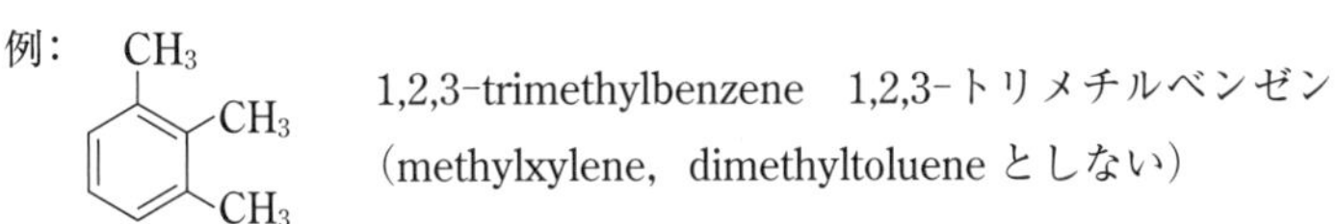

1,2,3-trimethylbenzene　1,2,3-トリメチルベンゼン
（methylxylene，dimethyltoluene としない）

Ⅲ1-A3.5　単環炭化水素から誘導される基の名称は，鎖状炭化水素の場合に準じて，yl イル，ylene イレン，ylidene イリデン などの接尾語を用いてつくる．遊離原子価のある炭化水素の位置番号を1とする．

例：

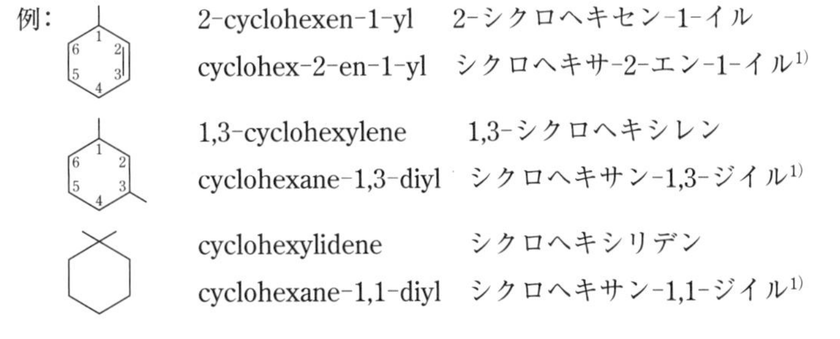

2-cyclohexen-1-yl　2-シクロヘキセン-1-イル
cyclohex-2-en-1-yl　シクロヘキサ-2-エン-1-イル[1)]

1,3-cyclohexylene　1,3-シクロヘキシレン
cyclohexane-1,3-diyl　シクロヘキサン-1,3-ジイル[1)]

cyclohexylidene　シクロヘキシリデン
cyclohexane-1,1-diyl　シクロヘキサン-1,1-ジイル[1)]

1）IUPAC 1993 規則による命名．

芳香族炭化水素から誘導され遊離原子価を環の原子にもつ基について，つぎの名称は保存する．

phenyl フェニル　phenylene フェニレン(*o*-, *m*-, *p*-)　tolyl トリル(*o*-, *m*-, *p*-)
xylyl キシリル(2,3-；2,4-など)　cumenyl クメニル(*o*-, *m*-, *p*-)　mesityl メシチル

芳香族側鎖に遊離原子価をもつ基に対するつぎの慣用名は保存する．

benzyl ベンジル　styryl スチリル　cinnamyl シンナミル
trityl トリチル　benzylidene ベンジリデン　benzylidyne ベンジリジン　など

Ⅲ1-A3.6 芳香族炭化水素（単環および多環）の一般名は arene アレーン とし，一価の芳香族炭化水素基の一般名は aryl アリール とする[1]．

IUPAC 1993 規則

IUPAC 1993 規則では母体炭化水素名として annulene アンヌレン が採用された．最多数の非集積二重結合をもち，一般式 C_nH_n または C_nH_{n+1}（$n>6$）で表される不飽和単環炭化水素は [*n*]annulene [*n*]アンヌレン と命名する．*n* が奇数の場合には，余分の水素原子を指示水素として表示する．

例：

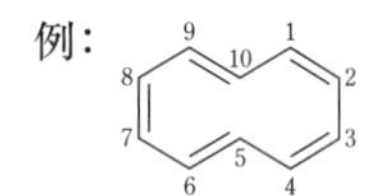

[10]annulene

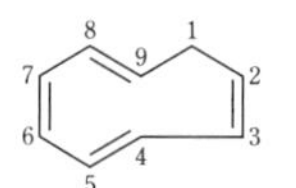

1*H*-[9]annulene

縮合環系に応用する場合については，付録 1.1.5 を参照されたい．

Ⅲ1-A4 縮合多環炭化水素

Ⅲ1-A4.1 最多数の非集積二重結合（C=C=C 形でない二重結合）をもつ多環炭化水素の名称は接尾語 ene エン をもつ．つぎに列挙する 35 種の多環炭化水素名は保存する（構造式は付録 1.1.1 を見よ）．

(1) pentalene ペンタレン
(2) indene インデン
(3) naphthalene ナフタレン
(4) azulene アズレン
(5) heptalene ヘプタレン
(6) biphenylene ビフェニレン
(7) *as*-indacene *as*-インダセン
(8) *s*-indacene *s*-インダセン
(9) acenaphthylene アセナフチレン
(10) fluorene フルオレン
(11) phenalene フェナレン
(12) phenanthrene フェナントレン
(13) anthracene アントラセン
(14) fluoranthene フルオランテン
(15) acephenanthrylene アセフェナントリレン
(16) aceanthrylene アセアントリレン
(17) triphenylene トリフェニレン
(18) pyrene ピレン
(19) chrysene クリセン
(20) tetracene テトラセン
(21) pleiadene プレイアデン
(22) picene ピセン
(23) perylene ペリレン
(24) pentaphene ペンタフェン
(25) pentacene ペンタセン
(26) tetraphenylene テトラフェニレン
(27) hexaphene ヘキサフェン
(28) hexacene ヘキサセン
(29) rubicene ルビセン
(30) coronene コロネン
(31) trinaphthylene トリナフチレン
(32) heptaphene ヘプタフェン
(33) heptacene ヘプタセン
(34) pyranthrene ピラントレン
(35) ovalene オバレン

1) 日本語名では，アレン allene およびアリル allyl との混同を避けるため，長音記号を入れてアレーンおよびアリールとする．

Ⅲ1-A4.2 上記以外の縮合多環炭化水素は，上記 35 種の環系のどれかを基礎成分とし，これに他の成分の名称を接頭語としてつけて命名する．基礎成分はできるだけ多くの環を含み，上記の 35 種のうちできるだけ後に示したものでなければならない．つけ加える成分はできるだけ簡単でなければならない．つけ加える成分を表す接頭語は，成分炭化水素名の接尾語 ene を eno エノ に換えてつくるが，benzo ベンゾ，naphtho ナフト，anthra アントラ などは省略形の接頭語を使う（詳細は付録 1.1.2 参照）．

例：

dibenzophenanthrene ジベンゾフェナントレン
（naphthophenanthrene としない）

Ⅲ1-A4.3 異性体を区別するために，基礎成分の周囲の辺にアルファベットの記号をつけ，縮合の起こっている辺を角括弧に入れて表す．アルファベット記号は位置番号 1，2 の辺を *a* とし（位置番号のつけ方についてはつぎの項を参照），順次基礎成分の周囲を回る．この場合，位置番号のない炭化水素を含む辺にもアルファベット記号をつける．

例：

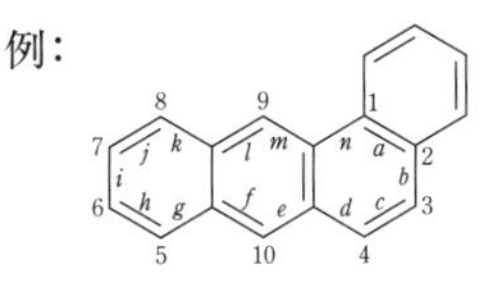

benzo[*a*]anthracene ベンゾ[*a*]アントラセン

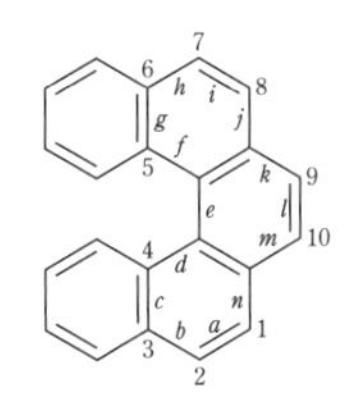

dibenzo[*c*,*g*]phenanthrene ジベンゾ[*c*,*g*]フェナントレン

つけ加える成分の縮合位置を示す必要のある場合には，縮合点の位置番号をアルファベット記号の前につけ，番号を並べる順序は基礎成分のアルファベット記号をつける方向と一致させる．

例：

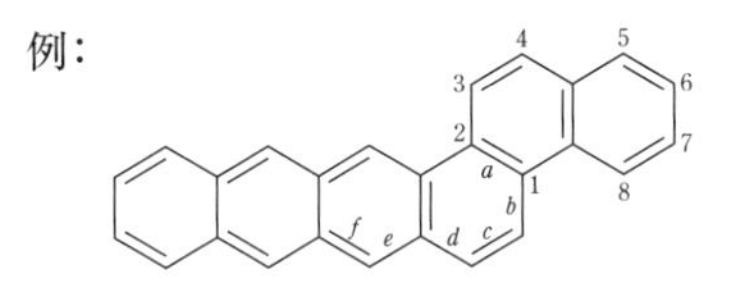

naphtho[2,1-*a*]tetracene ナフト[2,1-*a*]テトラセン

Ⅲ1-A4.4 縮合環系に位置番号をつけるには，多環系全体を（a）最多数の環が水平に並び，（b）ほかの環の最多数がこの水平の列の上と右（上右四半分）にくるように向ける．このように向けた系に，最も上で最も右にある環の縮合にあずかっていない最初の炭素原子から始めて，時計まわりに番号をつける．2 個以上の環に共通な炭素原子には番号をつけない．この種の原子の位置を示す必要があるときは，その直前の位置番号に a, b, c などを添えて表す．

例：

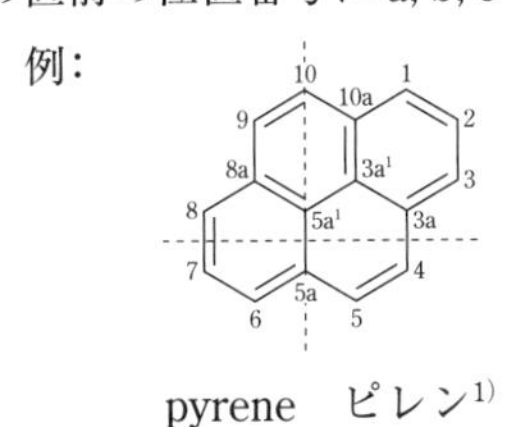

pyrene ピレン[1)]

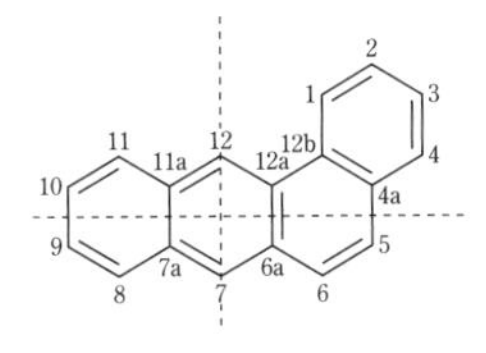

benzo[*a*]anthracene ベンゾ[*a*]アントラセン

1） 縮合環化合物（複素環化合物も含む）の内部原子の位置番号のつけ方が 2013 勧告で変更されたので，ここ（以降も）に示す内部原子については，その変更された位置番号を示してある．

アントラセン，フェナントレンの位置番号のつけ方はこの規則の例外である（Ⅲ1-A4.3 の例を見よ）．また，基礎成分に他の成分をつけ加えてつくった名称をもつ環系については，できあがった環系について，この規則に従って新たに位置番号をつける（ベンゾ[a]アントラセンの例を参照）．

Ⅲ1-A4.5　一つの名称が，最多数の非集積二重結合をもつ互いに異性体となる２種以上の縮合環系に等しく適用され，かつ構造中にある１個またはそれ以上の水素原子の位置を示すことによって異性体の区別ができるなら，このような炭化水素おのおのについて，その位置番号とイタリック大文字 H を用いて名称をつくる．この H を**指示水素**（indicated hydrogen）とよぶ．

例：

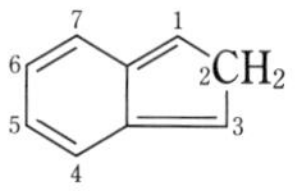

2*H*-indene　2*H*-インデン

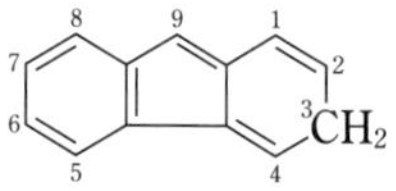

3*H*-fluorene　3*H*-フルオレン

Ⅲ1-A4.6　最多数より少ない二重結合をもつ縮合多環炭化水素の名称は，相当する最多数の非集積二重結合をもつ炭化水素名の前に dihydro ジヒドロ，tetrahydro テトラヒドロ などの接頭語と，必要なら水素化された位置番号をつけてつくる．完全に水素化されている場合は接頭語 perhydro ペルヒドロ を用いる．

例：1,2,3,4-tetrahydronaphthalene　1,2,3,4-テトラヒドロナフタレン
perhydroanthracene　ペルヒドロアントラセン

indane インダン，acenaphthene アセナフテンなどの慣用名が認められているものもある（付録 1.1.1 参照）．

Ⅲ1-A5　橋かけ環炭化水素

Ⅲ1-A5.1　二つの環が２個またはそれ以上の原子を共有している飽和脂環炭化水素は，全炭素原子数の同じ直鎖炭化水素名に接頭語 bicyclo ビシクロ をつけて命名し，２個の橋頭炭素原子（下記の例では，それぞれ C_1，C_4 および C_1，C_5）を結ぶ三つの橋にそれぞれ含まれる炭素原子の数を大きいものから順に角括弧に入れて示す．

例：

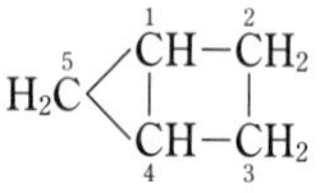

bicyclo[2.1.0]pentane　ビシクロ[2.1.0]ペンタン
（……[2,1,0]……このようにコンマ（,）で区切るのは誤）

bicyclo[3.2.1]octane　ビシクロ[3.2.1]オクタン

Ⅲ1-A5.2　系の位置番号は橋頭の一つから始め，最長の橋を通って第二の橋頭に至り，そこから２番目に長い橋を通って第一の橋頭に戻り，最後にそこから最短の橋を通って終わる（上の例を見よ）．

Ⅲ1-A5.3　不飽和の橋かけ環炭化水素は単環炭化水素と同様にして命名し，不飽和結合が最小の位置番号をもつようにする．

例：

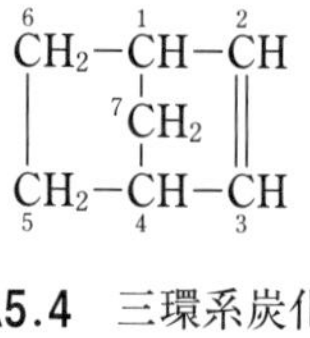

bicyclo[2.2.1]hept-2-ene　ビシクロ[2.2.1]ヘプタ-2-エン

Ⅲ1-A5.4　三環系炭化水素は接頭語 tricyclo トリシクロ を用いて，たとえばつぎのように命名する．

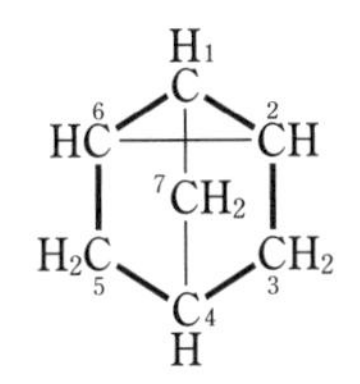

tricyclo[2.2.1.0^{2,6}]heptane　トリシクロ[2.2.1.0^{2,6}]ヘプタン

二つの橋頭（C_1, C_4）を含めてできるだけ多くの炭素原子を含む環を主環とし（上例の太線），主環を構成する二つの橋に含まれる炭素原子数を最初に角括弧の中に書く（上の例では 2.2）．つぎに主環の橋頭を結ぶ主橋（できるだけ長い橋）に含まれる炭素原子数を記す（上の例では角括弧の中の 1）．ここまでの操作で二環系となるので，これにⅢ1-A5.2 にならって位置番号をつける．最後にこの二環系にかかる副橋に含まれる炭素原子数と，副橋の両端の位置番号を記す（上の例では角括弧の中の 0^{2,6}）．

Ⅲ1-A6 スピロ炭化水素

2 個の脂環成分で構成されているスピロ炭化水素は，全炭素原子数の同じ直鎖炭化水素名に接頭語 spiro スピロ をつけて命名し，スピロ原子（下の例ではそれぞれ C_4 と C_5）と連結している各環の炭素原子数を小さいものから順に角括弧に入れて示す．

位置番号はスピロ原子のつぎの環原子から始め，（もし二つの環の大きさが違うなら）まず小さい方の環を先に回り，スピロ原子を通り，第二の環を回って終わる．不飽和結合の表示法は橋かけ環炭化水素の場合と同様である．

例：

spiro[3.4]octane　スピロ[3.4]オクタン
（……[3,4]……のようにコンマ（,）で区切るのは誤）

spiro[4.5]deca-1,6-diene　スピロ[4.5]デカ-1,6-ジエン

Ⅲ1-A7 炭化水素環集合

Ⅲ1-A7.1　2 個の同じ環（単環または縮合環）が単結合または二重結合で直接結合している環集合は，つぎの二つの方法のどちらかによって命名する．(*a*) 相当する基名の前に接頭語 bi ビ をつける．または (*b*) 単結合で結合している集合系は，相当する炭化水素名の前に接頭語 bi ビ をつける．一方の環の位置番号にはプライムをつける．単環の場合は，結合位置の番号を 1 とする．

例：

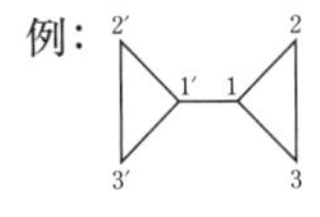

(*a*) bicyclopropyl　ビシクロプロピル
(*b*) bicyclopropane　ビシクロプロパン

bicyclopentadienylidene　ビシクロペンタジエニリデン

2 個のベンゼン環からなる環集合は biphenyl ビフェニル とし，ビベンゼンという命名はしない．

Ⅲ1-A7.2　縮合環の環集合は，結合位置になるべく小さい位置番号を与え，結合位置の位置番号が大きいほうの環にプライムをつける．

例：

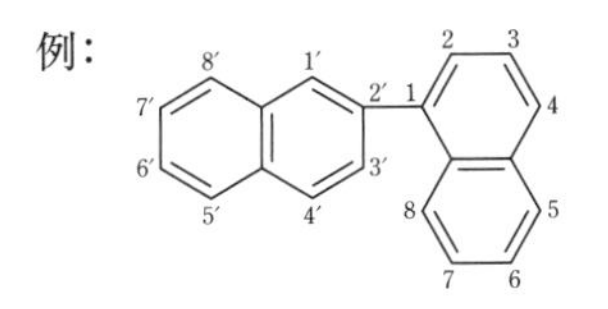

(*a*) 1,2′-binaphthyl　1,2′-ビナフチル
(*b*) 1,2′-binaphthalene　1,2′-ビナフタレン

Ⅲ1-A7.3　2 個の異なる環からなる環集合は，上位の環系（Ⅲ1-C17.5）を基礎成分とし，他の環系を置換基として命名する．

例：phenylnaphthalene　フェニルナフタレン

cyclohexylbenzene　シクロヘキシルベンゼン

Ⅲ1-A7.4　3 個以上の同一環からなる枝分かれのない環集合は，各単位に相当する炭化水素名の前に，つぎに示す数を表す接頭語をつけて命名する．

三	ter	テル	六	sexi	セキシ	九	novi	ノビ
四	quater	クアテル	七	septi	セプチ	十	deci	デシ
五	quinque	キンクエ	八	octi	オクチ			

ただし，ベンゼン環よりなる環集合に対しては，基名フェニルに上の接頭語をつけて命名する．

例：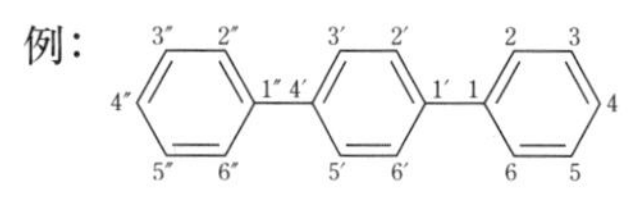

p-terphenyl　*p*-テルフェニル　または　1,1′:4′,1″-terphenyl

Ⅲ1-B　基本複素環系

Ⅲ1-B1　複素単環化合物

Ⅲ1-B1.1　体　系　名

Ⅲ1-B1.1.1　三員環から十員環までの環に 1 個またはそれ以上のヘテロ原子を含む単環化合物は，ヘテロ原子の種類を示す表 Ⅲ1-2 の対応する接頭語と表 Ⅲ1-3 の語幹とを組合わせて命名する．接頭語と語幹を組合わせるとき，英語の名称では，後の語が母音で始まるときは接頭語の語尾の a を省略，日本語の名称では，複合名の字訳通則に従って，たとえば“オキサ-オラン”を“オキソラン”のようにする．

例：

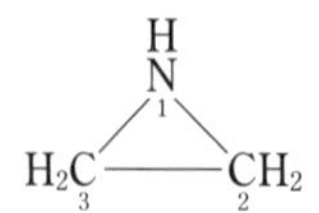

aziridine(aza＋iridine)　アジリジン

oxolane(oxa＋olane)　オキソラン

表 Ⅲ1-2　複素環のヘテロ原子の種類を示す接頭語[a]

元素	原子価	接頭語（“ア”接頭語）		元素	原子価	接頭語（“ア”接頭語）	
F	Ⅰ	fluora	フルオラ	Sb	Ⅲ	stiba	スチバ
Cl	Ⅰ	chlora	クロラ	Bi	Ⅲ	bisma	ビスマ
Br	Ⅰ	broma	ブロマ	Si	Ⅳ	sila	シラ
I	Ⅰ	ioda	ヨーダ	Ge	Ⅳ	germa	ゲルマ
O	Ⅱ	oxa	オキサ	Sn	Ⅳ	stanna	スタンナ
S	Ⅱ	thia	チア	Pb	Ⅳ	plumba	プルンバ
Se	Ⅱ	selena	セレナ	B	Ⅲ	bora	ボラ
Te	Ⅱ	tellura	テルラ	Al	Ⅲ	aluma	アルマ[b]
N	Ⅲ	aza	アザ	Ga	Ⅲ	galla	ガラ
P	Ⅲ	phospha	ホスファ	In	Ⅲ	indiga	インジガ[b]
As	Ⅲ	arsa	アルサ	Tl	Ⅲ	thalla	タラ

a)　適用元素の範囲が変更された 2013 勧告に基づいて作成してある（Ⅲ2-B3 参照）．先に記載されているものがより上位である．

b)　代置命名法（“ア”命名法，Ⅲ1-B3 参照）における接頭語 alumina アルミナ，inda インダ と異なるので注意が必要である．

表 Ⅲ1-3 複素環の環の大きさと水素化の状態を表す語幹[a]

環の員数	不飽和[b),f)]	飽 和	環の員数	不飽和[b),f)]	飽 和
3	irene/irine[d)]	irane/iridine[e)]	7	epine	epane
4	ete	etane/etidine[e)]	8	ocine	ocane
5	ole	olane/olidine[e)]	9	onine	onane
6A[c)]	ine	ane	10	ecine	ecane
6B[c)]	ine	inane			
6C[c)]	inine	inane			

a) 1993 規則と 2013 勧告に基づいて作成してある（Ⅲ2-B3 参照）.
b) 表に記載の語幹は最多数の非集積二重結合をもつ環を表す．部分的に水素化された環の命名法については下記の注 f) を参照.
c) 六員環の場合はヘテロ原子の種類により 6A, 6B, 6C の語幹を使う．異種のヘテロ原子を含む場合は，優先順位が最下位の元素に従ってこの語幹を適用する．たとえば dioxazine は順位が下位の元素 N に対する 6B を適用する.
  6A：O, S, Se, Te, Bi
  6B：N, Si, Ge, Sn, Pb
  6C：F, Cl, Br, I, P, As, Sb, B, Al, Ga, In, Tl
d) N 原子のみを含む三員環の場合は irine を使う.
e) N 原子を含む環の場合は iridine, etidine, olidine を使う.
f) 最多数の非集積二重結合をもつ複素環が部分的に水素化された化合物は，元の複素環名に dihydro などの接頭語をつけて命名する．例：2,3-dihydropyrrole（= 2-pyrroline），2,5-dihydropyrazole（= 3-pyrazoline）．括弧内の名称は，1979 規則にあった窒素原子をもつ複素単環で二重結合を 1 個もつもののための語幹 oline に基づくが，1993 規則で廃止となった.

指示水素による異性体の表示法は縮合多環炭化水素の場合（Ⅲ1-A4.5）と同様である.

例：

$$\mathrm{{}^{1}N{\diagup}{}^{2}CH_2-{}^{3}CH={}^{4}CH \;|\; {\diagdown}{}^{7}CH-{}^{6}CH={}^{5}CH}$$

2*H*-azepine(aza＋epine)　2*H*-アゼピン

Ⅲ1-B1.1.2 同じヘテロ原子が 2 個以上あるときは表 Ⅲ1-2 の接頭語の前に di ジ，tri トリ などをつけて表す.

例：

$$\mathrm{H_2{}^{5}C-{}^{1}O,\ {}^{2}CH_2,\ H_2{}^{4}C-{}^{3}O}$$

1,3-dioxolane　1,3-ジオキソラン

$$\mathrm{HC^{4}{\diagup}{}^{5}N={}^{6}CH{\diagdown}N_1,\ {\diagdown}{}^{3}N-{}^{2}CH{\diagup}}$$

1,3,5-triazine　1,3,5-トリアジン

Ⅲ1-B1.1.3 同じ環の中に 2 個以上の異なるヘテロ原子があるときは，相当する“ア”接頭語を表 Ⅲ1-2 で上位にあるものから順番に並べる.

例：

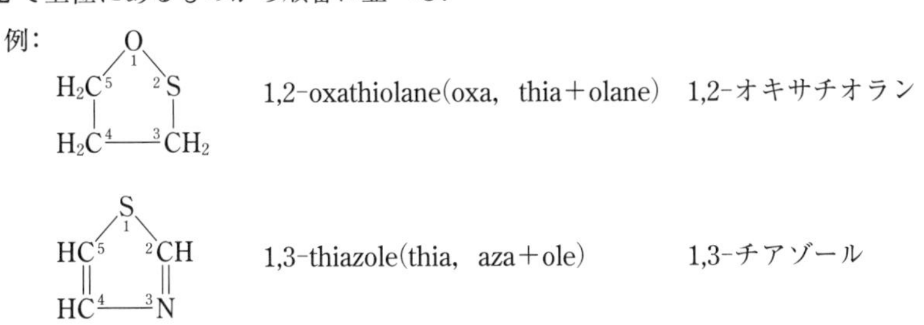

Ⅲ1-B1.1.4　位置番号のつけ方：　ヘテロ原子が1個の場合はそのヘテロ原子を1とする．同種のヘテロ原子が2個以上ある場合は，これらのヘテロ原子の一方を1とし，他方が最小の位置番号をもつようにする（Ⅲ1-B1.1.1およびⅢ1-B1.1.2の例をみよ）．

異なるヘテロ原子があるときは，表Ⅲ1-2で上位にあるヘテロ原子に位置番号1を与え，あとは全ヘテロ原子になるべく小さい位置番号をつける[1)]（Ⅲ1-B1.1.3の例もみよ）．

例：

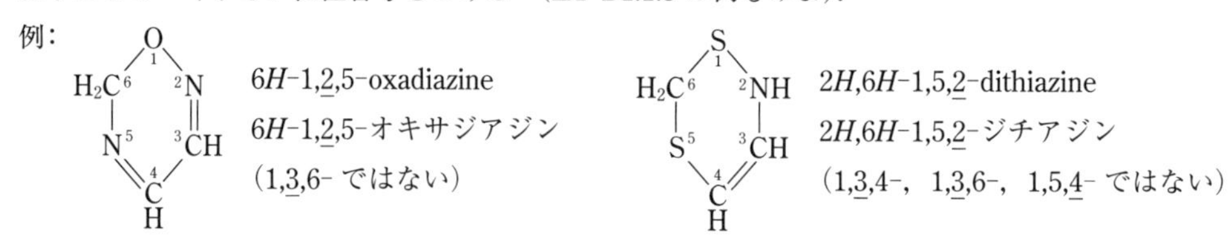

Ⅲ1-B1.2　慣用名と半慣用名

複素環系には慣用名をもつものが多い．また，ヘテロ原子の種類，環の大きさを表す接尾語をもつ半慣用名も多い．比較的よく文献などに出てくる単環複素環で，IUPAC規則で慣用名が認められているものをつぎにあげる．*印をつけたものは水素化された複素環で，次項に述べる縮合複素環化合物の名称をつくるときの基礎成分名としては推奨されないものである（構造式は付録1.1.2を見よ）．

五員環：

furan	フラン	thiophene	チオフェン	pyrrole	ピロール
pyrroline*	ピロリン	pyrrolidine*	ピロリジン	oxazole	オキサゾール
isoxazole	イソオキサゾール	thiazole	チアゾール	isothiazole	イソチアゾール
imidazole	イミダゾール	imidazoline*	イミダゾリン	imidazolidine*	イミダゾリジン
pyrazole	ピラゾール	pyrazoline*	ピラゾリン	pyrazolidine*	ピラゾリジン

六員環：

pyran	ピラン	pyridine	ピリジン	piperidine*	ピペリジン
pyridazine	ピリダジン	pyrimidine	ピリミジン	pyrazine	ピラジン
piperazine*	ピペラジン	morpholine*	モルホリン		

Ⅲ1-B2　縮合複素環系

Ⅲ1-B2.1　縮合複素環化合物のうち慣用名がIUPAC規則で認められているもののうち，おもなものをつぎにあげる．*印は前項と同じ意味である（構造式は付録1.1.2を見よ）．

二環系：

indole	インドール	indoline*	インドリン	indazole	インダゾール
chromene	クロメン	chroman*	クロマン	isochroman*	イソクロマン
quinoline	キノリン	isoquinoline	イソキノリン	cinnoline	シンノリン
phthalazine	フタラジン	quinazoline	キナゾリン	quinoxaline	キノキサリン
naphthyridine	ナフチリジン	purine	プリン	pteridine	プテリジン
indolizine	インドリジン				

（thianaphthene チアナフテン という慣用名は認められない）

1）“なるべく小さい位置番号”の意味は，鎖状炭化水素の側鎖の位置表示法（Ⅲ1-A1.2）と同様である．

三環系：

carbazole	カルバゾール	acridine	アクリジン	phenazine	フェナジン
phenanthridine	フェナントリジン	phenanthroline	フェナントロリン		
xanthene	キサンテン	phenoxazine	フェノキサジン	thianthrene	チアントレン

橋かけ複素環系：

quinuclidine*　キヌクリジン

Ⅲ1-B2.2　その他の縮合複素環系は縮合多環炭化水素の命名法（Ⅲ1-A4.2～4.4）の原理に従って命名する．縮合にあずかる基礎成分およびつけ加える成分はⅢ1-B1およびⅢ1-B2.1に従って命名する．つけ加える成分が複素環の場合は，成分複素環名の接尾語eneをeno エノに変えて命名するが，つぎに示すような短縮した接頭語を用いる場合もある．位置番号はⅢ1-B2.3およびⅢ1-B2.4に従ってつける．

furo　フロ　thieno　チエノ　imidazo　イミダゾ　pyrido　ピリド
pyrimido　ピリミド　quino　キノ

基礎成分は複素環でなければならない．基礎成分の選び方はつぎの優先順位による．

(*a*) 窒素を含む成分

例：

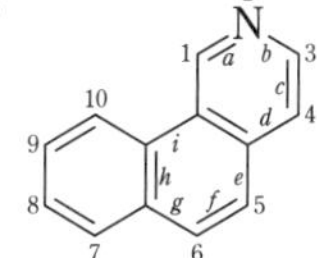

benzo[*h*]isoquinoline　ベンゾ[*h*]イソキノリン
(pyrido[3,4-*a*]naphthalene ではない)

(*b*) 表Ⅲ1-2でできるだけ上位の（窒素以外の）ヘテロ原子を含む成分

例：

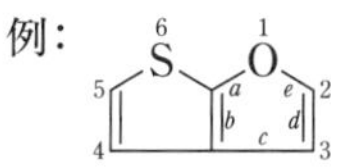

thieno[2,3-*b*]furan　チエノ[2,3-*b*]フラン
(furo[2,3-*b*]thiophene ではない)

(*c*) 最多数の環を含む成分

例：

7*H*-pyrazino[2,3-*c*]carbazole
7*H*-ピラジノ[2,3-*c*]カルバゾール

(*d*) 最大の環を含む成分

例：

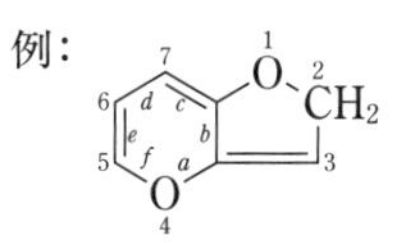

2*H*-furo[3,2-*b*]pyran　2*H*-フロ[3,2-*b*]ピラン
(2*H*-pyrano[3,2-*b*]furan ではない)

(*e*) どんな種類でも最多数のヘテロ原子を含む成分

(*f*) 最多種のヘテロ原子を含む成分

(*g*) 表Ⅲ1-2で先にあるヘテロ原子の最多数を含む成分

(*h*) 同じ大きさの環で同種同数のヘテロ原子を含む成分の間で選択の余地がある場合は，縮合前にヘテロ原子に小さい位置番号があるものを基礎成分とする．

例：

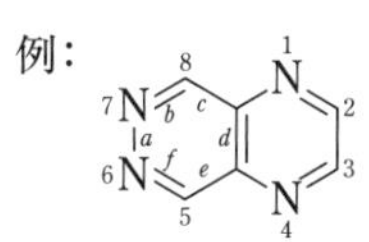

pyrazino[2,3-*d*]pyridazine　ピラジノ[2,3-*d*]ピリダジン

これらの例の角括弧の中の表現は，縮合多環炭化水素の場合（Ⅲ1-A4.3）と同様で，アルファベット

は基礎成分の縮合位置を示す記号であり，数字はつけ加える成分の縮合位置を示す位置番号を基礎成分のアルファベット記号の方向と一致させて表したものである．

Ⅲ1-B2.3　位置番号のつけ方：　全環系をⅢ1-A4.4 に示した方式に従って向きを定め，同じ方式に従って番号をつける．環系の向け方に選択の余地があるときは，ヘテロ原子になるべく小さい番号をつけるなど，細かい規定がある（詳細は付録 1.1.13 参照）．

慣用名の認められている縮合環系のうち，つぎのものの位置番号は，上記の規則の例外として，従来の慣用の位置番号を使う．

カルバゾール，アクリジン，キサンテン，プリン

基礎成分に他の成分をつけ加えてつくった縮合環系に対しては，成分環おのおのの位置番号は無視して，全環系に改めて規則に合う位置番号をつけなおす（上記Ⅲ1-B2.2 の例にはこの規則に従って位置番号を示してある）．

やや複雑な縮合複素環の命名の方式を別の例について要約すると，つぎのようになる．

例：

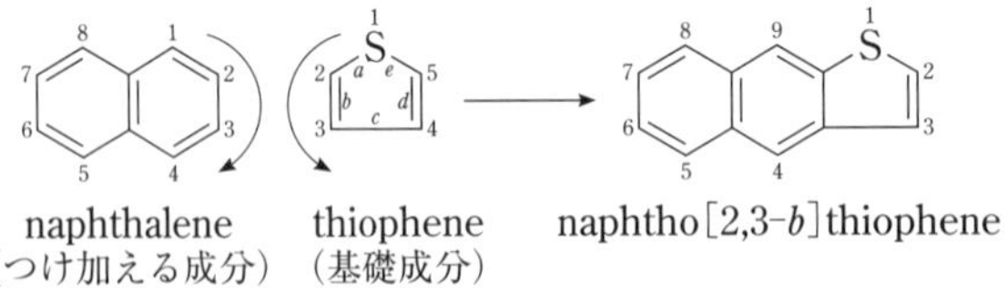

naphthalene（つけ加える成分）　thiophene（基礎成分）　→　naphtho[2,3-*b*]thiophene

Ⅲ1-B2.4　縮合位置がヘテロ原子で占められているなら，縮合させる成分環の名称はどちらもそのヘテロ原子を含むように選ぶ．2 個以上の環に共通の炭素原子には位置番号をつけないが，縮合位置にある 2 環以上に共通のヘテロ原子には番号をつける．

例：　imidazo[2,1-*b*]thiazole　イミダゾ[2,1-*b*]チアゾール

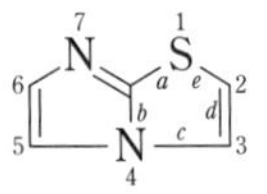

Ⅲ1-B2.5　ベンゼン環 1 個と複素環 1 個が縮合している二環系では，ヘテロ原子を示す番号を benzo の前につけ，後に複素環部分の名称を続けて命名する．この場合の位置番号は上記Ⅲ1-B2.3 の原則によるものである．

例：　3-benzoxepine[1)]　3-ベンゾオキセピン
（benzo[*d*]oxepine としない）

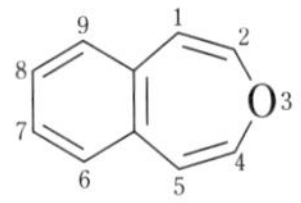

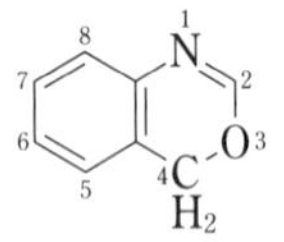

4*H*-3,1-benzoxazine　4*H*-3,1-ベンゾオキサジン
（4*H*-benzo[*d*][1,3]oxazine としない）

Ⅲ1-B3　“ア”命名法（代置命名法）

複素環化合物の名称は相当する炭素環化合物の名称に“ア”接頭語（表Ⅲ1-2 参照）をつけてつくってもよい[2)]．

---

1)　1993 規則以降，indane，1,4-dioxine, oxepine などの末尾に e のある名称に改められた．ほとんどの複素環についても末尾に e のある名称に改められている（表Ⅲ1-3）．本書でも，これまで使われてきた e のない 1979 規則による名称を改め，2013 勧告の方針に従った名称を使っている．なお，*Chem. Abstr.* では現在も末尾に e のない名称を用いている．

2)　英語の名称では接頭語名称のつづりの最後に a のある“a”接頭語であるが，この a の文字はそのつぎの語が母音で始まる場合でも省いてはならない（例：azaanthracene）．

相当する炭素環化合物が部分的または完全に水素化されており，かつ水素化の状態が“ヒドロ”接頭語（Ⅲ1-A4.6参照）を用いずに示されているならば（たとえばインダン，シクロヘキサンなど），そのまま“ア”接頭語をつけて命名する．

例：

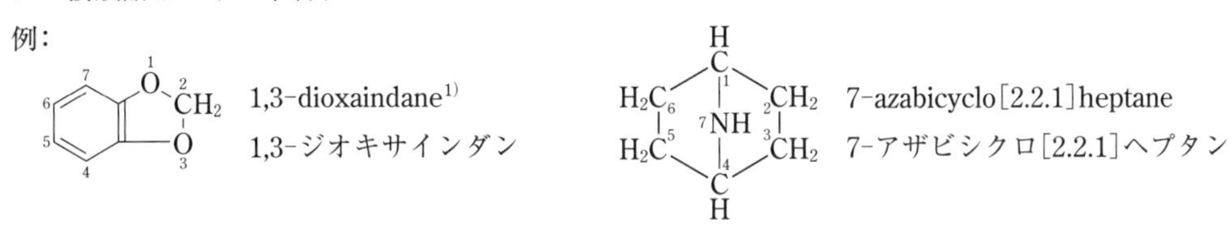

そのほかの場合は，相当する炭素環化合物の骨格でヘテロ原子に占められている位置を“ア”接頭語で示し，この基本複素環は最多数の非集積二重結合（C=C=C形でない二重結合）をもつものと考える．たとえば，つぎの最初の例はナフタレン環の炭素がそのままケイ素で代置されたものである．第二の例では，これと同じ結合分布をもつ炭化水素は1,4-ジヒドロナフタレンであるが，ナフタレン環の1および4位が硫黄原子に置き換わると環系にこれ以上多数の二重結合が入ることはできないので，この環系はナフタレンに関連するものとして命名する．

例：

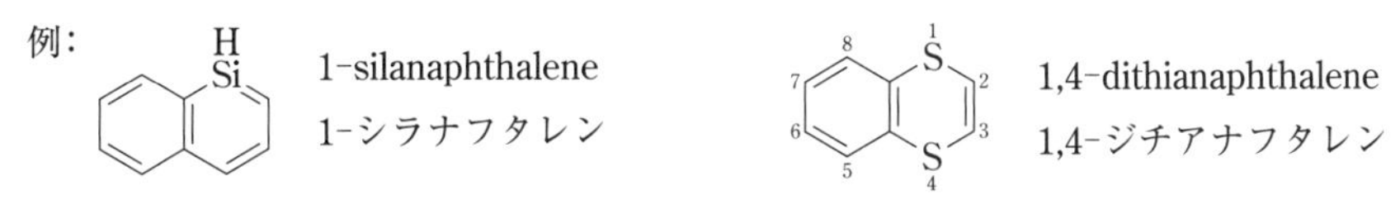

これらの例でわかるように，“ア”命名法は特に複雑な縮合複素環系に適用するのに便利であって，ステロイド骨格にヘテロ原子が代置された化合物などの命名には重宝である．

Ⅲ1-B4　複素環基

Ⅲ1-B4.1　複素環化合物の環から水素を除いて誘導される一価の基は原則として基本化合物の名称に yl イル をつけて命名する．

例：indole → indolyl　インドリル

つぎの基名は慣用の短縮名をそのまま使う．

furyl	フリル	thienyl	チエニル	pyridyl	ピリジル
piperidyl	ピペリジル	quinolyl	キノリル	isoquinolyl	イソキノリル

またピペリジン，モルホリンの窒素に遊離原子価をもつ基は piperidino ピペリジノ，morpholino モルホリノ とする（炭素に遊離原子価をもつ基は 4-piperidyl，2-morpholinyl など）．

Ⅲ1-B4.2　接尾語 yl をもつ一価の基の同じ原子からさらに水素1原子を除いて誘導される二価の基は，相当する一価の基の名称に idene イデン をつけて命名する．

例：

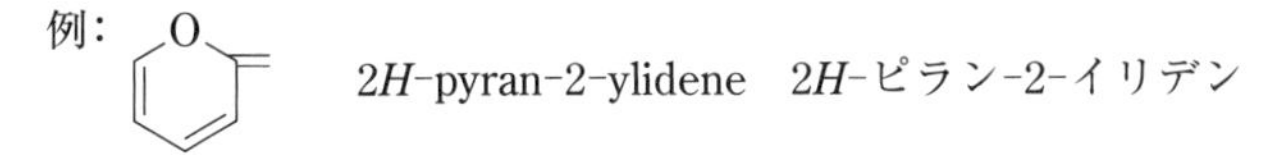

Ⅲ1-B4.3　複素環化合物の環中の異なる原子から水素2原子またはそれ以上を除いて誘導される多価の基は，環系の名称に diyl ジイル，triyl トリイル などをつけて命名する．

例：

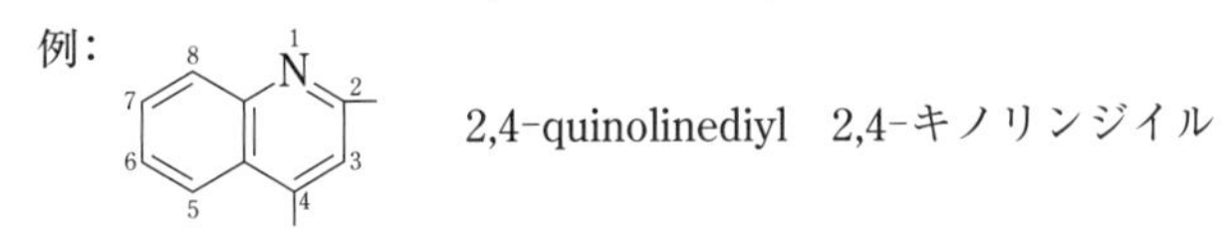

1）　前ページ注1）参照．

Ⅲ1-C　特　性　基

（C, H, O, N, ハロゲン, S, Se, Te を含む特性基）

Ⅲ1-C1　特性基命名法の種類

炭化水素あるいは基本複素環系の水素原子を置換している原子または原子団を**置換基** substituent と総称する．

置換基のうち，直接の炭素－炭素結合でなく母体に組入れられている原子または原子団（たとえばハロゲン，－OH，$-NH_2$，=O，≡N など）および >C=O，>C=S，>C=NH，－COOH，－C≡N などの原子団を総称して**特性基** characteristic group という．メチル，フェニル，ピリジルなどは特性基としないが，アセチル，ピペリジノなどは特性基となる．

炭化水素および基本複素環系を母体とし，これに特性基を含む化合物の名称は，母体化合物名と特性基名とを組合わせてつくる．このような名称を作成するにはつぎに示すような 6 種の命名法があり，化合物によりどの命名法によるのが都合がよいかを決めなければならない．

(1)　置換命名法 substitutive nomenclature：　炭化水素または基本複素環系の水素を特性基で置き換えたことを示す命名法．置換した特性基の名称は接頭語または接尾語で示す．

例：2-chloronaphthalene　2-クロロナフタレン　　1-butanol　1-ブタノール

(2)　基官能命名法 radicofunctional nomenclature[1]：　基の名称と官能の種類の名称から組立てる命名法．

例：methyl chloride　塩化メチル　　ethyl alcohol　エチルアルコール
diethyl ketone　ジエチルケトン

(3)　付加命名法 additive nomenclature：　ある化合物に他の原子が付加したことを表す命名法．

例：1,2,3,4-tetrahydronaphthalene　1,2,3,4-テトラヒドロナフタレン
styrene oxide　スチレンオキシド
cholesterol dibromide　コレステロール=ジブロミド

(4)　減去命名法 subtractive nomenclature：　ある化合物から特定の原子あるいは原子団が除かれたことを表す命名法．

例：dehydrocholesterol　デヒドロコレステロール　　deoxybenzoin　デオキシベンゾイン
norcholanoic acid　ノルコラン酸

不飽和化合物で水素の欠損を表す語尾 ene エン，yne イン などもこれに相当する．

(5)　接合命名法 conjunctive nomenclature：　2 種の分子の名称を接合して，それぞれから水素 1 原子ずつがとれて結合していることを表す命名法．環状成分に炭素－炭素結合で直結した側鎖に特性基をもつ化合物の命名に便利である．

例：

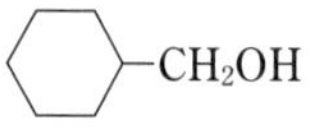

$-CH_2OH$	CH_2COOH / $HOOCCH_2$ / CH_2COOH	CH_2CH_2COOH / CH_2CH_2COOH
cyclohexanemethanol	1,3,5-benzenetriacetic acid	2,3-naphthalenedipropionic acid
シクロヘキサンメタノール	1,3,5-ベンゼン三酢酸	2,3-ナフタレンジプロピオン酸

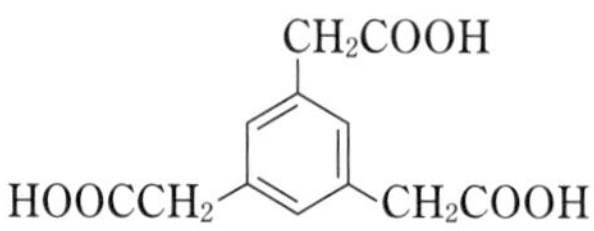

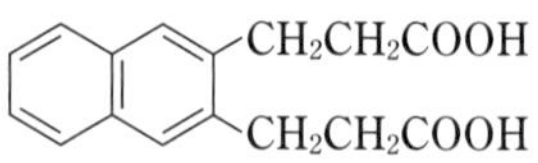

1)　2013 勧告において，**官能種類命名法** functional class nomenclature と改称された（Ⅲ2-A2.2 参照）．

(6) 代置命名法 replacement nomenclature[1]： 複素環における“ア”命名法（Ⅲ1-B3 参照）を鎖状化合物にまで拡張したものである．複雑な鎖状化合物を命名するのに，鎖状炭化水素を母体として，その中のいくつかの CH_2 基をヘテロ原子で置き換えたものとみなして命名する．この命名法はヘテロ原子を含む鎖の命名が他の命名法体系では困難な場合にのみ使用する目的で制定されたものである．

例：$\overset{1}{CH_3}-\overset{2}{O}-\overset{3}{CH_2}-\overset{4}{CH_2}-\overset{5}{O}-\overset{6}{CH_2}-\overset{7}{CH_2}-\overset{8}{O}-\overset{9}{CH_2}-\overset{10}{CH_2}-\overset{11}{O}-\overset{12}{CH_2}-\overset{13}{CH_3}$

2,5,8,11-tetraoxatridecane　2,5,8,11-テトラオキサトリデカン

$H_2N-\overset{1}{CH_2}-\overset{2}{CH_2}-\overset{3}{NH}-\overset{4}{CH_2}-\overset{5}{CH_2}-\overset{6}{NH}-\overset{7}{CH_2}-\overset{8}{CH_2}-\overset{9}{NH}-\overset{10}{CH_2}-\overset{11}{CH_2}-NH_2$

3,6,9-triaza-1,11-undecanediamine　3,6,9-トリアザ-1,11-ウンデカンジアミン

Ⅲ1-C2 特性基命名法の一般原則

上記各種の命名法のうち，(3) 以下は特殊の場合に適用されるものであって，多くの化合物に一般的に適用されるのは置換命名法と基官能命名法である．一つの化合物についてこの 2 種の命名が可能である場合が多いが，1979 規則では，一般に**置換命名法を他の命名法より優先して用いる**ように指示されている．

表 Ⅲ1-4 接頭語としてのみ呼称される特性基（強制接頭語）

特性基	接　頭　語	
$-Br$	bromo	ブロモ
$-Cl$	chloro	クロロ
$-ClO$	chlorosyl	クロロシル
$-ClO_2$	chloryl	クロリル
$-ClO_3$	perchloryl	ペルクロリル
$-F$	fluoro	フルオロ
$-I$	iodo	ヨード
$-IO$	iodosyl	ヨードシル
$-IO_2$	iodyl	ヨージル
$-IO_3$	periodyl	ペルヨージル
$-I(OH)_2$	dihydroxy-λ^3-iodanyl	ジヒドロキシ-λ^3-ヨーダニル[d]
$-I(OCOCH_3)_2$	bis(acetyloxy)-λ^3-iodanyl	ビス(アセチルオキシ)-λ^3-ヨーダニル[d]
$=N_2$	diazo	ジアゾ
$-N_3$	azido	アジド
$-NC$[a]	isocyano	イソシアノ
$-NCO$[a),b]	isocyanato	イソシアナト
$-NO$	nitroso	ニトロソ
$-NO_2$	nitro	ニトロ
$-OR$	alkoxy/alkyloxy	アルコキシ/アルキルオキシ
$-OOR$	alkylperoxy	アルキルペルオキシ
$-SR$[c]	alkylsulfanyl	アルキルスルファニル
$-S(O)R$	alkanesulfinyl	アルカンスルフィニル
$-S(O_2)R$	alkanesulfonyl	アルカンスルホニル

a) これら二つの特性基は 2013 勧告において強制接頭語となった（Ⅲ2-C1 参照）．

b) 他のカルコゲン類縁体も同様．例：$-NCS$（isothiocyanato イソチオシアナト）

c) alkylthio アルキルチオ を用いてもよいが，1993 規則および 2013 勧告（Ⅲ2-C10 参照）では alkylsulfanyl が推奨されている．

d) dihydroxyiodo ジヒドロキシヨード，diacetoxyiodo ジアセトキシヨード は廃止となった．なお，λ-方式による命名については p.76 を参照．

1) この命名法については，2013 勧告で大きな変更がなされた（Ⅲ2-A2.4 参照）．

Ⅲ1-C2.1　置換命名法の一般原則

置換した特性基の名称は接頭語または接尾語として母体化合物の名称につけ加える．2種以上の異なる特性基をもつ化合物の命名には，原則としてこれらの特性基のうち一つを**主基** principal group として接尾語で表し，その他の特性基はすべて接頭語として表す．

Ⅲ1-C2.1.1　強制接頭語： 上の原則の例外として，どんな場合にも必ず接頭語として表す特性基が表Ⅲ1-4のように定められており，これらの特性基は接尾語で表す主基にはならない．

Ⅲ1-C2.1.2　接尾語として呼称する主基： 表Ⅲ1-4に掲げたもの以外の特性基は，母体化合物に接尾語として呼称することも接頭語として呼称することもある．

表Ⅲ1-4にあるもの以外の特性基がただ1種の場合は，それを主基として接尾語で表さねばならない．

例：cyclohexanone　シクロヘキサノン
　1,8-naphthalenediamine　1,8-ナフタレンジアミン
　2-methoxyethanol　2-メトキシエタノール

一つの化合物が表Ⅲ1-4にない特性基を2種以上もつ場合は，表Ⅲ1-5でより上位にある種類の特性

表 Ⅲ1-5　特性基が主基として呼称されるための化合物種類の優先順位[a)]

1. ラジカル（遊離基）
2. アニオン（陰イオン）
3. カチオン（陽イオン）
4. 両性イオン化合物
5. 酸：この中での順はCOOH，C(O)OOH，つぎにそれらのSおよびSe類縁体，ついでスルホン酸，スルフィン酸，相当するそれらのSe類縁体など，さらにホスホン酸，アルソン酸などが続く
6. 酸無水物
7. エステル
8. 酸ハロゲン化物
9. アミド
10. ヒドラジド
11. イミド
12. ニトリル，ついでイソシアニド
13. アルデヒド，ついでS, Se, Te類縁体
14. ケトン，ついでS, Se, Te類縁体
15. アルコールおよびフェノール，ついでチオール，セレノール，テルロール
16. ヒドロペルオキシド，ついでS, Se, Te類縁体
17. アミン
18. イミン
19. ヒドラジン，ホスファンなど
20. エーテル，ついでスルフィド，セレニド，テルリド
21. ペルオキシド，ついでジスルフィド，ジセレニド，ジテルリド

a）2013勧告に基づくより詳細な優先順位表が表Ⅲ2-2（p. 97）にある．

―――― **IUPAC 1993 規則** ――――

接尾語の位置番号は，相当する接尾語の前に記す．

例：1,8-naphthalenediamine → naphthalene-1,8-diamine
　3-hydroxy-2-pentanone → 3-hydroxypentan-2-one
　2-cyclohexenone → cyclohex-2-en-1-one

ただし，短縮名の場合はこの方法をとらない．たとえば1-naphtholはnaphth-1-olとはしない．また，1-naphthylはnaphth-1-ylとはしない．

表 Ⅲ1-6 置換命名法で用いられる主要基の接尾語と接頭語

化合物の種類	式[a]	接頭語	接尾語
1. アニオン		ato アト	ate アート
カチオン		onio オニオ	onium オニウム
2. カルボン酸	−COOH	carboxy カルボキシ	carboxylic acid カルボン酸
	−(C)OOH	—	oic acid 酸
チオカルボン酸	−CSOH	thiocarboxy チオカルボキシ	carbothioic acid カルボチオ酸
	−(C)SOH	—	thioic acid チオ酸
ジチオカルボン酸	−CSSH	dithiocarboxy ジチオカルボキシ	carbodithioic acid カルボジチオ酸
	−(C)SSH	—	dithioic acid ジチオ酸
スルホン酸[b]	$-SO_3H$	sulfo スルホ	sulfonic acid スルホン酸
スルフィン酸[b]	$-SO_2H$	sulfino スルフィノ	sulfinic acid スルフィン酸
カルボン酸塩	−COOM	—	metal —carboxylate カルボン酸金属
	−(C)OOM	—	metal —oate —酸金属
3. 酸無水物	−CO 　＞O −CO	—	oic anhydride または ic anhydride —酸無水物
エステル	−COOR	R-oxycarbonyl Rオキシカルボニル	R —carboxylate カルボン酸R[c]
	−(C)OOR	—	R —oate —酸R[c]
酸ハロゲン化物	−COX	haloformyl ハロホルミル	carbonyl halide ハロゲン化—カルボニル[c]
	−(C)OX	—	oyl halide ハロゲン化—オイル[c]
アミド	$-CONH_2$	carbamoyl カルバモイル	carboxamide カルボキサミド
	$-(C)ONH_2$	—	amide アミド
ヒドラジド	$-CO-NHNH_2$	hydrazinocarbonyl ヒドラジノカルボニル	carbohydrazide カルボヒドラジド
	$-(C)O-NHNH_2$	—	ohydrazide オヒドラジド
イミド	−CO 　＞NH −CO	—	carboximide カルボキシミド, imide イミド
アミジン	$-C(=NH)NH_2$	amidino アミジノ	carboxamidine カルボキサミジン
	$-(C)(=NH)NH_2$	—	amidine アミジン
4. ニトリル	−C≡N	cyano シアノ	carbonitrile カルボニトリル
	−(C)≡N	nitrilo ニトリロ	nitrile ニトリル
イソシアン化物	−NC	isocyano イソシアノ	—
シアン酸エステル	−OCN	cyanato シアナト	—
イソシアン酸エステル	−NCO	isocyanato イソシアナト	—
チオシアン酸エステル	−SCN	thiocyanato チオシアナト	—
イソチオシアン酸エステル	−NCS	isothiocyanato イソチオシアナト	—
5. アルデヒド	−CHO	formyl ホルミル	carbaldehyde カルボアルデヒド
	−(C)HO	oxo オキソ[d]	al アール
チオアルデヒド	−CHS	thioformyl チオホルミル	carbothialdehyde カルボチオアルデヒド
	−(C)HS	thioxo チオキソ[d]	thial チアール
6. ケトン	＞(C)=O	oxo オキソ[d]	one オン
チオケトン	＞(C)=S	thioxo チオキソ[d]	thione チオン
7. アルコール	−OH	hydroxy ヒドロキシ	ol オール
フェノール	−OH	hydroxy ヒドロキシ	ol オール
チオール	−SH	mercapto メルカプト sulfanyl スルファニル	thiol チオール
8. ヒドロペルオキシド	−OOH	hydroperoxy ヒドロペルオキシ	—
9. アミン	$-NH_2$	amino アミノ	amine アミン
イミン	=NH	imino イミノ	imine イミン
ヒドラジン	$-NHNH_2$	hydrazino ヒドラジノ	hydrazine ヒドラジン
10. エーテル	−OR	R-oxy Rオキシ	—
スルフィド	−SR	R-thio Rチオ R-sulfanyl Rスルファニル	—
11. 過酸化物	−OO−R	R-dioxy Rジオキシ	—

a）式中で括弧に入れた炭素原子は母体化合物名に含まれ，接尾語や接頭語で表される特性基に含まれない（Ⅲ1-C2.1.3 参照）．
b）スルフェン酸の名称は廃止された．現在の名称についてはⅢ2-C10.8.1 参照．
c）翻訳しないで字訳する場合がある（Ⅲ1-C2.2.2，Ⅲ1-C7.4.2 参照）．　d）=O および=S に対する接頭語．

基を主基として接尾語で表し（ただ1種のみ），それ以外の特性基はすべて接頭語として表す．（表Ⅲ1-6参照）．

例：$CH_3CH_2CH(OH)COCH_3$　　3-hydroxy-2-pentanone　3-ヒドロキシ-2-ペンタノン
（3-pentanol-2-one としない）

Ⅲ1-C2.1.3　炭素原子を含む特性基：　脂肪族カルボン酸と誘導体，脂肪族ニトリルおよびアルデヒドの置換命名法で接尾語を用いる方法には二通りある．(*a*) 炭素原子を特性基の中に含める方法と，(*b*) 炭素原子は母体化合物に含まれるものとする方法である．たとえばカルボン酸について例示すれば

(*a*) $\overset{6}{C}H_3\overset{5}{C}H_2\overset{4}{C}H_2\overset{3}{C}H_2\overset{2}{C}H_2\overset{1}{C}H_2COOH$　1-hexanecarboxylic acid　1-ヘキサンカルボン酸

(*b*) $\overset{7}{C}H_3\overset{6}{C}H_2\overset{5}{C}H_2\overset{4}{C}H_2\overset{3}{C}H_2\overset{2}{C}H_2\overset{1}{C}OOH$　heptanoic acid　ヘプタン酸

(*a*) の方法ではCOOHを特性基として carboxylic acid カルボン酸 の接尾語で表し，この炭素は母体炭化水素の位置番号に加わらない．(*b*) の方法では母体炭化水素の末端炭素原子に結合した＝O および－OH を一括して oic acid 酸 の接尾語で表し，この炭素は母体炭化水素に含まれ，位置番号1を与える．

比較的簡単な鎖状化合物については (*b*) の命名のほうが推奨されている．環状構造にカルボキシ基をもつ化合物，あるいは枝のある鎖状化合物の主鎖および側鎖にカルボキシ基をもつ化合物については (*a*) の命名法が使われる．

例：$HOO\overset{1}{C}\overset{2}{C}H_2\overset{3}{C}H_2\overset{4}{C}H_2\overset{5}{C}H_2\overset{6}{C}H_2\overset{7}{C}OOH$　　heptanedioic acid　ヘプタン二酸

$HOOC-\overset{1}{C}H_2-\overset{2}{C}H(COOH)-\overset{3}{C}H_2-\overset{4}{C}H_2-COOH$　1,2,4-butanetricarboxylic acid　1,2,4-ブタントリカルボン酸

（シクロヘキサン環）-COOH　　cyclohexanecarboxylic acid　シクロヘキサンカルボン酸

同様な2種の命名法はカルボン酸の誘導体およびニトリル，アルデヒドについても行われる．炭素を特性基に含める場合の接尾語，炭素を母体炭化水素に含める場合の接尾語はそれぞれ表Ⅲ1-6に示してある．総括的にいえば，炭素を特性基に含む接尾語はすべて“carb”の形になっている．carboxylic acid カルボン酸，carboxamide カルボキサミド，carbohydrazide カルボヒドラジド，carbonitrile カルボニトリル，carbaldehyde カルボアルデヒド（*Chem. Abstr.* では carboxaldehyde）など．日本語名はこのまま1語として字訳する．

例：(*b*) $\overset{6}{C}H_3\overset{5}{C}H_2\overset{4}{C}H_2\overset{3}{C}H_2\overset{2}{C}H_2\overset{1}{C}N$　　hexanenitrile　ヘキサンニトリル

(*a*) （チアゾール環，2位に CN）　2-thiazolecarbonitrile　2-チアゾールカルボニトリル

(*b*) $OH\overset{1}{C}\overset{2}{C}H_2\overset{3}{C}H_2\overset{4}{C}H_2\overset{5}{C}H_2\overset{6}{C}H_2\overset{7}{C}H_2\overset{8}{C}HO$　　octanedial　オクタンジアール

(*a*) （ピリジン環，3位に CHO）　3-pyridinecarbaldehyde　3-ピリジンカルボアルデヒド

Ⅲ1-C2.1.4　アミンの置換命名法：　アミンに対しては特殊な伝統的命名法が使われる．すなわち，アミンはアンモニアを母体化合物とし，その水素をアルキル基，アリール基などで置換したものとみなし，これらの基名を接尾語 amine アミン の前につける．

例：butylamine　　ブチルアミン
triethylamine　トリエチルアミン

第一級アミンに対しては，炭化水素または基本複素環を母体化合物とし，特性基を接尾語 amine で命

名する通常の置換命名法も適用され，現在ではむしろこの方式のほうが主流となった．

例：4-quinolinamine　4-キノリンアミン
1,6-hexanediamine　1,6-ヘキサンジアミン

Ⅲ1-C2.2 基官能命名法の一般原則

原則的には置換命名法と同じであるが，接尾語を使わないで，主基は化合物の官能種類名で表される．酸と誘導体，アルデヒドと誘導体，アミンの命名法は置換命名法と同じである．

Ⅲ1-C2.2.1 官能種類名： 化合物中にある一つの特性基は表Ⅲ1-7に示す官能種類名で表す．この基が一価なら，この基に結合している分子の残部を基名として表示する．

例：ethyl alcohol　エチルアルコール　benzyl chloride　塩化ベンジル

官能種類名が二価の基についての名称であるときは，これに結合する2個の基を基名のアルファベット順に並べる．

例：diisopropyl ether　ジイソプロピルエーテル
ethyl methyl ketone　エチルメチルケトン

一つの化合物が表Ⅲ1-7にある基を2種以上含むときは，この表で上位にあるものが官能種類名で表され，他のすべては接頭語（表Ⅲ1-4，表Ⅲ1-6）で表す．

例：2-chloroethyl alcohol　2-クロロエチルアルコール

表 Ⅲ1-7 基官能命名法で用いられる官能種類名[a)]
（この順で優先的に官能種類名として呼称する）

基	官能種類名[b)]
酸誘導体のX RCO−X, RSO_2−Xなど	Xの名称：fluoride フッ化，chloride 塩化，bromide 臭化，iodide ヨウ化，cyanide シアン化，azide アジ化 などの順；つぎにこれら酸誘導体のOの代わりにSのある類縁体
−CN，−NC	cyanide シアン化，isocyanide イソシアン化
−OCN，−NCO	cyanate シアン酸，isocyanate イソシアン酸
−SCN，−NCS	thiocyanate チオシアン酸，isothiocyanate イソチオシアン酸
>C=O	ketone ケトン；つぎにS, Se類縁体
−OH	alcohol アルコール[×]；つぎにS, Se類縁体
−OOH	hydroperoxide ヒドロペルオキシド
>O	ether エーテル[×]　または　oxide オキシド[c)]
>S，>SO，$>SO_2$	sulfide スルフィド[c)]，sulfoxide スルホキシド，sulfone スルホン
>Se，>SeO	selenide セレニド[c)]，selenoxide セレノキシド
−F，−Cl，−Br，−I	fluoride フッ化，chloride 塩化，bromide 臭化，iodide ヨウ化
$-N_3$	azide アジ化

a）酸，酸無水物，エステル，アミド，アルデヒド，アミンなどの官能種類名は置換命名法の接尾語と同じである．
b）基名が長い場合，日本語名では，官能種類名を翻訳して前につけないで，原語のまま字訳する．複雑な化合物名ではつなぎ符号を入れる（Ⅲ1-C2.2.2参照）．
c）日本語名では，──オキシド，──スルフィド，──セレニドの代わりに，酸化──，硫化──，セレン化──としてもよい．
×　字訳の通則の例外

Ⅲ1-C2.2.2 日本語の基官能名： 基名と官能種類名とは英語では別語となる．日本語ではつづけて字訳するが，つづけて字訳すると難解となる場合には，原語の語間に相当する部分につなぎ符号=を入れる．

例：chloromethyl methyl ether　クロロメチル=メチル=エーテル

ハロゲン化アルキルの基官能名，およびカルボン酸，スルホン酸などのハロゲン化物の名称を日本語で書くときは，つぎの (*a*), (*b*) のうちどちらかの方法による.

(*a*) 英語名をそのまま字訳する．化合物名が長くなるときは，アルキル基名，アシル基名などの後につなぎ符号＝を入れる.

例：1-phenylpropyl bromide　　1-フェニルプロピル=ブロミド
　　benzenesulfonyl chloride　　ベンゼンスルホニル=クロリド

(*b*) 比較的簡単な化合物の場合には，chloride 塩化，bromide 臭化，iodide ヨウ化などと翻訳し，アルキル基，アシル基などの名称の前に置く.

例：methyl iodide　ヨウ化メチル
　　acetyl chloride　塩化アセチル

Ⅲ1-C3　ハロゲン誘導体

日本語名については Ⅲ1-C2.2.2 参照.

例：$CH_3CHClCH_3$　［*a* 置換名］2-chloropropane　2-クロロプロパン
　　［*b* 基官能名］isopropyl chloride　塩化イソプロピル

$BrCH_2CH_2Br$　［*a*］1,2-dibromoethane　1,2-ジブロモエタン（二臭化エタンではない）
　　［*b*］ethylene dibromide　二臭化エチレン

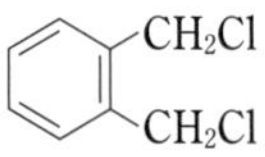

(benzene ring with two adjacent CH_2Cl)　［*a*］α,α′-dichloro-*o*-xylene　α,α′-ジクロロ-*o*-キシレン

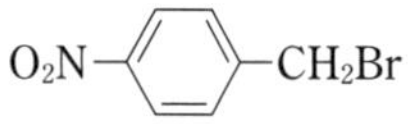

O_2N–(p-phenylene)–CH_2Br　［*b*］*p*-nitrobenzyl bromide　*p*-ニトロベンジル=ブロミド

従来の日本語文献では，2 種の命名法の混用がめだつ．**二臭化**エチレン（基官能名）というときのエチレンは $-CH_2CH_2-$ という基の名称であり，**ジブロモ**エチレン（置換名）というときのエチレンは $CH_2{=}CH_2$ という化合物の名称であって，後者には $CH_2{=}CBr_2$，$BrCH{=}CHBr$ の異性体がある[1].

なお，基官能名で使われる基名が“エチレン”などの二価の基を表す基名であれば，二臭化エチレンといわなくても，臭化エチレンという名称でも正しい構造がわかるので“二”は省略してもよい.

Ⅲ1-C4　アルコール，フェノール

例：$\overset{1}{C}H_3\overset{2}{C}H(OH)\overset{3}{C}H_3$　［*a* 置換名］　2-propanol　2-プロパノール
　　［*b* 基官能名］isopropyl alcohol　イソプロピルアルコール

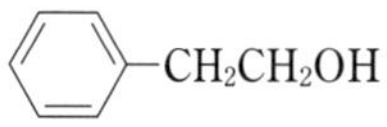

(phenyl)–CH_2CH_2OH　［*a*］2-phenylethanol　2-フェニルエタノール
　　［*b*］phenethyl alcohol　フェネチルアルコール

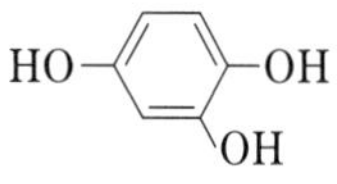

HO–(benzene ring)–OH, OH　［*a*］1,2,4-benzenetriol　1,2,4-ベンゼントリオール
　　（主基は接尾語で命名する）

---

1) 1993 規則では，化合物名の ethylene エチレン は廃止され，ethene エテン を用いることになった（p.46 参照）．この 1993 規則に従い 1,1-dibromoethene 1,1-ジブロモエテン，1,2-dibromoethene 1,2-ジブロモエテン とすれば誤解が生じることはない.

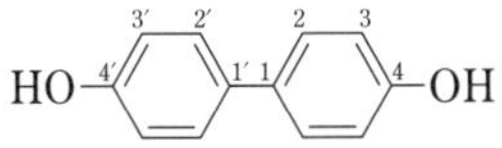

HO-C₆H₄-C₆H₄-OH　[a] biphenyl-4,4′-diol　ビフェニル-4,4′-ジオール

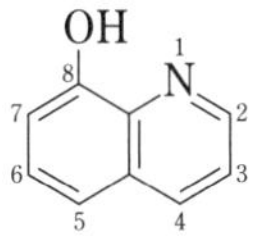

[a] 8-quinolinol　8-キノリノール
(8-hydroxyquinoline ではない)

置換名と基官能名とを混用してはいけない．接尾語 ol オール がつくのは炭化水素名である．イソプロパノール，*s*-ブタノール，*t*-ブタノールなどの名称は，相当するイソプロパン，*s*-ブタン，*t*-ブタンなどの炭化水素が存在しないから，正しくない．基官能名ではイソプロピルアルコール，*s*-ブチルアルコール，*t*-ブチルアルコールなどが正しい名称となる．

古くから用いられていたカルビノール命名法は廃止する．

例：$(C_6H_5)_3COH$　triphenylmethanol　トリフェニルメタノール
(triphenylcarbinol ではない)

IUPAC 規則で認められている慣用名：

ethylene glycol エチレングリコール，propylene glycol プロピレングリコール，
glycerol グリセリン×，phenol フェノール，cresol クレゾール×，xylenol キシレノール，
naphthol ナフトール，pyrocatechol ピロカテコール（または catechol カテコール），
resorcinol レソルシノール，hydroquinone ヒドロキノン，pyrogallol ピロガロール，
phloroglucinol フロログルシノール　など．（× 字訳の通則の例外）

糖アルコール，ステロイドアルコールなどの慣用名の例：

mannitol　マンニトール，cholesterol　コレステロール

Ⅲ1-C4.1　基 RO－は基 R の名称に接尾語 oxy オキシ をつけて命名する．

例：pentyloxy　ペンチルオキシ　　benzyloxy　ベンジルオキシ

ただし，methoxy メトキシ，ethoxy エトキシ，propoxy プロポキシ，butoxy ブトキシ，phenoxy フェノキシ は短縮名を用いる．

Ⅲ1-C4.2　アルコールまたはフェノール類の塩の命名にはつぎの 3 種の方法がある．

(*a*) 置換名の接尾語 ol を olate オラート に換える．

(*b*) 基官能名の接尾語 yl alcohol を ylate イラート に換える．

(*c*) 基名 R-oxy を R-oxide R オキシド に換える．

例：CH_3ONa　(*a*) sodium methanolate　ナトリウムメタノラート
(*b*) sodium methylate　ナトリウムメチラート
(*c*) sodium methoxide　ナトリウムメトキシド

アニオン $-O^-$ の置換基名は oxido オキシド である．

Ⅲ1-C5 エ ー テ ル

例：$CH_3CH_2-O-CH=CH_2$　[置換名]　ethoxyethylene　エトキシエチレン
[基官能名] ethyl vinyl ether　エチルビニルエーテル

2 個の同じ基をもつエーテルの基官能名は“ジエチルエーテル”のようになるが，“ジ”を省略してエチルエーテルとしてもよい．

すでに環の一部となっている炭素 2 原子，または鎖の炭素 2 原子に直接ついている酸素原子は接頭語

epoxy エポキシ で示す．

例：$CH_3CH-CHCH_3$（O で架橋） 2,3-epoxybutane 2,3-エポキシブタン

—O— 1,4-epoxycyclohexane 1,4-エポキシシクロヘキサン

Ⅲ1-C6 カルボニル化合物および誘導体

Ⅲ1-C6.1 アルデヒド（Ⅲ1-C2.1.3 参照）

Ⅲ1-C6.1.1 鎖状アルデヒド： 接尾語 al アール

例：$\overset{5}{OHC}-\overset{4}{CH_2}-\overset{3}{CH}=\overset{2}{CH}-\overset{1}{CHO}$ 2-pentenedial 2-ペンテンジアール

ジアルデヒドでは二つのホルミル基を両端とする鎖を主鎖として選ぶので（長い側鎖がある場合でも），dial に対する位置番号は示す必要がない．

Ⅲ1-C6.1.2 環状アルデヒド： 接尾語 carbaldehyde カルボアルデヒド

例：

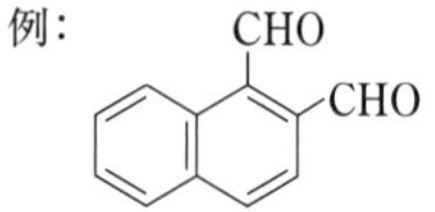

1,2-naphthalenedicarbaldehyde
1,2-ナフタレンジカルボアルデヒド

Ⅲ1-C6.1.3 慣用名： 相当する一塩基酸に慣用名があるときは，酸の慣用名の語尾を aldehyde アルデヒド に変えて命名してもよい．ただし酸が翻訳名であってもアルデヒドは字訳名とする．

例：formaldehyde ホルムアルデヒド acetaldehyde アセトアルデヒド
butyraldehyde ブチルアルデヒド acrylaldehyde アクリルアルデヒド（acrolein よりよい）
benzaldehyde ベンズアルデヒド cinnamaldehyde シンナムアルデヒド など．

慣用名をもつ多塩基酸の COOH 基が全部 CHO 基に変わった化合物の名称は，酸の名称の語尾を aldehyde に変えてつくる．アルデヒド名にジ，トリなどをつける必要はない．

例：malonaldehyde マロンアルデヒド succinaldehyde スクシンアルデヒド×
phthalaldehyde フタルアルデヒド など． （× 字訳の通則の例外）

例外：glyoxal グリオキサール

Ⅲ1-C6.1.4 主基として呼称される上位の基があるときは，環状化合物にある CHO 基は接頭語 formyl ホルミル を用いて命名する〔鎖状化合物では＝O に対して接頭語 oxo オキソ を用いるが，－CHO に対して formyl を使うこともある（Ⅲ1-C7.7.1 参照）〕．

例：$OHC-C_6H_4-CH_2COOH$ *p*-formylphenylacetic acid *p*-ホルミルフェニル酢酸

Ⅲ1-C6.2 ケ ト ン

Ⅲ1-C6.2.1 鎖 状 ケ ト ン

置換名の例：$\overset{5}{CH_2}=\overset{4}{CH}-\overset{3}{CH_2}-\overset{2}{CO}-\overset{1}{CH_3}$ 4-penten-2-one 4-ペンテン-2-オン

基官能名の例：ethyl methyl ketone エチルメチルケトン diethyl ketone ジエチルケトン

慣用名：acetone アセトン

Ⅲ1-C6.2.2 ベンゼンおよびナフタレンの鎖状モノアシル誘導体

アシル基に相当する酸名（字訳）の語尾を ophenone オフェノン または onaphthone オナフトン に

変えて命名する.

例: $C_6H_5-CO-CH_3$　　acetophenone　　アセトフェノン

(2′-ナフチル)$-CO-CH_2CH_2CH_3$　　2′-butyronaphthone　　2′-ブチロナフトン

例外: propiophenone　プロピオフェノン　(propionophenone ではない)

benzophenone　ベンゾフェノン　(環状アシル基に適用)

Ⅲ1-C6.2.3　ポリケトン

例: (3-ピリジル)$-CO-CO-$(3-ピリジル)　　[a] di-3-pyridylethanedione　ジ-3-ピリジルエタンジオン

[b] di-3-pyridyl diketone　ジ-3-ピリジル=ジケトン

慣用名: biacetyl　ビアセチル　　benzil　ベンジル　　2,2′-furil　2,2′-フリル

Ⅲ1-C6.2.4　炭素環および複素環ケトン

例: 1,2-cyclohexanedione　1,2-シクロヘキサンジオン

4*H*-pyran-4-one　4*H*-ピラン-4-オン

指示水素 *H* とその位置番号は, 省いても間違いが起こらない場合には省略してよい. たとえば上の化合物は 4-pyranone 4-ピラノン と命名してさしつかえないし, さらに短縮された慣用名 4-pyrone 4-ピロン を用いてもよい.

炭素多環および複素環ケトンでは, 不飽和および芳香族系の ⩾CH が ＞CO で置き換わったことを表すために接尾語 one オン を用いて命名してもよい. 環系が芳香族のとき, ＞CO を入れた後に最多数の二重結合を加え, さらに余分の水素原子を加えねばならない場合には, これを付加水素として表す (付録 2. 指示水素と付加水素参照).

例:

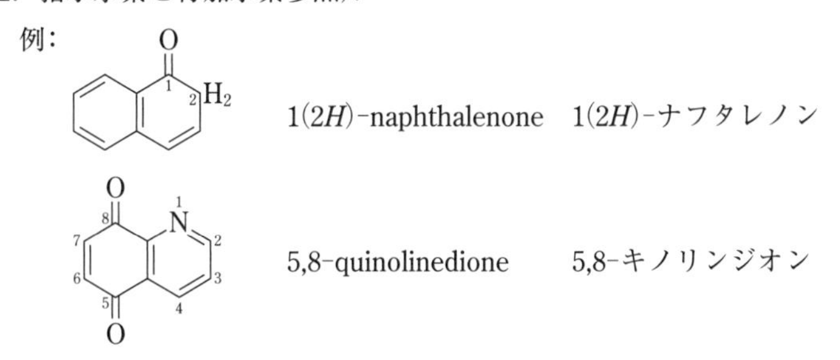

1(2*H*)-naphthalenone　1(2*H*)-ナフタレノン

5,8-quinolinedione　5,8-キノリンジオン

このようにしてつくったケトン名に対して短縮名を体系的名称の代わりに用いる場合がある.

例:

anthrone	アントロン	phenanthrone	フェナントロン	pyridone	ピリドン
quinolone	キノロン	pyrrolidone	ピロリドン	piperidone	ピペリドン
pyrazolone	ピラゾロン	thiazolone	チアゾロン	acridone	アクリドン

Ⅲ1-C6.3　キノン

芳香族化合物の 2 個または 4 個の基 ⩾CH を ＞CO に変えたキノノイド構造をもつ化合物は, 母体化合物名 (この名称はときにより変形される) に接尾語 quinone キノン または diquinone ジキノン を

つけて命名する．

例：*p*-benzoquinone　*p*-ベンゾキノン　　1,4-naphthoquinone　1,4-ナフトキノン
　　anthraquinone　アントラキノン　　1,6-pyrenequinone　1,6-ピレンキノン

Ⅲ1-C6.4　ケ　テ　ン

化合物 $CH_2=C=O$ を ketene ケテン と命名し，その誘導体は置換命名法によって命名する．

例：phenylketene　フェニルケテン
　　dimethylketene　ジメチルケテン

Ⅲ1-C6.5　ア セ タ ー ル

基 $>C(OR)_2$ を含む化合物を acetal アセタール とよぶ．ケトンから誘導されたアセタールに対しては ketal ケタール という名称も使われる．

アセタールは (*a*) 置換名を用いてジアルコキシ化合物として命名するか，(*b*) 相当するアルデヒドまたはケトン名のつぎに炭化水素基名，つぎに acetal アセタール をつけて命名する．

例：$CH_3CH_2CH(OC_2H_5)_2$　(*a*) 1,1-diethoxypropane　1,1-ジエトキシプロパン
　　(*b*) propionaldehyde diethyl acetal
　　プロピオンアルデヒド=ジエチルアセタール

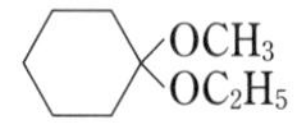

(*a*) 1-ethoxy-1-methoxycyclohexane
1-エトキシ-1-メトキシシクロヘキサン
(*b*) cyclohexanone ethyl methyl acetal
シクロヘキサノン=エチルメチルアセタール　または
cyclohexanone ethyl methyl ketal
シクロヘキサノン=エチルメチルケタール

Ⅲ1-C7　カルボン酸および誘導体

Ⅲ1-C7.1　カ ル ボ ン 酸

Ⅲ1-C7.1.1　(*a*) カルボキシ基を特性基とみなして接尾語 carboxylic acid カルボン酸 を使う命名法と，(*b*) カルボキシ基の炭素は母体化合物に含まれるものとみなし，$\lessdot^{O}_{OH}$ を一括して特性基と考え接尾語 oic acid 酸 で表す命名法とがある（Ⅲ1-C2.1.3 参照）．

例：$\overset{6}{C}H_3\overset{5}{C}H=\overset{4}{C}H\overset{3}{C}H_2\overset{2}{C}H_2\overset{1}{C}OOH$　(*b*) 4-hexenoic acid　4-ヘキセン酸

$HOO\overset{5}{C}-\overset{4}{C}H(CH_2CH_2CH_3)-\overset{3}{C}H=\overset{2}{C}H-\overset{1}{C}OOH$　(*b*) 4-propyl-2-pentenedioic acid
4-プロピル-2-ペンテン二酸

（ピロール環 N-COOH）　(*a*) 1-pyrrolecarboxylic acid
1-ピロールカルボン酸

（ナフタレン環 1,5-位 COOH）　(*a*) 1,5-naphthalenedicarboxylic acid
1,5-ナフタレンジカルボン酸

鎖状ポリカルボン酸では，上の例に示すように2個のカルボキシ基を含むなるべく長い鎖を主鎖としてカルボキシ基の炭素に最小番号をつけるようにする.

Ⅲ1-C7.1.2　環状化合物の側鎖にカルボキシ基をもつ酸は (*a*) 鎖状カルボン酸の誘導体として命名するか，または (*b*) 接合命名法によって命名する.

例：

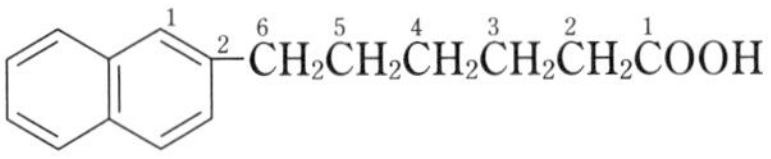

(2-naphthyl)-$\overset{6}{C}H_2\overset{5}{C}H_2\overset{4}{C}H_2\overset{3}{C}H_2\overset{2}{C}H_2\overset{1}{C}OOH$　(*a*) 6-(2-naphthyl)hexanoic acid
6-(2-ナフチル)ヘキサン酸

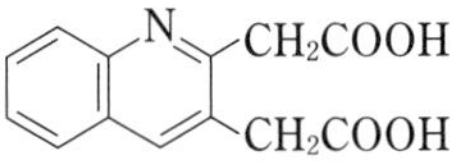

quinoline-2,3-(CH_2COOH)$_2$　(*b*) 2,3-quinolinediacetic acid
2,3-キノリン二酢酸

Ⅲ1-C7.1.3　慣　用　名：　1979 規則では，脂肪族飽和カルボン酸についてつぎの21種の慣用名を認めている.

酸の慣用名を日本語に字訳する場合には，英語名の語尾 ic acid を“──酸”と翻訳する．ドイツ語を原語とする字訳名が既定用語として定着していると判断されるものは，そのまま使う.

(a) 飽和脂肪族モノカルボン酸

formic acid　ギ酸†　　acetic acid　酢酸†　　propionic acid　プロピオン酸†
butyric acid　酪酸†　　isobutyric acid　イソ酪酸†*　　valeric acid　吉草酸†
isovaleric acid　イソ吉草酸†*　　pivalic acid　ピバル酸*　　lauric acid　ラウリン酸×*
myristic acid　ミリスチン酸×*　　palmitic acid　パルミチン酸×*　　stearic acid　ステアリン酸×*

(b) 飽和脂肪族ジカルボン酸

oxalic acid　シュウ酸†　　malonic acid　マロン酸†　　succinic acid　コハク酸†
glutaric acid　グルタル酸†　　adipic acid　アジピン酸×†　　pimelic acid　ピメリン酸×*
suberic acid　スベリン酸×*　　azelaic acid　アゼライン酸×*　　sebacic acid　セバシン酸×*

注意：†　慣用名のほうが好ましい.
*　炭素原子に置換基のある誘導体には体系名を推奨する(例：2-hydroxystearic acid 2-ヒドロキシステアリン酸 でなく 2-hydroxyoctadecanoic acid 2-ヒドロキシオクタデカン酸 とする).
C_6，C_8，C_{10} の脂肪酸は hexanoic acid ヘキサン酸，octanoic acid オクタン酸，decanoic acid デカン酸の体系名で命名し，caproic acid カプロン酸，caprylic acid カプリル酸，capric acid カプリン酸の慣用名は廃止する.
×　字訳の通則の例外（以下の慣用名についても同様）

以上のほか慣用名の認められているものの例としてつぎのようなものがある（つぎに示す例はすべて慣用名の方がよいとされているものである).

(c) 不飽和脂肪酸

acrylic acid　アクリル酸　　propiolic acid　プロピオル酸　　methacrylic acid　メタクリル酸
crotonic acid　クロトン酸　　isocrotonic acid　イソクロトン酸　　oleic acid　オレイン酸×
maleic acid　マレイン酸×　　fumaric acid　フマル酸　など

(d) 炭素環カルボン酸

benzoic acid　安息香酸　　phthalic acid　フタル酸　　isophthalic acid　イソフタル酸
terephthalic acid　テレフタル酸　　naphthoic acid　ナフトエ酸×（1-，2-）
toluic acid　トルイル酸×（*o*-，*m*-，*p*-）　　atropic acid　アトロパ酸×
cinnamic acid　ケイ皮酸　など

(e) 複素環カルボン酸

nicotinic acid　ニコチン酸　　isonicotinic acid　イソニコチン酸

furoic acid　フロ酸*　　thenoic acid　テノ酸*　など

注意：* この二つの酸に対して，英語では慣用名が推奨されているが，日本語ではフランカルボン酸，チオフェンカルボン酸という体系名のほうが慣用されている．

Ⅲ1-C7.2 アシル基

Ⅲ1-C7.2.1 接尾語 oic acid 酸 をもつ酸，および慣用名でよばれる酸のすべてのカルボキシ基からヒドロキシ基を除いてできる一価または多価のアシル基は，相当する酸名の語尾を oyl オイル に変えて命名する（酸名が翻訳でもアシル基名は字訳する）．

例：hexanoyl ヘキサノイル　　heptanedioyl ヘプタンジオイル　　palmitoyl パルミトイル

acryloyl アクリロイル　　phthaloyl　フタロイル

ただし，つぎのような慣用のアシル基名に対しては酸名の語尾を yl イル に変えた名称の使用を認める．

formyl ホルミル，acetyl アセチル，propionyl プロピオニル，butyryl ブチリル，

isobutyryl イソブチリル，valeryl バレリル，isovaleryl イソバレリル；

oxalyl オキサリル，malonyl マロニル，succinyl スクシニル×，glutaryl グルタリル

Ⅲ1-C7.2.2 接尾語 carboxylic acid カルボン酸 をもつ酸のすべてのカルボキシ基からヒドロキシ基を除いてできるアシル基は，相当する酸名の語尾を carbonyl カルボニル に変えて命名する．

例：（シクロヘキサン環）−CO−　(*a*) cyclohexanecarbonyl　シクロヘキサンカルボニル

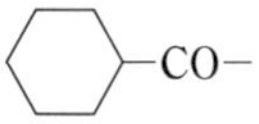

(*b*) cyclohexylcarbonyl　シクロヘキシルカルボニル

基官能命名法では (*a*) の形の名称を用いる．

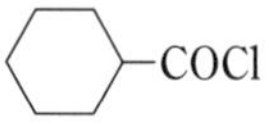

（シクロヘキサン環）−COCl　cyclohexanecarbonyl chloride

シクロヘキサンカルボニル=クロリド

アシル基が置換基となる置換命名法では (*b*) の形の名称を用いる．

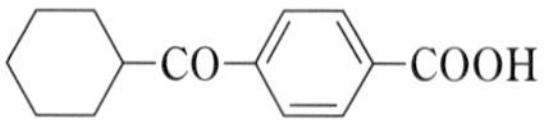

（シクロヘキサン環）−CO−（ベンゼン環）−COOH　*p*-(cyclohexylcarbonyl)benzoic acid

p-(シクロヘキシルカルボニル)安息香酸

Ⅲ1-C7.3 過酸

基 $-C\langle^{O}_{OOH}$ を含む過酸の名称は，接頭語 peroxy ペルオキシ を酸名の前につけ，また“カルボン酸”を接尾語とする酸名の場合には“カルボン酸”の直前につけて命名する．二塩基酸の場合には monoperoxy モノペルオキシ あるいは diperoxy ジペルオキシ を使う．

例：CH_3CH_2COOOH　peroxypropionic acid　ペルオキシプロピオン酸

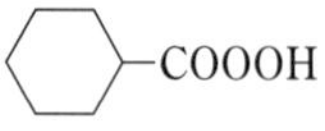

（シクロヘキサン環）−COOOH　cyclohexaneperoxycarboxylic acid

シクロヘキサンペルオキシカルボン酸

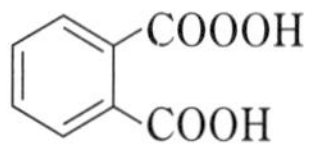

（ベンゼン環, COOOH, COOH）　monoperoxyphthalic acid　モノペルオキシフタル酸

performic acid 過ギ酸，peracetic acid 過酢酸，perbenzoic acid 過安息香酸 の慣用名は使用を認める．

Ⅲ1-C7.4 塩およびエステル

Ⅲ1-C7.4.1 カルボン酸，過酸などの中性塩の英語名はカチオン名の後にアニオン名を置き，酸からプロトンが失われてできるアニオン名は酸の接尾語 ic acid を ate アート に変えてつくる．日本語では

酸名の後にカチオン名を並べて命名する．

例：$CH_3CH_2CH_2CH_2CH_2COONa$　sodium hexanoate　ヘキサン酸ナトリウム

$(CH_3COO)_2Ca$　calcium diacetate　二酢酸カルシウム

CH_2COONa
|
CH_2COONa　disodium succinate　コハク酸二ナトリウム

酸性塩は中性塩と同様に命名し，hydrogen 水素 という語を酸名とカチオン名の間におく．

例：COOH
|
COOK　potassium hydrogen oxalate　シュウ酸水素カリウム

なお，アニオン $-COO^-$ の置換基名は carboxylato カルボキシラト である．

Ⅲ1-C7.4.2 カルボン酸などの中性エステルの英語名は中性塩と同様にして命名し，アルキル基またはアリール基の名称をカチオン名の代わりにおく．

エステルの名称を日本語で書くときは，つぎの (*a*), (*b*) のうちどちらかの方法による．

(*a*) 英語名をそのまま字訳し，先にアルキル基などの基名を書き，つぎに酸から誘導されたアニオン名(接尾語 ate アートをもつ)を書く．成分が複合名の場合には，両成分の間につなぎ符号 = を入れる．

例：cholesteryl acetate　コレステリルアセタート

p-nitrobenzyl hexanoate　*p*-ニトロベンジル=ヘキサノアート

(*b*) 比較的簡単なエステルに対しては，先に酸名，つぎにアルキル基などの名称を記す慣用の日本語名をそのまま使用する．

例：$CH_3COOC_6H_5$　phenyl acetate　酢酸フェニル

$CH_2(COOC_2H_5)_2$　diethyl malonate　マロン酸ジエチル

$CH_3COO-CH_2$
|
$CH_3COO-CH_2$　ethylene diacetate　二酢酸エチレン

複雑な酸と簡単なアルコールのエステルの名称も (*b*) 方式で書く方がよい．まぎらわしい場合には，最後に“エステル”を付記してもよい．

例：ethyl 3,5-dinitrobenzoate　3,5-ジニトロ安息香酸エチル
（または3,5-ジニトロ安息香酸エチルエステル）

酸性エステルおよびその塩は中性エステルと同様に命名するが，成分の順序はつぎの例にならう．

例：$C_6H_4(COOC_2H_5)(COOH)$　ethyl hydrogen phthalate　フタル酸水素エチル

$CH_2COOC_2H_5$
|
CH_2COONa　sodium ethyl succinate　コハク酸エチルナトリウム

Ⅲ1-C7.4.3 基 $-COOR$ に対しては alkoxycarbonyl アルコキシカルボニル または aryloxycarbonyl アリールオキシカルボニルなどを用い，基 $RCOO-$ に対しては acyloxy アシルオキシを用いて命名する．

例：$-COOCH_3$　methoxycarbonyl　メトキシカルボニル

$-COOC_2H_5$　ethoxycarbonyl　エトキシカルボニル

C_6H_5COO-　benzoyloxy　ベンゾイルオキシ

$C_6H_{11}COO-$　cyclohexylcarbonyloxy　シクロヘキシルカルボニルオキシ

ただし CH_3COO- に対しては acetoxy アセトキシ の省略形の使用を認める．

Ⅲ1-C7.5 ハロゲン化アシル（Ⅲ1-C2.2.2 参照）

例：CH_3COCl　acetyl chloride　塩化アセチル

（ベンゼン環に COCl が2個）　phthaloyl dichloride　二塩化フタロイル

$O_2N-C_6H_4-COCl$　*p*-nitrobenzoyl chloride　*p*-ニトロベンゾイル=クロリド

Ⅲ1-C7.6 酸無水物

モノカルボン酸の対称的無水物およびポリカルボン酸の環状無水物は，英語では，酸名の“acid”を“anhydride”に変えて命名する．日本語では anhydride に対して“――酸無水物”という翻訳名を用い，英語名をそのままの順序で日本語名にする．

例：benzoic anhydride　安息香酸無水物

1,2:4,5-benzenetetracarboxylic dianhydride　1,2:4,5-ベンゼンテトラカルボン酸二無水物

ただし，つぎの4種の化合物に対しては，既定用語をそのまま使用する．

acetic anhydride　無水酢酸　　succinic anhydride　無水コハク酸

maleic anhydride　無水マレイン酸　　phthalic anhydride　無水フタル酸

混成無水物では二つの酸名をアルファベット順に並べる．日本語では，成分酸名を英語のアルファベット順に並べたものをそのまま字訳（または翻訳）し，最後に“無水物”をつける．

例：CH_3CO, C_6H_5CO >O　acetic benzoic anhydride　酢酸安息香酸無水物

Ⅲ1-C7.7 ヒドロキシ酸，アルコキシ酸，およびオキソ酸

Ⅲ1-C7.7.1 カルボキシ基を主基とし，その他の特性基を接頭語として命名する．

例：$HO\overset{3}{C}H_2\overset{2}{C}H(CH_3)\overset{1}{C}OOH$　3-hydroxy-2-methylpropionic acid　3-ヒドロキシ-2-メチルプロピオン酸

$OH\overset{5}{C}-\overset{4}{C}H_2\overset{3}{C}H_2\overset{2}{C}H_2\overset{1}{C}OOH$　5-oxovaleric acid　5-オキソ吉草酸　または

4-formylbutyric acid　4-ホルミル酪酸

Ⅲ1-C7.7.2 IUPAC 規則で認められている慣用名：

ヒドロキシ酸：glycolic acid グリコール酸，lactic acid 乳酸，glyceric acid グリセリン酸×，malic acid リンゴ酸，tartaric acid 酒石酸，salicylic acid サリチル酸×，gallic acid 没食子酸，など

アルコキシ酸：anisic acid アニス酸（*o*-，*m*-，*p*-），など

オキソ酸：glyoxylic acid グリオキシル酸，pyruvic acid ピルビン酸×，acetoacetic acid アセト酢酸，mesoxalic acid メソシュウ酸，oxalacetic acid オキサロ酢酸，など

（× 字訳の通則の例外）

Ⅲ1-C7.7.3 慣用名をもつジカルボン酸のカルボキシ基のうち1個がホルミル基に変わったものは，酸名の語尾を aldehydic acid アルデヒド酸 に換えて命名してもよい．

例：$OHC-CH_2-COOH$　malonaldehydic acid　マロンアルデヒド酸

（ベンゼン環に COOH と CHO）　phthalaldehydic acid　フタルアルデヒド酸

Ⅲ1-C7.8 アミノ酸

タンパク質の加水分解で得られる α-アミノ酸の慣用名は保存する．これらの慣用名から誘導されるアシル基名（グリシル，アラニルなど）も使用を認める．

芳香族アミノ酸の慣用名：anthranilic acid　アントラニル酸，hippuric acid　馬尿酸　など

塩の名称はアミノ酸名＋酸のイオン名とするか，アミノ酸の ium カチオン名の後に，酸のアニオン名を独立語として加える．

$Cl^-H_3N^+$-$CH(CH_3)CO_2H$　(*a*) alanine hydrochloride　アラニン塩酸塩
　(*b*) alaninium chloride　塩化アラニニウム

Ⅲ1-C7.9 アミド酸

Ⅲ1-C7.9.1 慣用名をもつジカルボン酸のカルボキシ基のうち一つが $-CONH_2$ に換わったものは，酸名の語尾を amic acid アミド酸 に換えて命名する．ただしジカルボン酸が翻訳名であっても，アミド酸の名称は字訳する．

例：CH_2COOH
　|
　CH_2CONH_2　succinamic acid　スクシンアミド酸×（× 字訳の通則の例外）

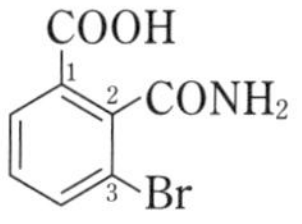
3-bromophthalamic acid　3-ブロモフタルアミド酸

Ⅲ1-C7.9.2 つぎの慣用名を保存する．

$H_2N-COOH$	carbamic acid	カルバミン酸
$H_2N-CO-COOH$	oxamic acid	オキサミド酸
H_2N-CO-	carbamoyl	カルバモイル
$H_2N-CO-CO-$	oxamoyl	オキサモイル

Ⅲ1-C7.9.3 慣用名をもつジカルボン酸から導かれたアミド酸の *N*-フェニル誘導体は，amic acid を anilic acid アニリド酸 に換えて命名する．

例：$C_6H_5NH-CO-CH_2CH_2COOH$　succinanilic acid
　スクシンアニリド酸×（× 字訳の通則の例外）

$C_6H_5-NH-COOH$　carbanilic acid
　カルバニリド酸

Ⅲ1-C7.10 ラクトンとラクタム

Ⅲ1-C7.10.1 脂肪族酸からのラクトンは同数炭素原子の炭化水素名に接尾語 olide オリド をつけて命名する．接尾語 olide は ＞CH……CH_3 が ＞C……CO（C と CO が ―O― で結ばれる）に変化したことを意味する．閉環の位置を示すために位置番号をつける．

例：$\overset{5}{C}H_2\overset{4}{C}H_2\overset{3}{C}H_2\overset{2}{C}H_2\overset{1}{C}O$（C5 と C1 が ―O― で結ばれる）　5-pentanolide　5-ペンタノリド

$\overset{5}{C}H{=}\overset{4}{C}H\overset{3}{C}H_2\overset{2}{C}H_2\overset{1}{C}O$（C5 と C1 が ―O― で結ばれる）　4-penten-5-olide　4-ペンテン-5-オリド

Ⅲ1-C7.10.2 環の集合体構造の中にラクトン環が含まれている場合は，$-CO-O-$ 基を 2 原子の H で置き換えた構造の名称の後に carbolactone カルボラクトン をつけて命名する．

例：

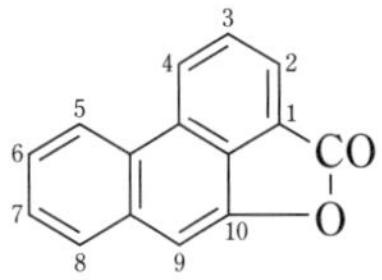

(structure: phenanthrene ring with positions 1–10; CO at 1 and O at 10 forming lactone ring)

1,10-phenanthrenecarbolactone
1,10-フェナントレンカルボラクトン

Ⅲ1-C7.10.3 慣用名をもつヒドロキシ酸から誘導されるラクトンは，ヒドロキシ酸の名称の語尾を olactone オラクトン に換えて命名する．

例：gluconic acid　グルコン酸　→　glucono-1,4-lactone　グルコノ-1,4-ラクトン

例外：γ-butyrolactone　γ-ブチロラクトン，valerolactone　バレロラクトン（γ-および δ-）
（もとの酸がヒドロキシ酸ではない）

Ⅲ1-C7.10.4 ラクトンおよびラクタムは複素環のケト誘導体として命名される．ラクタムについてはこの命名が好ましいが，Ⅲ1-C7.10.1 のようにして olide のかわりに lactam を用いて命名してもよい．

例：$\overset{4}{C}H_2\overset{3}{C}H_2\overset{2}{C}H_2\overset{1}{C}O$ （C4 と C1 が NH で結ばれる）　2-pyrrolidone　2-ピロリドン　または
4-butanelactam　4-ブタンラクタム

Ⅲ1-C8 二価硫黄を含む化合物

接頭語 thio チオ は化学式の中の O を S で置き換えたことを表し[1]，環または鎖の炭素原子を S で置き換えたことを表す thia チア と区別する．通常 thio を酸素を含む基または酸素原子を表す接尾語（または接頭語）の前に置く．たとえば ol オール が OH を表すのに対し thiol チオール は SH を表す．また，接頭語で thio は二価の原子 −S− に対して用い，HS− に対しては mercapto メルカプト を使う．

Ⅲ1-C8.1 チオール

R−SH 形の化合物の種類名はチオールとし，mercaptan メルカプタンという旧名は廃止する．

例：		
CH_3CH_2SH	ethanethiol	エタンチオール
$C_6H_5CH_2SH$	phenylmethanethiol	フェニルメタンチオール
 HS−C_6H_4−SH	*p*-benzenedithiol	*p*-ベンゼンジチオール

フェノールの慣用名に接頭語 thio をつける命名は簡単な化合物では使ってよいが，たとえば thiophenol チオフェノール と命名するより benzenethiol ベンゼンチオール の方がよい．

−S− の置換基名は sulfido スルフィド である．

Ⅲ1-C8.2 スルフィド

R^1−S−R^2 形の化合物はスルフィドと総称し，thioether チオエーテル という名称は廃止となった．

例：C_2H_5−S−C_2H_5　diethyl sulfide　ジエチルスルフィド　または　硫化ジエチル

CH_3−S−C_6H_5　［置換名］　methylthiobenzene　メチルチオベンゼン
［基官能名］　methyl phenyl sulfide　メチルフェニルスルフィド

Ⅲ1-C8.3 チオアルデヒド

例：$\overset{5}{C}H_3\overset{4}{C}H_2\overset{3}{C}H_2\overset{2}{C}H_2\overset{1}{C}HS$　pentanethial　ペンタンチアール

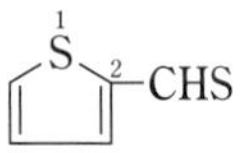

(thiophene ring, S at 1, CHS at 2)　2-thiophenecarbothialdehyde　2-チオフェンカルボチオアルデヒド

1) Se の場合は接頭語 seleno セレノ，Te の場合は telluro テルロ を使う．

Ⅲ1-C8.4 チオケトン

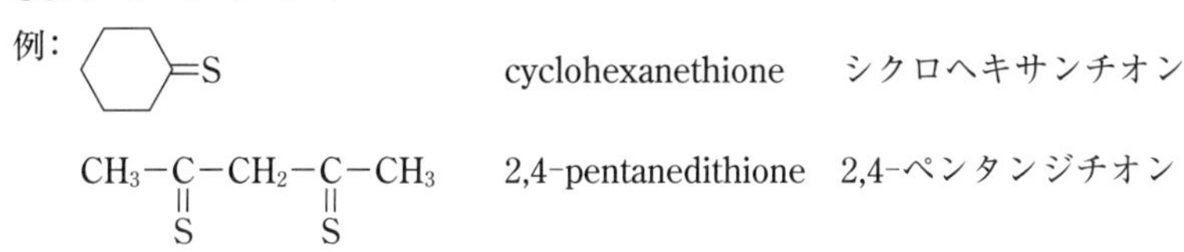

例：cyclohexanethione　シクロヘキサンチオン

$CH_3-C(=S)-CH_2-C(=S)-CH_3$　2,4-pentanedithione　2,4-ペンタンジチオン

慣用名をもつケトンの硫黄類縁体に対して，thioacetone チオアセトン，thiobenzophenone チオベンゾフェノン などの慣用名を使ってもよいが，一般には接尾語 thione チオン による体系名の方がよい．

Ⅲ1-C8.5 チオアセタール

例：$CH_3CH_2CH(SC_2H_5)_2$　1,1-bis(ethylthio)propane　1,1-ビス(エチルチオ)プロパン

(cyclopentane)$(OC_2H_5)(SCH_3)$　1-ethoxy-1-(methylthio)cyclopentane
1-エトキシ-1-(メチルチオ)シクロペンタン

Ⅲ1-C8.6 チオカルボン酸とチオ炭酸誘導体

Ⅲ1-C8.6.1 カルボキシ基の酸素が硫黄で置き換えられた酸の名称は，接尾語 thioic acid チオ酸，dithioic acid ジチオ酸 あるいは carbothioic acid カルボチオ酸，carbodithioic acid カルボジチオ酸 で表す．モノチオ酸の水素原子が酸素と硫黄のどちらについているかを示したくないときは $-C\left\{\begin{matrix}O\\S\end{matrix}\right\}H$ と記す．$-C\begin{matrix}\nearrow O\\\searrow SH\end{matrix}$ に対しては *S*-酸，$-C\begin{matrix}\nearrow S\\\searrow OH\end{matrix}$ に対しては *O*-酸として区別する．

例：$CH_3CH_2CH_2CH_2CH_2C\left\{\begin{matrix}O\\S\end{matrix}\right\}H$　hexanethioic acid　ヘキサンチオ酸

$CH_3CH_2CH_2CH_2CH_2CSSH$　hexanedithioic acid　ヘキサンジチオ酸

$H\left\{\begin{matrix}O\\S\end{matrix}\right\}C-CH_2CH_2CH_2CH_2-C\left\{\begin{matrix}O\\S\end{matrix}\right\}H$　hexanebis(thioic acid)　ヘキサンビス(チオ酸)

$CH_3CH_2CH_2CH_2CH_2C(=O)SH$　hexanethioic *S*-acid　ヘキサンチオ*S*-酸

(piperidine)N$-C(=S)OH$　1-piperidinecarbothioic *O*-acid　1-ピペリジンカルボチオ*O*-酸

簡単な例では相当するカルボン酸の慣用名に thio チオ または dithio ジチオ を接頭語とした名称の使用を認める．

例：$CH_3-C(=S)OH$　thioacetic *O*-acid　*O*-チオ酢酸

C_6H_5-CSSH　dithiobenzoic acid　ジチオ安息香酸

Ⅲ1-C8.6.2 チオカルボン酸の塩またはエステルの名称はカルボン酸の場合と同様にしてつくる．必要なら *S*- または *O*- 接頭語を用いる．

例：CH_3CSSNa　sodium dithioacetate　ジチオ酢酸ナトリウム

$CH_3CH_2CH_2CH_2CH_2C(=O)SC_2H_5$　*S*-ethyl hexanethioate　ヘキサンチオ酸=*S*-エチル

(cyclohexane)$-C(=S)OCH_3$　*O*-methyl cyclohexanecarbothioate
シクロヘキサンカルボチオ酸=*O*-メチル

Ⅲ1-C8.6.3 チオカルボン酸から誘導されるアシル基，アミドはそれぞれ接尾語 thioyl チオイル（あるいは carbothioyl カルボチオイル），thioamide チオアミド を用いて命名する．

例：$CH_3CH_2CH_2CH_2CH_2C(=S)Cl$　　hexanethioyl chloride　ヘキサンチオイル=クロリド

Ⅲ1-C8.6.4　チオカルボン酸の無水物は，カルボン酸無水物と同じ方式により，接頭語 thio を用いて命名する．アシル−S−アシルの硫黄結合は thioanhydride チオ無水物 で表す．

例：$(C_6H_5-CS)_2O$　　di(thiobenzoic) anhydride
　　ジ(チオ安息香酸)無水物

$(C_6H_5-CO)_2S$　　dibenzoic thioanhydride
　　二安息香酸チオ無水物

Ⅲ1-C8.6.5　チオ炭酸，ジチオ炭酸，トリチオ炭酸の誘導体についても，異性体を区別するために，必要なら接頭語 *O*- または *S*- を用いる．

例：		
$HO-C(=O)SCH_3$	*S*-methyl hydrogen thiocarbonate	チオ炭酸水素 *S*-メチル
$CH_3S-C\{S,O\}Na$	sodium *S*-methyl dithiocarbonate	ジチオ炭酸 *S*-メチルナトリウム
$CH_3S-C(=S)SCH_3$	dimethyl trithiocarbonate	トリチオ炭酸ジメチル
$C_2H_5O-C(=S)SK$	potassium *O*-ethyl dithiocarbonate*	ジチオ炭酸 *O*-エチルカリウム

＊　この形の化合物を xanthate キサントゲン酸塩 という命名法は廃止された．

Ⅲ1-C9　スルホキシド，スルホン

基官能名の例：

$CH_3-SO-CH_3$　　dimethyl sulfoxide　　ジメチルスルホキシド

$C_2H_5-SO_2-C_6H_5$　　ethyl phenyl sulfone　　エチルフェニルスルホン

―― **IUPAC 1993 規則** ――

非標準結合数をもつ原子の表示法（λ-方式）[1)]

表 Ⅱ-5（p.15 参照）に示した母体水素化物における水素原子の個数は，その中心原子の標準結合数と定義される．それと異なる結合数は非標準結合数とよばれ，そのような結合数をもつ化合物の命名にはギリシャ文字 λ（ラムダ）の上付き数字を用い，λ^n（*n* は結合数）のように表示する（Ⅱ-B3.2，Ⅱ-B4.3 参照）．

例：CH_3SH_5　　methyl-λ^6-sulfane　　メチル-λ^6-スルファン

$(C_6H_5)_3PH_2$　　triphenyl-λ^5-phosphane　　トリフェニル-λ^5-ホスファン

（構造式：S-H, N を含む六員環）　　1λ^4,3-thiazine　　1λ^4,3-チアジン

次ページに示す thiophene-1,1-dioxide の λ-方式による名称はつぎのようになる（Ⅲ2-C10.7 参照）．

1*H*-1λ^6-thiophene-1,1-dione　1*H*-1λ^6-チオフェン-1,1-ジオン　または

1,1-dioxo-1*H*-1λ^6-thiophene　1,1-ジオキソ-1*H*-1λ^6-チオフェン

1)　この λ-方式は 1983 年勧告で定められたが，1979 規則以降の変更であるので，ここでは 1993 規則での変更と同じ扱いとした．

置換名の例：

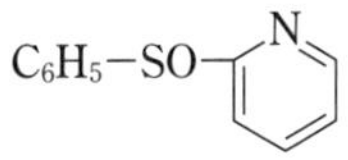

C_6H_5-SO-(2-pyridyl)　　2-(phenylsulfinyl)pyridine　　2-(フェニルスルフィニル)ピリジン

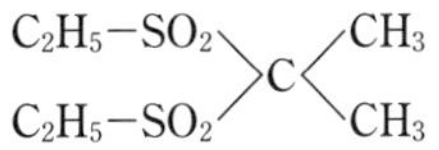

$(C_2H_5-SO_2)_2C(CH_3)_2$　　2,2-bis(ethylsulfonyl)propane　　2,2-ビス(エチルスルホニル)プロパン

$>SO$ または $>SO_2$ 基が環に含まれているとき，化合物は環のオキシド誘導体として命名する．

例：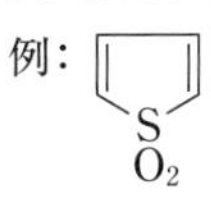　　thiophene 1,1-dioxide　チオフェン 1,1-ジオキシド

Ⅲ1-C10　硫黄酸および誘導体

Ⅲ1-C10.1　有機硫黄酸および誘導体

Ⅲ1-C10.1.1　有機部分が硫黄に直接結合している硫黄のオキソ酸は置換命名法に従って命名する．

例：$CH_3-C_6H_3(SO_3H)_2$　　2,4-toluenedisulfonic acid　2,4-トルエンジスルホン酸

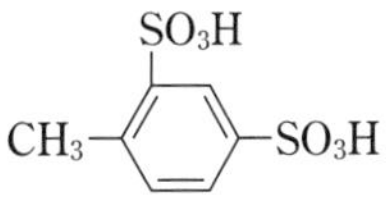

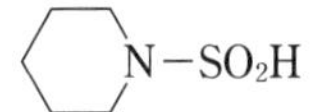　　1-piperidinesulfinic acid　1-ピペリジンスルフィン酸

Ⅲ1-C10.1.2　有機硫黄酸のエステルと塩はカルボン酸の場合と同様にして命名する．

例：$C_2H_5SO_3CH_3$　　methyl ethanesulfonate　　エタンスルホン酸メチル

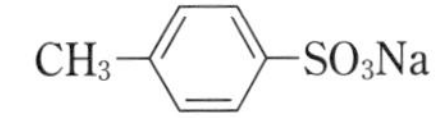　　sodium *p*-toluenesulfonate　*p*-トルエンスルホン酸ナトリウム

$-SO_3^-$ の基名は sulfonato スルホナト である．

Ⅲ1-C10.1.3　有機硫黄酸から OH を除いて誘導される基は酸名の語尾を yl イル に変えて命名する．

例：C_2H_5SOCl　　ethanesulfinyl chloride
エタンスルフィニル=クロリド

$C_6H_5SO_2Cl$　　benzenesulfonyl chloride
ベンゼンスルホニル=クロリド

$C_6H_5SO_2$ 基が置換命名法で置換基として命名されるときは phenylsulfonyl フェニルスルホニル となる（Ⅲ1-C7.2.2 参照）．

p-toluenesulfonyl *p*-トルエンスルホニル および methanesulfonyl メタンスルホニル に対しては tosyl トシル および mesyl メシル の慣用名を認める．

Ⅲ1-C10.1.4　硫黄酸の OH を NH_2 に置き換えて誘導されるアミドは (*a*) 酸名の語尾を amide アミド に変えるか，または (*b*) アミンのアシル誘導体として命名する．

例：$C_6H_5SO_2NH_2$　　(*a*) benzenesulfonamide
ベンゼンスルホンアミド

　　(*b*) 1-methylsulfonylpiperidine
1-メチルスルホニルピペリジン

Ⅲ1-C10.2　無機硫黄酸の誘導体

Ⅲ1-C10.2.1　無機硫黄酸のエステルはつぎの例のようにして命名する．

例：$(CH_3O)_2SO_2$　dimethyl sulfate　硫酸ジメチル

CH_3O-SO_2-OH　methyl hydrogen sulfate　硫酸水素メチル

Ⅲ1-C10.2.2　無機硫黄酸の *N*-置換アミドは，無機化学命名法規則で命名された硫黄酸アミドの *N*-誘導体として命名する．

例：$C_6H_5-NH-SO_3H$　phenylamidosulfuric acid　フェニルアミド硫酸　または

phenylsulfamidic acid　フェニルスルファミド酸

あるいは sulfamic acid スルファミン酸 の *N*-置換体として命名してもよい．

例：$C_6H_5-NH-SO_3H$　*N*-phenylsulfamic acid　*N*-フェニルスルファミン酸

Ⅲ1-C11　アミン，イミン，アンモニウム化合物

Ⅲ1-C11.1　第一級アミン

Ⅲ1-C11.1.1　第一級モノアミン RNH_2 は (*a*) 基 R の名称または (*b*) 母体化合物 RH の名称に接尾語 amine アミン をつけて命名する．簡単な母体化合物の誘導体には (*a*) の命名法がよく使われるが，複雑な環状化合物の場合には (*b*) の命名法がよい．

例：$C_6H_5CH_2NH_2$　(*a*) benzylamine　ベンジルアミン

$CH_3CH_2CH_2CH(NH_2)CH_2CH_3$　(*a*) 1-ethylbutylamine　1-エチルブチルアミン

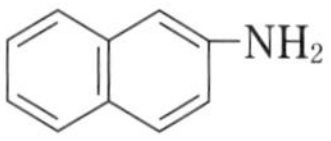

[2-naphthylamine structure]　(*a*) 2-naphthylamine　2-ナフチルアミン
(*b*) 2-naphthalenamine　2-ナフタレンアミン

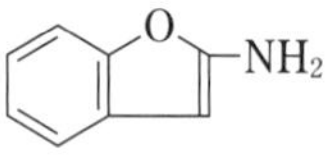

[2-benzofuranamine structure]　(*b*) 2-benzofuranamine　2-ベンゾフランアミン

慣用名：aniline　アニリン，　toluidine　トルイジン，　xylidine キシリジン

anisidine アニシジン，　phenetidine フェネチジン　など．

Ⅲ1-C11.1.2　第一級アミン RNH_2 で R がそれ自身窒素を含む複素環であるときは，前項の (*a*) または (*b*) により，あるいは (*c*) 母体化合物名に接頭語 amino アミノ をつけて命名する．

例：[4-aminoquinoline structure]
(*a*) 4-quinolylamine　4-キノリルアミン
(*b*) 4-quinolinamine　4-キノリンアミン
(*c*) 4-aminoquinoline　4-アミノキノリン

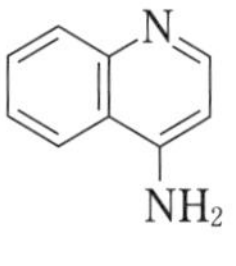

Ⅲ1-C11.1.3　第一級ジアミンおよびポリアミンですべてのアミノ基が脂肪族鎖についているもの，あるいは環に直接ついているものは，(*a*) 多価基名または (*b*) 母体化合物名に接尾語 diamine ジアミン，triamine トリアミン などをつけて命名する．

例：$H_2NCH_2CH_2CH_2NH_2$　(*a*) trimethylenediamine　トリメチレンジアミン
(*b*) 1,3-propanediamine　1,3-プロパンジアミン

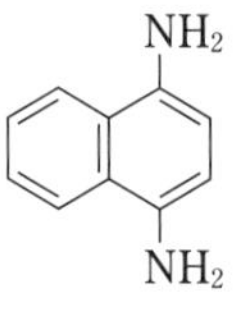

[1,4-naphthalenediamine structure]
(*a*) 1,4-naphthylenediamine　1,4-ナフチレンジアミン
(*b*) 1,4-naphthalenediamine　1,4-ナフタレンジアミン

アミノ基が窒素を含む複素環に結合しているものは，母体化合物名に (*b*) 接尾語 diamine ジアミン などをつけて，また (*c*) 接頭語 diamino ジアミノ などをつけて命名する．

例：N, NH_2, NH_2　(*b*) 2,4-pyridinediamine　2,4-ピリジンジアミン
(*c*) 2,4-diaminopyridine　2,4-ジアミノピリジン

Ⅲ1-C11.2　第二級および第三級アミン

Ⅲ1-C11.2.1　対称的第二級および第三級アミンは，基名に di ジ または tri トリ をつけ，接尾語 amine アミン を用いて命名する．

例：$(C_2H_5)_3N$　triethylamine　トリエチルアミン

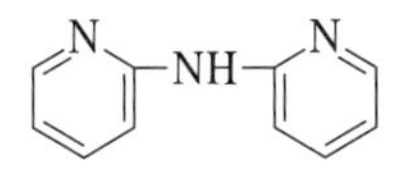
di-2-pyridylamine　ジ-2-ピリジルアミン

対称的第二級および第三級アミンの置換誘導体の名称は，置換基の位置番号にプライムをつけて区別する．

例：$\overset{2'}{Cl\text{C}}H_2\overset{1'}{C}H_2$ / $\underset{2}{C}H_3\underset{1}{C}HCl$ >NH　1,2′-dichlorodiethylamine　1,2′-ジクロロジエチルアミン

Ⅲ1-C11.2.2　非対称的第二級および第三級アミンは，第一級アミンの *N*-置換体として命名する．窒素に結合する基のうち最も複雑なものを母体アミンに選ぶ．

例：$C_6H_5-NH-CH_3$　*N*-methylaniline　*N*-メチルアニリン

$-N(CH_3)_2$ (cyclohexyl)　*N*,*N*-dimethylcyclohexylamine　*N*,*N*-ジメチルシクロヘキシルアミン

$CH_3CH_2CH_2CH_2-N(CH_3)-CH_2CH_3$　*N*-ethyl-*N*-methylbutylamine
N-エチル-*N*-メチルブチルアミン

アミノ基が直接環についている複雑な第二級および第三級アミンは，環状母体化合物の置換誘導体として命名する．

例：$N(CH_3)_2$, N　9-dimethylaminoacridine　9-ジメチルアミノアクリジン

Ⅲ1-C11.3　イ　ミ　ン

Ⅲ1-C11.3.1　基＞C＝NH を含む化合物は (*a*) 相当する＞CH_2 化合物名に接尾語 imine イミン をつけて命名するか，あるいは (*b*) 二価の基 R^1R^2C＝の名称を接尾語 amine アミン の前において命名する．イミンの *N*-置換体はアミン名を母体として (*b*) 方式で命名する．

例：$CH_3CH_2CH=NH$　(*a*) 1-propanimine　1-プロパンイミン
(*b*) propylideneamine　プロピリデンアミン

$C_6H_5-CH=N-CH_3$　(*b*) *N*-benzylidenemethylamine　*N*-ベンジリデンメチルアミン

Ⅲ1-C11.3.2　キノンイミンは相当するキノンの名称の後に imine イミン（または monoimine モノイミン），diimine ジイミン などを添えて命名する．

例：*p*-benzoquinone monoimine　*p*-ベンゾキノン=モノイミン

Ⅲ1-C11.4 アンモニウム化合物

例：$[C_2H_5NH_3]^+Cl^-$ ethylammonium chloride エチルアンモニウム=クロリド

$[C_6H_5CH_2N(CH_3)_3]^+I^-$ benzyltrimethylammonium iodide

ベンジルトリメチルアンモニウム=ヨージド

語尾がアミンで終わらない名称の塩基から誘導される第四級化合物は，塩基の名称に接尾語 ium イウム をつけ，これにアニオン名を添えて命名する．

例：$[C_6H_5NH_3]^+Cl^-$ anilinium chloride 塩化アニリニウム または アニリニウム=クロリド

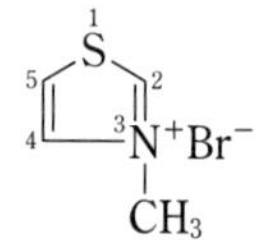
3-methylthiazolium bromide 3-メチルチアゾリウム=ブロミド

H_3N^+-の接頭語は ammonio アンモニオ である．

Ⅲ1-C11.5 有機塩基の塩の慣用名

有機塩基の塩の命名は，Ⅲ1-C11.4 に従って，アンモニウム塩として命名する方がよいが，カチオン名の代わりに塩基名を用いて慣用名をつくってもよい．この場合，酸成分を表す名称を塩基成分を表す名称の後におき，日本語では (*a*) 字訳名，あるいは (*b*) 翻訳名として命名する．

例：aniline hydrochloride (*a*) アニリン=ヒドロクロリド

(*b*) アニリン塩酸塩（塩酸アニリンとしない）

benzidine sulfate (*a*) ベンジジン=スルファート

(*b*) ベンジジン硫酸塩（硫酸ベンジジンとしない）

塩の名称をつくるのに，カチオン名を用いる組織名と，塩基名を用いる慣用名がある．ハロゲン化水素酸の塩のほかは，同一のアニオン名が両方の命名系統に共用されており，アニオン名を字訳する場合は，日本語名でも区別がつかない．アニオン名を翻訳して硫酸塩，シュウ酸塩などとする (*b*) 方式は，塩基名をそのまま用いて塩の慣用名をつくる場合に限る．

例：$[C_6H_5NH_3]^+NO_3^-$ anilinium nitrate アニリニウム=ニトラート

$C_6H_5NH_2 \cdot HNO_3$ aniline nitrate (*a*) アニリン=ニトラート

(*b*) アニリン硝酸塩

Ⅲ1-C12 アミド，イミド

Ⅲ1-C12.1 アミド

NH_2 に置換基のついていないアミドの名称は，酸の名称（Ⅲ1-C2.1.3 および Ⅲ1-C7.1.1 参照）の oic acid，ic acid を amide に代えるか，carboxylic acid を carboxamide に代えてつくる．

例：$\overset{6}{C}H_3\overset{5}{C}H_2\overset{4}{C}H_2\overset{3}{C}H_2\overset{2}{C}H_2\overset{1}{C}ONH_2$ hexanamide ヘキサンアミド

(pyrrole ring, N-H)$-CONH_2$ 2-pyrrolecarboxamide 2-ピロールカルボキサミド

慣用名：acetamide アセトアミド， benzamide ベンズアミド など

N-置換アミド $R^1-CO-NHR^2$，$R^1-CO-NR^2R^3$ はつぎの方法のどれかで命名する．

(*a*) アシル基の R^1 が R^2, R^3 より複雑なとき

例：$C_6H_5-CO-NH-CH_3$ *N*-methylbenzamide *N*-メチルベンズアミド

(*b*) R^1 が R^2, R^3 より簡単なとき，および環状塩基のアシル誘導体

例： NH−CO−CH_3 (キノリン構造式)

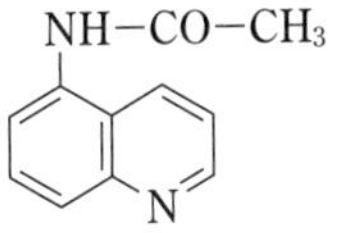

5-acetylaminoquinoline　5-アセチルアミノキノリン　または

5-acetamidoquinoline　5-アセトアミドキノリン

N-置換フェニルアミド基に対して接尾語 anilide アニリド を保存し，置換位置番号はプライムで区別する．

例： C_6H_5−CO−NH−C_6H_5　benzanilide　ベンズアニリド

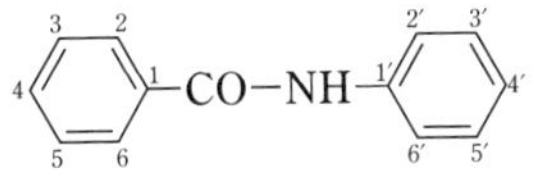

Ⅲ1-C12.2　イ　ミ　ド

例： CH_2CO−NH−$COCH_2$（環状）　succinimide　スクシンイミド×（× 字訳の通則の例外）

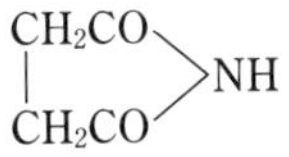

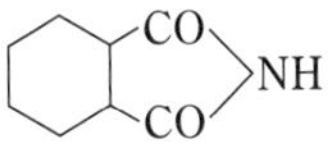

1,2-cyclohexanedicarboximide

1,2-シクロヘキサンジカルボキシミド

Ⅲ1-C13　ニ　ト　リ　ル

Ⅲ1-C2.1.3 の原則に従って命名する．

例： $\overset{6}{C}H_3\overset{5}{C}H_2\overset{4}{C}H_2\overset{3}{C}H_2\overset{2}{C}H_2\overset{1}{C}N$　hexanenitrile　ヘキサンニトリル

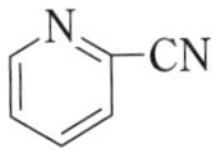

2-pyridinecarbonitrile　2-ピリジンカルボニトリル

慣用名をもつ酸から誘導されたと考えられるニトリルは，酸名の語尾 ic を onitrile オニトリル に変えて命名する．

例： propiononitrile　プロピオノニトリル　acrylonitrile　アクリロニトリル

adiponitrile　アジポニトリル　benzonitrile　ベンゾニトリル　など

Ⅲ1-C14　アゾおよびアゾキシ化合物

Ⅲ1-C14.1　ア　ゾ　化　合　物

Ⅲ1-C14.1.1　アゾ化合物 $R^1N{=}NR^2$ において R^1H と R^2H が同じ化合物である場合は，母体分子名に接頭語 azo アゾ をつけて命名する．アゾ基が結合する位置に優先的に可能な最小の位置番号をつけ，両成分の位置番号はプライムにより区別する．

例： $CH_3-N{=}N-CH_3$　azomethane　アゾメタン

$C_6H_5-N{=}N-C_6H_5$　azobenzene　アゾベンゼン

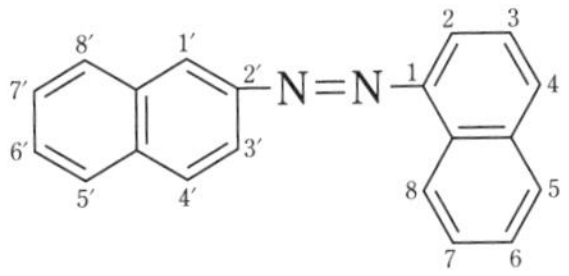

$C_{10}H_7$−N=N−$C_{10}H_7$（ナフタレン構造式）　1,2′-azonaphthalene　1,2′-アゾナフタレン

この形のアゾ化合物が置換基をもつときは，置換基を常法により接頭語と接尾語で表す．上位の主基

が置換基となっていても，アゾ基が結合する位置に優先的に可能な最小の位置番号をつける．

例：Cl–C₆H₄–N=N–C₆H₄–SO₃H

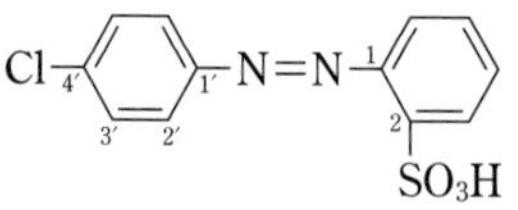

4′-chloroazobenzene-2-sulfonic acid
4′-クロロアゾベンゼン-2-スルホン酸

Ⅲ1-C14.1.2　非対称的アゾ化合物 $R^1N=NR^2$ は R^1H を母体として選び，これが基 $R^2N=N-$ で置換されたものとして命名する．この場合 R^2 は基名で表し，また母体化合物 R^1H としては接尾語として表される置換基をより多くもつ方を選び，もしこの数が同じならより上位の環または鎖を母体化合物 R^1H とする．

例：

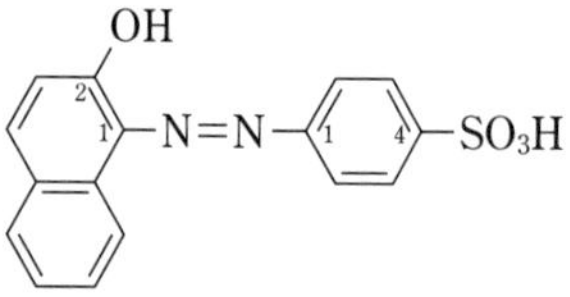

p-(2-hydroxy-1-naphthylazo)benzenesulfonic acid
p-(2-ヒドロキシ-1-ナフチルアゾ)ベンゼンスルホン酸

RN=NR 形の化合物でも，両成分のもつ主基の数が異なるときはこの規則に従って命名することができる（*Chem. Abstr.* 方式）．

例：

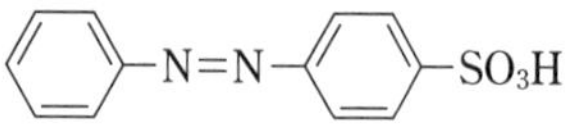

p-(phenylazo)benzenesulfonic acid
p-(フェニルアゾ)ベンゼンスルホン酸
azobenzene-4-sulfonic acid
アゾベンゼン-4-スルホン酸

Ⅲ1-C14.2　アゾキシ化合物

アゾ化合物と同様にして命名する（例：azoxybenzene　アゾキシベンゼン）．

IUPAC 1993 規則

アゾ化合物，アゾキシ化合物は，それぞれ HN=NH diazene ジアゼン，HN=N(O)H diazene oxide ジアゼンオキシド の誘導体として命名する．HN=N−，−N=N− の基名は，それぞれ diazenyl ジアゼニル，diazenediyl ジアゼンジイルである．以下の例では，〈　〉中の名称は 1979 規則によるものである（Ⅲ2-C12 参照）．

例：(3-chlorophenyl)(4-chlorophenyl)diazene　〈3,4′-dichloroazobenzene〉
(3-クロロフェニル)(4-クロロフェニル)ジアゼン　〈3,4′-ジクロロアゾベンゼン〉
4-[(2-hydroxy-1-naphthyl)diazenyl]benzenesulfonic acid　（Ⅲ1-C14.1.2 の構造式参照）
4-[(2-ヒドロキシ-1-ナフチル)ジアゼニル]ベンゼンスルホン酸
4,4′-diazenediyldibenzoic acid　〈4,4′-azodibenzoic acid〉
4,4′-ジアゼンジイル二安息香酸　〈4,4′-アゾ二安息香酸〉

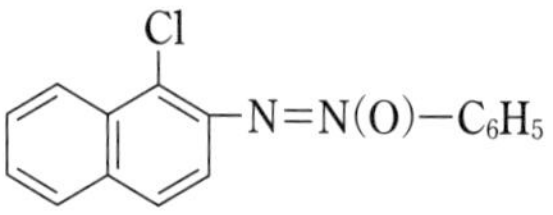

1-(1-chloro-2-naphthyl)-2-phenyldiazene 2-oxide
1-(1-クロロ-2-ナフチル)-2-フェニルジアゼン=2-オキシド
〈1-chloronaphthalene-2-*NNO*-azoxybenzene〉
〈1-クロロナフタレン-2-*NNO*-アゾキシベンゼン〉

Ⅲ1-C15　ヒドラジンと誘導体

ヒドラジン置換体の置換位置は *N* と *N′* あるいは 1 と 2 で表す.

例: $C_6H_5NHNH_2$　phenylhydrazine　フェニルヒドラジン

$C_6H_5-\overset{2}{N}H-\overset{1}{N}H-CH_3$　*N*-methyl-*N′*-phenylhydrazine　*N*-メチル-*N′*-フェニルヒドラジン

または　1-methyl-2-phenylhydrazine　1-メチル-2-フェニルヒドラジン

化合物 $R^1NH-NHR^2$ において R^1H と R^2H が同じ化合物である場合には, アゾ化合物と同様にして接頭語 hydrazo ヒドラゾ を用いて命名してもよい.

例: $C_6H_5-NH-NH-C_6H_5$　hydrazobenzene　ヒドラゾベンゼン

ヒドラジンの水素をアシル基で置換した化合物は, 酸名の語尾を ohydrazide オヒドラジド または carbohydrazide カルボヒドラジド に変えて命名する.

例: $C_6H_5CONHNH_2$　benzohydrazide　ベンゾヒドラジド

(シクロヘキシル)$-CONHNH_2$　cyclohexanecarbohydrazide　シクロヘキサンカルボヒドラジド

Ⅲ1-C16　尿素およびチオ尿素の誘導体

Ⅲ1-C16.1　尿素置換体またはチオ尿素置換体の位置異性は *N* と *N′*, あるいは 1 と 3 で表す.

例: $CH_3-\overset{1}{N}H-\overset{2}{C}O-\overset{3}{N}H-CH_3$　*N,N′*-dimethylurea　*N,N′*-ジメチル尿素　または

1,3-dimethylurea　1,3-ジメチル尿素

$(CH_3)_2\overset{1}{N}-\overset{2}{C}O-\overset{3}{N}H_2$　*N,N*-dimethylurea　*N,N*-ジメチル尿素　または

1,1-dimethylurea　1,1-ジメチル尿素

$C_6H_5-NH-CS-NH_2$　*N*-phenylthiourea　*N*-フェニルチオ尿素

Ⅲ1-C16.2　イソ尿素誘導体は 1, 2, 3 の位置番号で区別し, 二重結合の位置が不明のときは *N*-, *N′*-, *O*- を位置表示に用いる (イソチオ尿素の場合は *N*, *N′*, *S*).

例: $H\overset{3}{N}=C(\underset{2}{O}C_2H_5)-\overset{1}{N}H-C_6H_5$　2-ethyl-1-phenylisourea　2-エチル-1-フェニルイソ尿素

$C_6H_5-\overset{3}{N}=C(\underset{2}{O}C_2H_5)-\overset{1}{N}H_2$　2-ethyl-3-phenylisourea　2-エチル-3-フェニルイソ尿素

どちらの構造か不明の場合には, *O*-ethyl-*N*-phenylisourea とする.

Ⅲ1-C17　複雑な化合物の名称構成の手引

Ⅲ1-C17.1　倍数接頭語

Ⅲ1-C17.1.1　倍数を表す接頭語 di ジ, tri トリ, tetra テトラ, penta ペンタ などは置換されていない同じ基または母体化合物の 1 組を示すのに用いる. 母体化合物が翻訳名をもつときは二, 三, 四などとする.

例: 1,2-ethanediol　1,2-エタンジオール

triethylamine　トリエチルアミン

1,2,4,5-benzenetetraacetic acid　1,2,4,5-ベンゼン四酢酸

Ⅲ1-C17.1.2　bis ビス，tris トリス，tetrakis テトラキス，pentakis ペンタキス　などは同様に置換された同一の基の１組を示す．

例：tris(2-chloroethyl)amine　　トリス(2-クロロエチル)アミン
　　2,7-bis(phenylazo)-1-naphthol　2,7-ビス(フェニルアゾ)-1-ナフトール

Ⅲ1-C17.1.3　bi ビ，ter テル，quater クアテル　などは一つの結合（単結合または二重結合）で結合した同一の環の数を示すのに用いる（Ⅲ1-A7 参照）．

例：biphenyl　ビフェニル　　*p*-terphenyl　*p*-テルフェニル
　　2,2′-bipyridine　2,2′-ビピリジン　　2,2′-bi-1-naphthol　2,2′-ビ-1-ナフトール

Ⅲ1-C17.2　複雑な化合物の命名の一般原則

一つの化合物の名称を作成するには，普通つぎの手続きによる．命名の手続きは適用できる限りここに掲げた順序で行う．

(*a*) 化合物によりどの命名法（置換，基官能，付加，減去，接合，代置）を使用するかを決定する．化合物によっては同一単位の集合として取扱う（たとえば binaphthol ビナフトール，2,2′-iminodibenzoic acid 2,2′-イミノ二安息香酸）．

(*b*) 主基として用いる特性基があるなら，その種類を決定する．ただ１種の特性基だけを主基として，接尾語または基官能名として表す．残りの置換基は接頭語として命名しなければならない．

(*c*) 母体構造（主鎖，母体環系など）を決める．

(*d*) 母体構造と主基を命名する．

(*e*) 接頭語，挿入語などを決めて命名する．

(*f*) 位置番号を完全につける．

(*g*) 離すことのできる接頭語をアルファベット順に並べ，部分名を集成して一つの完全な名称をつくりあげる．

以上の手順によって一つの化合物の名称を完成する実例の一つをつぎに示す．

```
                      OH
                      |
                 CH3-CH
                        \  4    3    2     1
  8      7     6     5   >CH-CO-CH2-CH2-OH
ClCH2-CH-CH2-CH2 /
         |
         Cl
```

(*a*) 置換命名法による．

(*b*) 主基：−CO−（表Ⅲ1-5 参照）

(*c*) 母体構造（主鎖）：C−C−C−C−C−C−C−C

(*d*) 母体構造：octane　　主基：one
　母体構造と主基を含めて　octaneone

(*e*) Cl：chloro　　OH：hydroxy

```
  2     1
CH3-CH : 1-hydroxyethyl
        |
        OH
```

(*f*) 主基 −CO− になるべく小さい位置番号を与える．

(*g*) 1-hydroxyethyl は複合基名として離すことができないので，接頭語となる基名をアルファベット順に並べると chloro，hydroxy，1-hydroxyethyl となる．

したがって完成された化合物は

7,8-dichloro-1-hydroxy-4-(1-hydroxyethyl)-3-octanone

III1-C17.3 母体化合物の選定

化合物命名の母体となる化合物はつぎの方法の一つによって選ぶ．位置番号のつけ方は III1-C17.6 を見よ．

(1) 環を含まない脂肪族化合物では，後に述べる規則 III1-C17.4 に従って選んだ主鎖が命名の母体となる．

例：$HOCH_2CH(CH_3)CH{=}C(Cl){-}CO{-}CH_3$（位置番号 6 5 4 3 2 1）　主基：$-CO-$　主鎖：C−C−C−C−C−C

3-chloro-6-hydroxy-5-methyl-3-hexen-2-one

(2) 脂環状置換基があっても，主基がすべて鎖の部分にあるときは，脂肪族化合物として命名する．

例：$C_6H_{11}-CH_2-CH(OH)-CH_2OCH_3$（位置番号 1 2 3）　1-cyclohexyl-3-methoxy-2-propanol

(3) 主基が二つ以上の炭素鎖に存在するとき（これらの鎖は環やヘテロ原子によって隔てられている）には，なるべく多数の主基を含む鎖を命名の母体として選ぶ．

例：$HOCH_2CH_2CH_2-C_6H_4-CH(OH)CH_2OH$（位置番号 1 2）　主鎖：2 個の OH をもつ鎖

1-[*p*-(3-hydroxypropyl)phenyl]-1,2-ethanediol

(4) 主基が一つの環系の中にだけ存在するときは，その環系を母体化合物とする．

例：$O{=}C_6H_7-CH_2OH$（位置番号 1〜6）　4-hydroxymethyl-2-cyclohexen-1-one

(5) 主基が二つ以上の環系に存在するときは，最多数の主基を含む環系を母体化合物とする．もし二つ以上の環系が同数の主基をもつなら，後に述べる環系の上位の規則（III1-C17.5）に従って上位の環系を母体として選ぶ．

例：$HOOC-C_6H_4-$（キノリン 6 位）, COOH（4 位）　6-(*p*-carboxyphenyl)quinoline-4-carboxylic acid

(6) 主基が鎖にも環系にも存在するときは，最多数の主基をもつ部分を命名の母体とする．もし二つ以上の部分が同数の主基をもつなら，最も重要と考えられる部分，または規則 III1-C17.5 で上位にある部分を命名の母体とする．

例：$HO-C_6H_{10}-CH(OH)CH_2CH_2CH_2OH$（位置番号 1 2 3 4）　1-(4-hydroxycyclohexyl)-1,4-butanediol

$(O{=})_2C_5H_5-CH_2-C({=}O)-CH_2-CH_3$（環の位置番号 1〜5）　4-(2-oxobutyl)-1,2-cyclopentanedione

III1-C17.4 鎖の上位（主鎖）

鎖状化合物では，命名と位置番号の基礎になる鎖を**主鎖** principal chain とよぶ．主鎖を選定するには，下記の基準を順々に適用して決定する．

(*a*) 主基に相当する特性基の最多数を含む鎖

例：$CH_3CH(OH)$(5 4) と $ClCH_2CH_2CH_2CH_2$ が $>CHCH_2CH_2OH$（3 2 1）に結合　3-(4-chlorobutyl)-1,4-pentanediol (*b*) 二重結合および三重結合を合計して，その最多数を含む鎖

(*c*) 上記が同数なら，そのうちで最も長い鎖

(*d*) それも同数なら，二重結合の最多数を含む鎖

(*e*) 主基（すなわち接尾語で表す特性基）になるべく小さい位置番号を与えるような鎖

例：

```
          OH
          |
  ClCH2CHCHCH2\  5  4   3   2   1
     8   7  6   >CHCH2CH2CH2CH2OH
HOCH2CH2CHCl/
```

8-chloro-5-(1-chloro-3-hydroxypropyl)-1,7-octanediol

(*f*) 多重結合に最小位置番号を与えるような鎖

(*g*) 二重結合に最小位置番号を与えるような鎖

(*h*) 接頭語として呼称される置換基の最多数を含む鎖

(*i*) 主鎖にある接頭語として呼称される置換基全部に対して最小位置番号を与えるような鎖

(*j*) アルファベット順に並べたとき最初に接頭語として呼称される置換基に最小の位置番号を与えるような鎖

例：

```
     6     5     4    3     2     1
HOOC−CH2−CH−CH−CH2−COOH
                 |     |
               CH3  Cl
```

3-chloro-4-methylhexanedioic acid

3-クロロ-4-メチルヘキサン二酸

Ⅲ1-C17.5 環系の上位

上位となる環系は下記の基準を (a)～(j) の順に適用して決定する．

(*a*) すべての複素環はすべての炭素環より上位である．

例：

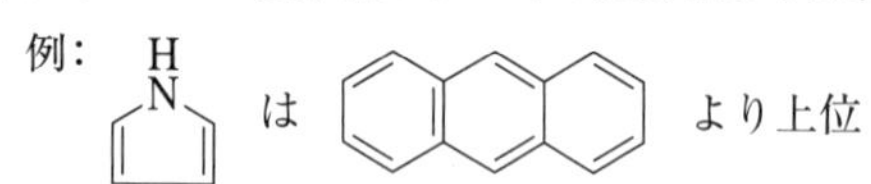

(*b*) 複素環の優先順位については，ヘテロ原子の種類と位置に基づいて上位を決定する方法がⅢ1-B2.2 に示されている（付録 1.1.2 も参照）．

例：

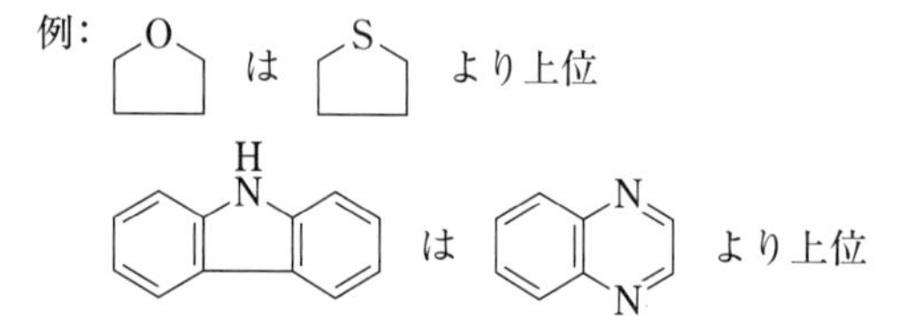

(*c*) 環系を構成する環の数がなるべく多いものが上位となる．

例：

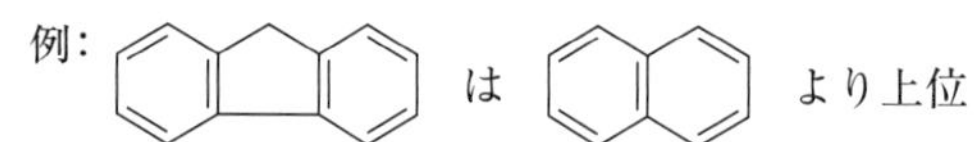

(*d*) 大きさの違う環を含む縮合環系を比較するときは，それぞれの縮合環系の中の最大の環から順々に比べてみて，大きさの異なる最初の環が大きい方を上位とする．

例：

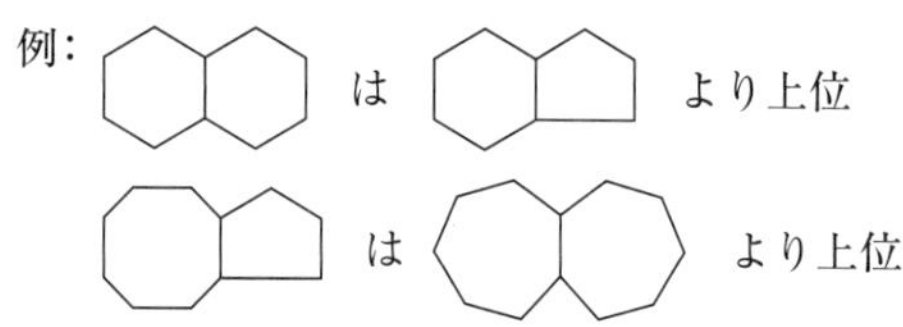

(*e*) 環の間に共有される原子の数が多いものほど上位とする．

例：

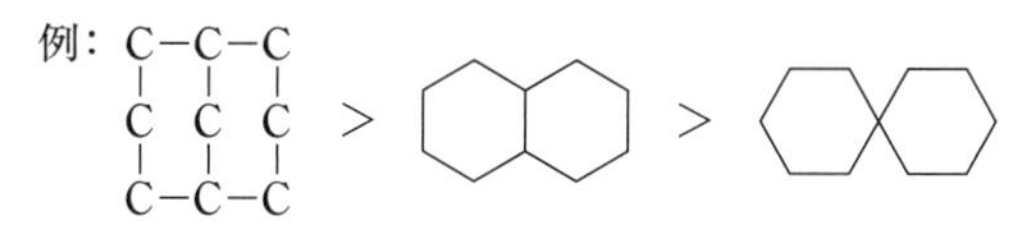

ビフェニルのような環集合はスピロ環化合物よりさらに下位となる．

(*f*) 環縮合をアルファベット記号で表す方法で，アルファベットの前の方の文字で表現される環系を上位とする．

例：benzo[*c*]quinoline　は　benzo[*f*]quinoline　より上位

(*g*) 環の接合（縮合を含む）の異なる環系では，接合位置を示す数字を比較して，最初に異なる位置番号の小さい方を上位とする．

例：naphtho[1,2-*f*]quinoline　は　naphtho[2,1-*f*]quinoline　より上位
　2,3′-bipyridine　は　3,3′-bipyridine　より上位

(*h*) 水素化の状態がなるべく低いものほど上位とする．

例：　>　>

したがって phenylcyclohexane としないで，cyclohexylbenzene とする．

(*i*) 指示水素になるべく小さい位置番号が与えられているものを上位とする．

例：

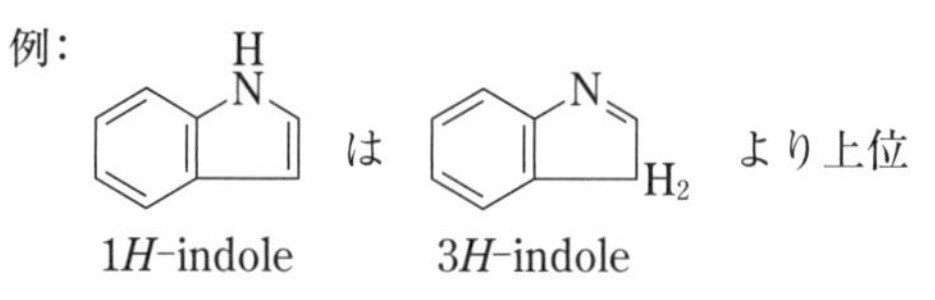

(*j*) 環が置換基となっているときは，接合位置がなるべく小さい位置番号をもつものを上位とする．

例：2-pyridyl　は　3-pyridyl　より上位

Ⅲ1-C17.6　化合物の位置番号

炭化水素および基本複素環系の位置番号のつけ方は 1979 規則 A および B の部で定められており，その概略は Ⅲ1-A および Ⅲ1-B に記したが，この規定でなお選択の余地がある場合には，化合物の位置番号の出発点と方向は，つぎの項目の順序に従って，つぎの構造因子が最小の位置番号をもつように決める．

なお，IUPAC 規則で最小の位置番号というのは，Ⅲ1-A1.2 に記したように，二通りあるいはそれ以上の位置番号のつけ方がある場合，それらの位置番号の数字を小さいものから順々に比べて，同じでない最初の数が小さい番号のつけ方を選ぶという意味である．

(*a*) 指示水素（名称中に示すのが原則であるが，あいまいさの生じない場合は省略してもよい）

例：HOOC（6）O（1）H_2（2）　2*H*-pyran-6-carboxylic acid（主基より指示水素優先）

H_2（1）COOH（3）　indene-3-carboxylic acid（1*H*-は省略）

(*b*) 接尾語として命名される主基

例：2-cyclohexen-1-ol（二重結合より主基優先）

(*c*) 鎖状化合物，各種の非芳香族環状炭化水素などの炭素骨格に含まれる多重結合，さらに二重結合が三重結合より優先する.

例：3,4-dichlorocyclohexene（接頭語で表示される置換基より二重結合優先）

(*d*) 接頭語として命名される置換基，hydro ヒドロ接頭語，ene および yne をすべて対等にみて位置番号の増加する順に並べた場合，これらに最小の位置番号がつくようにする.

例：

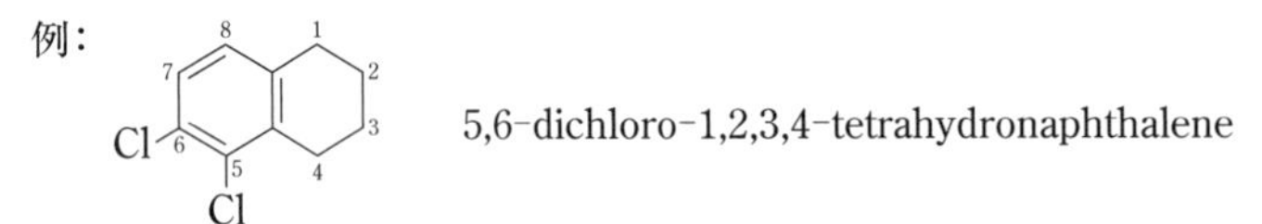

5,6-dichloro-1,2,3,4-tetrahydronaphthalene

(*e*) 接頭語で命名される置換基をアルファベット順に並べた場合，最初に記される置換基が最小の位置番号をもつようにする.

例：1-methyl-4-nitronaphthalene

Ⅲ1-C17.7 接頭語の順序

化合物名の中に接頭語を並べる順序は英語のアルファベット順とし，日本語で書くときはアルファベット順をそのまま字訳する.

基名その他の接頭語をアルファベット順に並べるには，つぎの規約による.

(*a*) cyclo シクロ，spiro スピロ，benzo ベンゾ，oxa オキサ，aza アザ，iso イソ などは母体名から離し得ない部分として取扱う．hydro ヒドロ接頭語は母体名の直前に置いてもよいし，他の基名と同列に考えて，アルファベット順に組入れてもよい.

(*b*) 置換基の前につく *s*-, *t*-, *cis*-, *trans*- などの記号はアルファベット順の配列に際しては無視する.

(*c*) 単純な接頭語（置換されていない置換基と原子）をまずアルファベット順に並べ，つぎに倍数接頭語を（もし必要なら）挿入するが，すでに並べたアルファベット順は変えない.

例：4-ethyl-2-methylpyridine　　2,5,8-trichloro-1,4-dimethylnaphthalene

(*d*) 置換された置換基の接頭語としての名称は，完全名の最初の文字で始まるものと考え，(*c*) と同列に処置する.

例：4-(dimethylamino)-3-isopropylbenzaldehyde

7-(2,4-dichlorophenyl)-1,4-dimethylnaphthalene

Ⅲ1-C17.8 複合基名の構成に使われる括弧の順序

接頭語で命名する複雑な構造の置換基を表記するのには，丸括弧（　），角括弧［　］を使い，より複雑な場合は波括弧（ブレース）｛　｝を使う.

例：$NH_2-CH_2-CH_2-O-CH(CH_3)-O-CH_2-CH_2-O-CH(CH_3)-C \equiv N$

2-{2-[1-(2-aminoethoxy)ethoxy]ethoxy}propanenitrile

それ以上複雑な系列では {[({[(　)]})]} の順序を繰返す．*Chem. Abstr.* では [[[(　)]]] のように書かれるが，{　} の使用によってかなり判読しやすくなる．

Ⅲ1-C18　ラジカル（遊離基）

Ⅲ1-C18.1　ラジカルは同じ基が分子の構造の中に含まれているときと同じように命名する．

例：

$\bullet CH_3$	methyl	メチル
$\bullet CH_2OH$	hydroxymethyl	ヒドロキシメチル
$CH_3\dot{C}HOH$	1-hydroxyethyl	1-ヒドロキシエチル
$CH_3-\dot{C}=O$	acetyl	アセチル
$CH_3S\bullet$	methylthio	メチルチオ
	methylsulfanyl[1]	メチルスルファニル
$CH_3\dot{S}O_2$	methanesulfonyl	メタンスルホニル

ただし，基名が y で終わるときはこれを yl イル に変える．

例：

$HO\bullet$	hydroxyl	ヒドロキシル
$CH_3O\bullet$	methoxyl	メトキシル
$CH_3COO\bullet$	acetoxyl	アセトキシル
$(CH_3)_3C-O-O\bullet$	*t*-butylperoxyl	*t*-ブチルペルオキシル

Ⅲ1-C18.2　その名称が amine で終わる塩基から水素 1 原子を失って生じるラジカルは接頭語を aminyl アミニル に変えて命名する[1]．amine 以外の接頭語の塩基からできるラジカルの命名は前項による．

例：

$(CH_3)_2\dot{N}$	dimethylaminyl	ジメチルアミニル
$C_6H_5-\dot{N}H$	phenylaminyl	フェニルアミニル
ただし　$H_2N-\dot{N}H$	hydrazyl	ヒドラジル

Ⅲ1-C18.3　カルベン，ベンザインなどは以下のように命名する．

例：$(C_6H_5)_2\ddot{C}$，$(C_6H_5)_2C{:}$　(a) diphenylcarbene　ジフェニルカルベン
(b) diphenylmethylene　ジフェニルメチレン

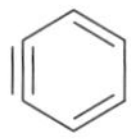

(*a*) benzyne　ベンザイン
(*b*) 1,2-didehydrobenzene[1]　1,2-ジデヒドロベンゼン

(*a*) *p*-phenylene　*p*-フェニレン
(*b*) 1,4-phenylene　1,4-フェニレン
(*c*) benzene-1,4-diyl[1]　ベンゼン-1,4-ジイル

Ⅲ1-C18.4　ナイトレン[×]は以下のように命名する．

例：$CH_3-\ddot{N}$，$CH_3-N{:}$　(a) methylnitrene　メチルナイトレン[×]　（× 字訳通則の例外）
(b) methylaminylene　メチルアミニレン
(c) methylazanylidene[1]　メチルアザニリデン

1)　1993 規則による．

Ⅲ1-C19　イ　オ　ン

Ⅲ1-C19.1　アニオン（陰イオン）

Ⅲ1-C19.1.1　酸あるいはアルコール，フェノールからプロトンが失われてできるアニオンの命名法は Ⅲ1-C4.2，Ⅲ1-C7.4.1 などを参照.

例：$C_2H_5O^-$　ethoxide　エトキシド　または　ethylate　エチラート

CH_3COO^-　acetate　アセタート

$C_6H_5SO_3^-$　benzenesulfonate　ベンゼンスルホナート

Ⅲ1-C19.1.2　炭素原子からプロトンを除いてできるカルボアニオンの名称は，母体化合物に接尾語 ide イド をつけてつくる.

例：$CH_3CH_2CH_2CH_2^-$　1-butanide　1-ブタニド

$C_6H_5^-$　benzenide　ベンゼニド

$(C_6H_5)_3C^-$　triphenylmethanide　トリフェニルメタニド

Ⅲ1-C19.1.3　単一構造中にアニオン中心が２種以上あるときは，表 Ⅲ1-5（p.60 参照）で上位の酸に相当するイオンを接尾語で表し，他のアニオンは英語名の接尾語 ate または ide をそれぞれ ato アト または ido イド に変えたものを接頭語として命名する.

例：^-O_3S–C6H4–N=N–C6H4–COO^-　$2Na^+$

disodium 4′-sulfonatoazobenzene-4-carboxylate

4′-スルホナトアゾベンゼン-4-カルボン酸二ナトリウム

Ⅲ1-C19.2　カチオン（陽イオン）

Ⅲ1-C19.2.1　環の一部となっていないヘテロ原子にプロトンが結合してできるカチオンは，表 Ⅲ1-8 の母体カチオンの置換生成物として命名する.

例：$(CH_3)_4N^+$　tetramethylammonium　テトラメチルアンモニウム

ハロゲンカチオンが環原子として存在するときは，環の残りを二価の置換基として命名してもよい.

例：H_2C–CH_2 環 Br^+　ethylenebromonium　エチレンブロモニウム

Ⅲ1-C19.2.2　基官能名でない母体化合物のヘテロ原子にプロトンが結合してできるカチオンは，母体有機化合物名に接尾語 ium イウム をつけ加えて命名する.

例：anilinium　アニリニウム

1-methylpyridinium　1-メチルピリジニウム

表 Ⅲ1-8　母体カチオン名

イオン	母体カチオン		カチオンの接頭語名	
H_4N^+	ammonium	アンモニウム	ammonio	アンモニオ
H_4P^+	phosphonium	ホスホニウム	phosphonio	ホスホニオ
H_3O^+	oxonium	オキソニウム	oxonio	オキソニオ
H_3S^+	sulfonium	スルホニウム	sulfonio	スルホニオ
H_2Cl^+	chloronium	クロロニウム	chloronio	クロロニオ
H_2Br^+	bromonium	ブロモニウム	bromonio	ブロモニオ
H_2I^+	iodonium	ヨードニウム	iodonio	ヨードニオ

Ⅲ1-C19.2.3 カチオンが基の遊離原子価の位置から電子を失ってできたと考えられるときは，(*a*) 基名に cation カチオン の語をつけるか，あるいは (*b*) 一価基の接尾語 yl を ylium イリウム に変えて命名する．

例：$C_6H_5^+$　(*a*) phenyl cation　フェニルカチオン
　　　　　(*b*) phenylium　フェニリウム
　$C_3H_3^+$　(*b*) cyclopropenylium　シクロプロペニリウム

Ⅲ1-C19.2.4 単一構造中にカチオン中心が 2 種以上あるときは，表 Ⅲ1-8 で上にあるもの（または環状構造の中に含まれるカチオン）を接尾語で表し，他のカチオン中心は表の右側に示した接頭語で命名する．

例：

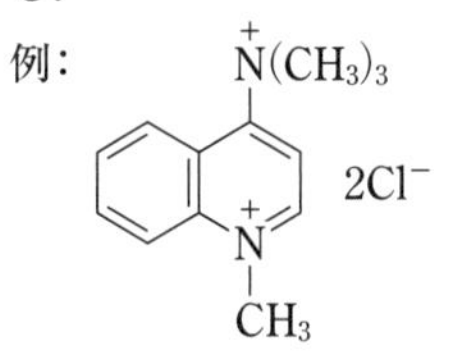

1-methyl-4-trimethylammonioquinolinium dichloride
1-メチル-4-トリメチルアンモニオキノリニウム=ジクロリド

Ⅲ1-C19.3 両 性 イ オ ン

単一構造中にアニオン中心およびカチオン中心が共存するときは，カチオン基名をアニオン基名の直前に置いて命名する．この場合 (*a*) 接頭語で表されるカチオン置換基がアニオンの中に置換されたものと考えるか，または (*b*) 接尾語で表されるアニオン置換基がカチオン中に置換されたものと考える．

例：$(CH_3)_3\overset{+}{N}-CH_2COO^-$　(*a*) trimethylammonioacetate　トリメチルアンモニオアセタート

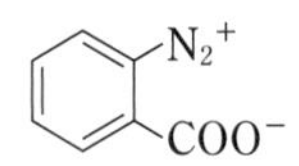

(*a*) (1-pyridinio)formate　(1-ピリジニオ)ホルマート
(*b*) pyridinium-1-carboxylate　ピリジニウム-1-カルボキシラート

$(C_2H_5)_3\overset{+}{P}-$

(*a*) triethylphosphoniocyclopentadienide
トリエチルホスホニオシクロペンタジエニド

N_2^+, COO^-

(*a*) 2-diazoniobenzoate
2-ジアゾニオベンゾアート

第二部　有機化学命名法 2013 勧告における主要な変更点

1979 年以来検討が重ねられてきた新しい有機化学命名法が，2013 年 12 月に The Royal Society of Chemistry から Nomenclature of Organic Chemistry: IUPAC Recommendations and Preferred Names 2013 として出版された．1600 ページに近い大部のもので，命名規則の大幅な変更が勧告されている．

この本（以下 2013 勧告という）に示された勧告の特徴の一つは，**優先 IUPAC 名** preferred IUPAC name（**PIN**）という概念が導入されたことである．IUPAC 命名法に従っても複数の名称が可能となる場合，そのうちの一つを PIN とし，そのうえで，さまざまな分野で使われることを考え，共通性をもった名称として，その使用を推奨している．

PIN が導入された背景には，情報の爆発的増大や国際化により，索引作成や商工業，環境・安全情報分野での法規制などにおいて，一つの化合物にはできるだけ一つの名称を用いることが望ましいとの要請が強まっていることがあると 2013 勧告は述べている．このような事情もあり，今回導入された PIN は，学術分野のみならず企業や官公庁・関連機関などでの活動にも大きな影響を与え，今後国際的にその使用が普及していくと思われる．

2013 勧告では，使用できる**慣用名**（**保存名** retained name とよばれる）の数を大幅に減らすとともに，化合物の種類における優先順位を詳しく定め，それを厳密に適用することとなった．PIN の優先的使用が推奨されているが，それ以外に，現行の命名法に準拠した名称の一部も，**一般 IUPAC 名** general IUPAC name（以降では **GIN** と略す）とよび，使用が認められている．また，PIN を作成するにあたっては，慣用名と並んで，関連する置換基名も制限を受け，**優先接頭語** preferred prefix や**優先接尾語** preferred suffix が推奨されている．また優先接頭語・接尾語のほか，従来から使われてきて GIN では使うことができる接頭語・接尾語もある．

以下では，全体に共通する主要な改訂事項についてまず記し，つづいて個々の官能基などについて述べる．なお，以下に示す化合物名のうち（PIN）を付した名称が PIN，なにも注釈のないものは GIN である．また，GIN が複数ある化合物で，わずかではあるが，一部を掲載していないものがある．

なお現時点では，日本化学会発行の報文においては 1979 規則，1993 規則，2013 勧告のいずれを用いてもよいが，一つの名称のなかに異なった方式が混在することは避けたい．

Ⅲ2-A　命名法および関連事項

Ⅲ2-A1　対象となる元素範囲の拡張

命名法の対象となる元素に，新たに Al, Ga, In, Tl が加わり，13 から 17 族元素のすべてが対象となった．置換命名法において基礎となる母体水素化物 parent hydride の名称は表 Ⅱ-5（p.15）を参照されたい．これに伴い，2013 勧告ではヘテロ原子を含む化合物を例とした命名に，これまでになく多くの紙面が割かれている．

Ⅲ2-A2　優先 IUPAC 名（PIN）と命名法

Ⅲ2-A2.1　置換命名法と接合命名法

接合命名法（Ⅲ1-C1）は PIN には採用せず，置換命名法を採用する．

例：（シクロヘキサン環）$-CH_2OH$　cyclohexylmethanol（PIN）　シクロヘキシルメタノール（PIN）
cyclohexanemethanol　シクロヘキサンメタノール（接合命名法）

CH_2COOH

$HOOCCH_2$ CH_2COOH

2,2′,2″-(benzene-1,3,5-triyl)triacetic acid（PIN）
2,2′,2″-(ベンゼン-1,3,5-トリイル)三酢酸（PIN，倍数命名法）
benzene-1,3,5-triacetic acid
ベンゼン-1,3,5-三酢酸（接合命名法）

Ⅲ2-A2.2 置換命名法と官能種類命名法[1]（functional class nomenclature）

エステル，酸ハロゲン化物（および擬ハロゲン化物），酸無水物，アミン（およびイミン）オキシド以外の化合物の PIN は官能種類命名法ではなく，置換命名法によって命名する．したがって，ハロゲン化物，アルコール，ケトン，アルデヒド，エーテル，スルフィド，スルホキシド，スルホンなどの PIN では，官能種類命名法が使えない．

Ⅲ2-A2.3 倍数命名法（multiplicative nomenclature，置換命名法の一種）

2 価以上の遊離原子価をもつ置換基（倍数置換基 multiplicative substituent，鎖状構造とは限らない）に，すべて**同一の構造単位**が結合する場合はこの命名法により PIN をつくることができる．化合物の種類の優先順位（Ⅲ2-A2.6 参照）を守って簡潔に命名する方法として便利であり，PIN として 2013 勧告にはさまざまな例があげられている．

例：

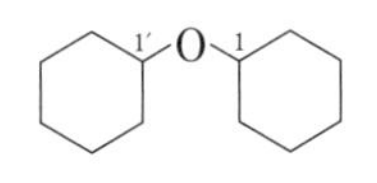

1,1′-methylenedibenzene（PIN） 1,1′-メチレンジベンゼン（PIN）
diphenylmethane ジフェニルメタン
環が鎖に優先する（表Ⅲ2-2，40. 参照）

1′ O 1

1,1′-oxydicyclohexane（PIN） 1,1′-オキシジシクロヘキサン（PIN）
dicyclohexyl ether ジシクロヘキシルエーテル
炭素化合物はエーテルに優先する（表Ⅲ2-2，40.＞41. 参照）

この命名法は，構造単位が炭素のみからなる鎖状化合物の場合には使えない．たとえば，diethyl ether ジエチルエーテルの PIN は ethoxyethane エトキシエタン で，1,1′-oxydiethane 1,1′-オキシジエタン とはできない．しかし，構造単位が倍数置換基より優先順位（Ⅲ2-A2.6，p.97）の高い基を含む場合には使うことができる．

$HOOC-CH_2-\overset{3}{C}H_2-O-\overset{3'}{C}H_2-CH_2-COOH$

3,3′-oxydipropanoic acid（PIN）
3,3′-オキシジプロパン酸（PIN）

また，構造単位が置換基の種類，位置，立体構造も含めて同一でない場合，この命名法は PIN をつくる目的には採用できない．たとえば，

CN H_2C CN 2 2′

2,2′-methylenedibenzonitrile（PIN）
2,2′-メチレンジベンゾニトリル（PIN）

であるが，

CN CH_2 CN

2-[(4-cyanophenyl)methyl]benzonitrile（PIN）
2-[(4-シアノフェニル)メチル]ベンゾニトリル（PIN）
2,4′-methylenedibenzonitrile
2,4′-メチレンジベンゾニトリル

となり，倍数命名法による名称は GIN となる．

1） 1979 規則にある**基官能命名法** radicofunctional nomenclature（Ⅲ1-C1 参照）が改称された．

表 Ⅲ2-1　倍数命名法で使われる多価置換基の例

置換基	優先接頭語名	置換基	優先接頭語名
$-CH_2-$	methylene メチレン	$-S-$	sulfanediyl スルファンジイル
$-CH_2CH_2-$	ethane-1,2-diyl エタン-1,2-ジイル	$-SS-$	disulfanediyl ジスルファンジイル
$-CH{=}CH-$	ethene-1,2-diyl エテン-1,2-ジイル	$-CO-$	carbonyl カルボニル
$-CH_2CH<$	ethane-1,1,2-triyl エタン-1,1,2-トリイル	$-SO-$	sulfinyl スルフィニル
$-C_6H_4-$	1,2-, 1,3-, 1,4-phenylene 1,2-, 1,3-, 1,4-フェニレン	$-SO_2-$	sulfonyl スルホニル
$-O-$	oxy オキシ	$-N<$	nitrilo ニトリロ
$-OO-$	peroxy ペルオキシ	$-NH-$	azanediyl アザンジイル
$-O-CH_2-O-$	methylenebis(oxy) メチレンビス(オキシ)	$-N{=}N-$	diazenediyl ジアゼンジイル
$-CH_2-O-CH_2-$	oxybis(methylene) オキシビス(メチレン)	$-NHNH-$	hydrazine-1,2-diyl ヒドラジン-1,2-ジイル
		$-NHCONH-$	carbonylbis(azanediyl) カルボニルビス(アザンジイル)
		$-SiH_2-$	silanediyl シランジイル (silylene シリレンではない)

多価置換基の例を表Ⅲ2-1に示す.

Ⅲ2-A2.4 “ア”命名法（代置命名法）における変更

“ア”命名法は，複素環化合物や多数のヘテロ原子を含む複雑な鎖状化合物の命名に用いられる．複素環化合物の命名における使用法（Ⅲ1-B3参照）については変更はないが，鎖状化合物の場合には，以下に述べるように，三つの大きな変更がある．

Ⅲ2-A2.4.1　ヘテロ単位（ヘテロ原子またはそれ自身で独自の名称をもつヘテロ原子群，$-SS-$, $-SiH_2-O-SiH_2-$, $-SOS-$ など）を四つ以上もつときに使用できる（以前はヘテロ原子群の概念がなく，またヘテロ原子を含む鎖の命名が他の命名法体系では困難な場合にのみ使用が認められていた）．

例：$\overset{8}{C}H_3-\overset{7}{Si}H_2-\overset{6}{C}H_2-\overset{5}{Si}H_2-\overset{4}{C}H_2-\overset{3}{P}H-\overset{2}{Si}H_2-\overset{1}{C}H_3$

3-phospha-2,5,7-trisilaoctane（PIN）
3-ホスファ-2,5,7-トリシラオクタン（PIN）
（PがSiに優先する）
(methylsilyl)({[(methylsilyl)methyl]silyl}methyl)phosphane
(メチルシリル)({[(メチルシリル)メチル]シリル}メチル)ホスファン

母体名称の前につけるヘテロ原子の“ア”名称の位置順位は表Ⅲ1-2（p.52）の上位のものが優先する．

Ⅲ2-A2.4.2　鎖の末端にP, As, Sb, Bi, Si, Ge, Sn, Pb, B, Al, Ga, In, Tl原子があるときにも使うことができる（以前は鎖がCで終わらなければならなかった）．

例：$\overset{1}{H_3Si}-\overset{2}{O}-CH_2-\overset{4}{S}-\overset{5}{Si}H_3$　2-oxa-4-thia-1,5-disilapentane（PIN）
2-オキサ-4-チア-1,5-ジシラペンタン（PIN）

Ⅲ2-A2.4.3　母体化合物の番号づけにおいて，ヘテロ原子の位置番号の組合わせが最小となるようにする（以前は主官能基の位置番号が優先された）．

例： $\overset{1}{C}H_3-\overset{2}{O}-CH_2-CH_2-\overset{5}{O}-CH_2-CH_2-\overset{8}{O}-CH_2-CH_2-\overset{11}{S}-CH_2-CH_2-\overset{14}{C}OOH$

2,5,8-trioxa-11-thiatetradecan-14-oic acid（PIN）

2,5,8-トリオキサ-11-チアテトラデカン-14-酸（PIN）

7,10,13-trioxa-4-thiatetradecanoic acid

7,10,13-トリオキサ-4-チアテトラデカン酸（1979 規則）は GIN としても認められない.

Ⅲ2-A2.5　ファン化合物の命名法

この命名法は，1979 規則，1993 規則にはなく，1998 年（文献 1）および 2002 年（文献 2）に公表された勧告に基づく新しい命名法[1]であり，2013 勧告にはその詳細な解説がある．環状，鎖状どちらの化合物にも適用できる.

ここではまず［2.2］paracyclophane ［2.2］パラシクロファン と従来よばれてきた化合物を例にとって命名の手順を説明する.

(1) シクロファンを簡略化した模式図で描き，構成要素である環と鎖原子に図のように番号をつける．それぞれの環は 1 個の原子（スーパー原子とよぶ）とみなして，一つの番号をふる．番号は環を優先し，もし異なる環がある場合は，環の優先順位（付録 1 参照）に従う.

(2) 簡略化した模式図は，この例では単環で構成要素が 6 個なので，cyclo シクロ，相当する倍数接頭語 hexa ヘキサおよび phane ファンを組合わせて cyclohexaphane シクロヘキサファンとする.

(3) 鎖構成元素にヘテロ原子が含まれる場合は，“ア”命名法を適用する．このとき，位置番号の優先順位はスーパー原子が上位である.

(4) 模式図では，スーパー原子は 1 と 4 位にあり，それぞれ環炭素の 1, 4 位で結合している．このことを表すのに，1(1,4) および 4(1,4) と表す．スーパー原子の位置番号の後に，結合位置を括弧に入れて付け加えるが，同じ内容の括弧が続く場合は最後の位置番号にだけつけて，他は省略する．さらにもとの環を表す接頭語を加えて化合物名とする．以上の操作を環再現化 amplification という.

(5) 環再現化を行う環の名称（優先接頭語）は，環名の末尾 e を a に置き換えたもの（子音の場合は a を付す）とする．この例の場合は，benzene を benzena ベンゼナ とする．環名が di, tri など，あるいは bicyclo, tricyclo などで始まる場合は，倍数接頭語として bis, tris などを使う.

(6) ファンの基本名称に，スーパー原子の位置番号 1,4(1,4) と，環を表す接頭語（複数のときは数も）を加えてこの化合物の PIN とする.

例：

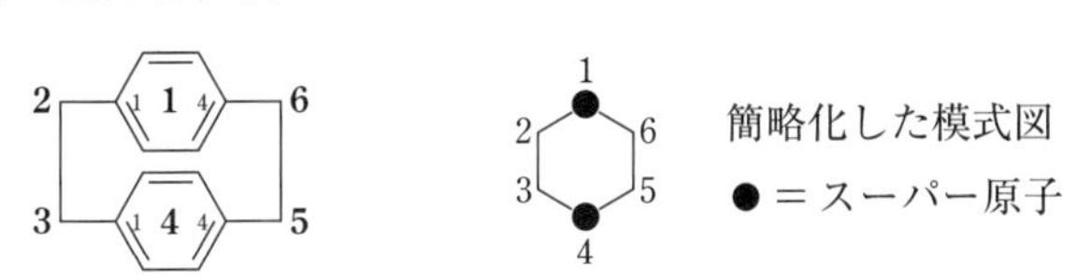

1,4(1,4)-dibenzenacyclohexaphane（PIN）

1,4(1,4)-ジベンゼナシクロヘキサファン（PIN）

1）この命名法については，より詳しい説明が下記の二つの文献に記されているので参照されたい.

文献 1：Phane Nomenclature Part I. Phane Parent Names (IUPAC Recommendations 1998), *Pure Appl. Chem.*, **70**, 1513-1545 (1998).

文献 2：Phane Nomenclature Part II. Modification of the Degree of Hydrogenation and Substitution Derivatives of Phane Parent Hydrides (IUPAC Recommendations 2002), *Pure Appl. Chem.*, **74**, 809-834 (2002).

その他の例:

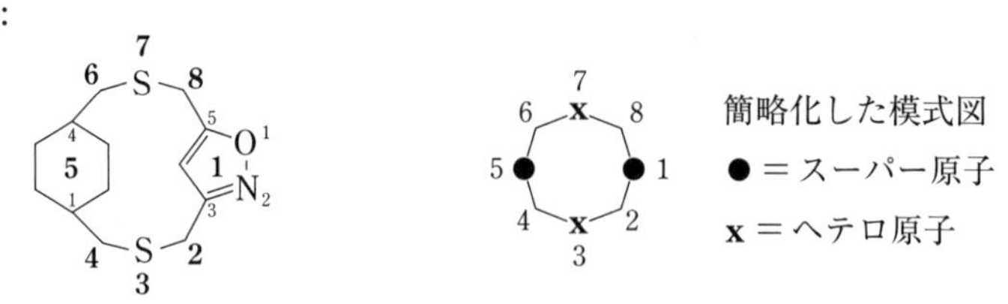

3,7-dithia-1(3,5)-[1,2]oxazola-5(1,4)-cyclohexanacyclooctaphane (PIN)

3,7-ジチア-1(3,5)-[1,2]オキサゾラ-5(1,4)-シクロヘキサナシクロオクタファン (PIN)

この命名法は鎖状構造にも同じ手順で適用できる. 基本名称は alkaphane アルカファン となる.

(7) 鎖状構造の場合, 末端から位置番号をつける際に, 優先順位の高い環に, より小さな位置番号がつくようにする.

例:

簡略化した模式図

● = スーパー原子

3(2,5)-pyridina-1,7(1),5(1,4)-tribenzenaheptaphane (PIN)

3(2,5)-ピリジナ-1,7(1),5(1,4)-トリベンゼナヘプタファン (PIN)

2,4,6-trithia-1,7(1),3,5(1,4)-tetrabenzenaheptaphane (PIN)

2,4,6-トリチア-1,7(1),3,5(1,4)-テトラベンゼナヘプタファン (PIN)

(8) なお, ファン命名法による名称が PIN となるには次の条件を満たす必要がある. (*a*) 環状ファンは, 一つ以上の環を含み, 少なくともその一つは, 原子あるいは鎖が隣接しない位置で結合している最多数の非集積二重結合をもつ環であること. (*b*) 鎖状ファンは, 四つ以上の環が存在し, そのうち二つが末端にあり, 構成要素が環を含め七つ以上あること.

Ⅲ2-A2.6 化合物種類の優先順位

特性基を含む化合物だけでなく, すべての化合物の種類について, 詳しく厳密に優先順位が定められている (表 Ⅲ2-2, p.97). PIN は, この優先順位を厳密に守って命名される. 一つの種類の中でも, たとえば酸類のようにさらに詳しく順位が決められているものもある.

Ⅲ2-A2.7 予備選択名 (preselected name)

無機化合物誘導体として有機化合物の PIN をつくることがある. たとえば, trimethyl phosphate リン酸トリメチル (PIN), phenylhydrazine フェニルヒドラジン (PIN) がある. 命名のもととなる phosphoric acid リン酸 や hydrazine ヒドラジン は無機化合物としての PIN ではない. しかし, 有機化合物の PIN の基礎として, 現行の無機化合物の命名法において許容されている名称から選ばれている. 無機化合物の命名法では, PIN はまだ定められていないので, これらの名称が将来 PIN となるかどうかは不明であるが, 決まるまでの仮の基礎名称として, 予備選択名とよんでいる.

表 Ⅲ2-2 化合物種類の優先順位

同じグループ内では，先に書かれているものが優先する．＞は優先順位を意味する．
7. 酸 については，代表的な化合物の優先順位を記してある．

1. ラジカル（遊離基）
2. ラジカルアニオン（遊離基陰イオン）
3. ラジカルカチオン（遊離基陽イオン）
4. アニオン（陰イオン）
5. 両性イオン化合物
6. カチオン（陽イオン）
7. 酸：C(O)OH, C(O)OOH，つぎにそれらの S, Se, Te 類縁体，ついで $S(O)_2OH$, S(O)OH，それらの Se, Te 類縁体，炭酸誘導体，ヘテロ原子のオキソ酸（15, 14, 13, 17 族の順）
8. 酸無水物
9. エステル
10. 酸ハロゲン化物，擬ハロゲン化物
11. アミド
12. ヒドラジド
13. イミド
14. ニトリル
15. アルデヒド，ついで S, Se, Te 類縁体
16. ケトン，擬ケトン，ヘテロン
17. アルコール・フェノール，ついでチオール，セレノール，テルロール
18. ヒドロペルオキシド（ペルオキソール），ついで S, Se, Te 類縁体
19. アミン
20. イミン
21. 窒素化合物：複素環，ポリアザン，ヒドラジン，ジアゼン，ヒドロキシルアミン，アザン
22. リン化合物：複素環，ポリホスファン，ホスファン
23. ヒ素化合物：複素環，ポリアルサン，アルサン
24. アンチモン化合物：複素環，ポリスチバン，スチバン
25. ビスマス化合物：複素環，ポリビスムタン，ビスムタン
26. ケイ素化合物：複素環，ポリシラン，シラン
27. ゲルマニウム化合物：複素環，ポリゲルマン，ゲルマン
28. スズ化合物：複素環，ポリスタンナン，スタンナン
29. 鉛化合物：複素環，ポリプルンバン，プルンバン
30. ホウ素化合物：複素環，ポリボラン，ボラン
31. アルミニウム化合物：複素環，ポリアルマン，アルマン
32. ガリウム化合物：複素環，ポリガラン，ガラン
33. インジウム化合物：複素環，ポリインジガン，インジガン
34. タリウム化合物：複素環，ポリタラン，タラン
35. 酸素化合物：複素環，ポリオキシダン（トリオキシダンは入るがペルオキシド，エーテルは入らない）
36. 硫黄化合物：複素環，ポリスルファン（トリスルファン，λ^6, λ^4 モノおよびジスルファンは入るがジスルフィド，スルフィドは入らない）
37. セレン化合物：複素環，ポリセラン（トリセランは入るがジセレニド，セレニドは入らない）
38. テルル化合物：複素環，ポリテラン（トリテランは入るがジテルリド，テルリドは入らない）
39. λ^7, λ^5, λ^3 ハロゲン化合物（F ＞ Cl ＞ Br ＞ I）
40. 炭素化合物：環，鎖
41. エーテル，ついでスルフィド，スルホキシド，スルホン，ついでセレニド，セレノキシドなど
42. ペルオキシド，ついでカルコゲン類縁体（O ＞ S ＞ Se ＞ Te の順でより多数の高順位原子をもつもの）
43. λ^1 ハロゲン化合物（F ＞ Cl ＞ Br ＞ I）

Ⅲ2-A2.8 括弧の使い方

これまで括弧は複雑な構造の置換基の表記に使うとされ，使用法が厳密には定められていなかったが，今後は曖昧さを避けるために自明であっても括弧は省略しないことになった．

二つの簡単な置換基の組合わせでできる複合置換基 compound substituent group や複合置換基にさらに置換基を組合わせてできる重複合置換基 complex substituent group では，括弧をつける．

複合置換基の例：　chloromethyl クロロメチル，methylsulfanyl メチルスルファニル，
ethoxycarbonyl エトキシカルボニル

重複合置換基の例：(chloromethyl)phenyl　(クロロメチル)フェニル

$ClCH_2-C_6H_4-CH_2COOH$　[4-(chloromethyl)phenyl]acetic acid（PIN）
[4-(クロロメチル)フェニル]酢酸（PIN）

アルキル基，アリール基の場合も位置番号を含むものは，PIN では（propan-2-yl）（プロパン-2-イル），（naphthalen-1-yl）（ナフタレン-1-イル）のようにする．

複雑さが増す場合，{[({[(　)]})]} のような使い分けは従来どおり（Ⅲ1-C17.8）である．この場合，橋かけ環系の［　］，縮合環系の［　］，スピロ環系の［　］，付加水素の（*H*）などは無視する．

立体表示の（*R*），(*S*)，(*E*)，(*Z*）は括弧をつける際の対象となる．

例：4-[(*E*)-but-2-en-1-yl]benzoic acid（PIN）
4-[(*E*)-ブタ-2-エン-1-イル]安息香酸（PIN）
2-(bicyclo[2.2.1]heptan-2-yl)naphthalene（PIN）
2-(ビシクロ[2.2.1]ヘプタン-2-イル)ナフタレン（PIN）

Ⅲ2-B 母体となる炭化水素および環系に関する事項

Ⅲ2-B1 鎖状炭化水素

Ⅲ2-B1.1 母体炭化水素

従来から使われてきた methane メタン，ethane エタン，propane プロパン，butane ブタン などのアルカンの名称はそのまま PIN としても使用が認められる．isobutane イソブタン，neopentane ネオペンタン のような側鎖をもつアルカンの名称は PIN としては認められない．

不飽和結合をもった化合物で PIN としても認められているのは，HC≡CH acetylene アセチレン（**無置換**，置換基をもたない場合のみ使用が認められるという意味．以下同様）のみである．$CH_2=C=CH_2$ allene アレンは GIN としてのみ使え，置換体も認められる．isoprene イソプレン（無置換）は GIN としてのみ使うことができ，PIN は 2-methylbuta-1,3-diene 2-メチルブタ-1,3-ジエン である．ethylene エチレンは ethane-1,2-diyl エタン-1,2-ジイル（優先接頭語）の意味でのみ GIN で使うことができる．

Ⅲ2-B1.2 炭化水素基（優先接頭語）

アルキル基の優先接頭語は，methyl メチル，ethyl エチル，propyl プロピル，butyl ブチル，*tert*-butyl *tert*-ブチル（無置換）が PIN としても認められている．isopropyl イソプロピル（無置換）は GIN には使うことができるが，isobutyl イソブチル，*sec*-butyl *sec*-ブチル，neopentyl ネオペンチル，*tert*-pentyl *tert*-ペンチル は廃止された．2 価の遊離原子価をもった基では，methylene メチレン，methylidene メチリデン（両者の違いについては p.46 参照）は優先接頭語として使うことができる．

Ⅲ2-B2 環状炭化水素

Ⅲ2-B2.1 脂肪族環状炭化水素

脂肪族環状炭化水素では，adamantane アダマンタン と cubane クバン がPINとして認められている．[*n*]annulene [*n*]アンヌレン の名称は，PINとしては縮合環の基礎成分として認められ，またGINでは環の名称として使うことができる（p.48, p.145 参照）．

Ⅲ2-B2.2 芳香族単環炭化水素

PINとして認められているのは，benzene ベンゼン，toluene トルエン，xylene キシレン（無置換）のみである．toluene トルエンについては，強制接頭語（表Ⅲ1-4 参照）が置換しているときにのみ PIN とすることができる．

mesitylene メシチレン（無置換），fulvene フルベン（無置換），styrene スチレン，stilbene スチルベン はGINでのみ使用が認められている．

例：

CH_3 1 2 3 4 5 6 H_3C CH_3　CH_2　6 5 4 3 2 1 $CH{=}CH_2$　6 5 4 3 2 1 $CH{=}CH$ 1′ 2′ 3′ 4′ 5′ 6′

mesitylene　fulvene　styrene　stilbene

メシチレン　フルベン　スチレン　スチルベン

xylene キシレン の異性体の PIN は 1,2-, 1,3- および 1,4-xylene である．PIN では *ortho* オルト，*meta* メタ，*para* パラ（*o*-，*m*-，*p*-）の表現は廃止となった．GIN では認められてはいるものの，極力使用を控えることが推奨されている．

Ⅲ2-B2.3 芳香族単環炭化水素に由来する接頭語

phenyl フェニル，benzyl ベンジル，benzylidene ベンジリデン（無置換），benzylidyne ベンジリジン（無置換），1,2-, 1,3- および 1,4-phenylene フェニレン は PIN において使うことができる．

$(C_6H_5)_3C$ trityl トリチル，tolyl トリル は GIN では使うことができるが，phenethyl フェネチル，benzhydryl ベンズヒドリル は廃止された．

Ⅲ2-B2.4 縮合環炭化水素

従来使われてきた慣用名はほとんどが保存名として PIN に使用できる．また，PIN では指示水素は必ず明示しなければならない．これは，複素環系（Ⅲ2-B3）でも同様である．

例：1*H*-indene（PIN）　1*H*-インデン（PIN）

　　indene　インデン

縮合環炭化水素における内部原子の位置番号のつけ方が変更になった．位置番号は，結合する周辺原子のうち最小のものを用い，それに上付き番号を添えて区別する．付録 1.1.13, 1.1.3 に示した pyrene ピレン および 6*H*-benzo[*cd*]pyrene 6*H*-ベンゾ[*cd*]ピレン はこの方針に沿って位置番号を改めた．これは，縮合複素環でも同様であり，1*H*-benzo[*de*]isoquinoline 1*H*-ベンゾ[*de*]イソキノリン の位置番号も改めてある．

PIN では縮合名称は五員環以上の員数の環が少なくとも二つ以上あることが条件である．この条件に満たない環系には，橋かけ環系の命名法を適用する．GIN ではこの制限はない．

例：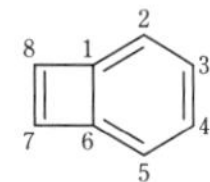

bicyclo[4.2.0]octa-1,3,5,7-tetraene（PIN）
ビシクロ[4.2.0]オクタ-1,3,5,7-テトラエン（PIN）
cyclobutabenzene　シクロブタベンゼン

体系名を構成するときに，付随成分名末尾の o, a は省略しない．たとえば benzo[*a*]anthracene ベンゾ[*a*]アントラセン，1*H*-cyclopenta[*b*]anthracene 1*H*-シクロペンタ[*b*]アントラセン のようになる．GIN では省略することもできる．また，母音が直接重なる場合は原則として省略する．たとえば，3*H*-3-benzazepine 3*H*-3-ベンゾアゼピン，4*H*-3,1-benzoxazine 4*H*-3,1-ベンゾオキサジン のようになる．日本語名ではこの o, a は省略せずに字訳する．

Ⅲ2-B2.5　環状炭化水素に由来する接頭語

GIN では，adamantyl アダマンチル，anthryl アントリル，naphthyl ナフチル，phenanthryl フェナントリル を使うことができる．

Ⅲ2-B2.6　環　集　合

biphenyl ビフェニル は GIN としては認められるが，PIN は 1,1′-biphenyl 1,1′-ビフェニル とし，自明であっても 2 個の環それぞれの結合位置番号を省略しない．3 個以上の環が連なる場合は，各環に端から番号（アラビア数字）をふり，その結合位置を上付きの数字で環の番号に添える．結合ごとにコロンで区切るのはこれまでどおりである．たとえば，

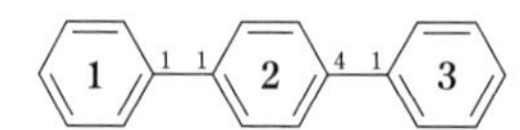

1,1′:4′,1″-terphenyl（GIN）　は　$1^1,2^1:2^4,3^1$-terphenyl（PIN）　とする
1,1′:4′,1″-テルフェニル（GIN）　　$1^1,2^1:2^4,3^1$-テルフェニル（PIN）

環集合に結合する主基が接尾語となるときは，環集合名を［　］で囲む．

例：3,3′-dimethyl[1,1′-biphenyl]-4,4′-dicarboxylic acid（PIN）
3,3′-ジメチル[1,1′-ビフェニル]-4,4′-ジカルボン酸（PIN）
[2,2′-bipyridin]-5-yl（優先接頭語）
[2,2′-ビピリジン]-5-イル

Ⅲ2-B3　複素環化合物

2013 勧告に基づく三から十員環の複素単環の命名法は表Ⅲ1-3 に示してある．環の大きさと水素化の状態を表す語幹については，1993 規則からの変更はない．しかし，2013 勧告においては，適用できる元素に Al, Ga, In, Tl が加わり（Ⅲ2-A1 参照），Hg が削除された．

なお，azine アジンと oxine オキシンを pyridine ピリジンと pyran ピラン の代わりに使うことは禁じられている．

他の環の名称（付録 1.1.2）も，以下の 1), 2) に記したものを除けば，従来の名称を PIN として使うことができる．

1) isoxazole イソオキサゾール（GIN），isothiazole イソチアゾール（GIN）など
これらは，1,3-oxazole 1,3-オキサゾール（PIN），1,3-thiazole 1,3-チアゾール（PIN）に対応させて，PIN としてはそれぞれ 1,2-oxazole，1,2-thiazole を使う．

2) chromene クロメン，isochromene イソクロメン，chromane クロマン，isochromane イソクロマン およびこれらのカルコゲン類縁体（すべて GIN）

これらの化合物の PIN は，それぞれ，2*H*-1-benzopyran　2*H*-1-ベンゾピラン，1*H*-2-benzopyran　1*H*-2-ベンゾピラン，3,4-dihydro-2*H*-1-benzopyran 3,4-ジヒドロ-2*H*-1-ベンゾピラン，3,4-dihydro-1*H*-2-benzopyran 3,4-ジヒドロ-1*H*-2-ベンゾピランである．

なお，指示水素を明示することは，炭素環と同様である．

例：1*H*-pyrrole（PIN）　1*H*-ピロール（PIN）

1*H*-indole（PIN）　1*H*-インドール（PIN）

指示水素のない pyrrole ピロール，indole インドール は GIN として使用できる．同様に indazole インダゾール，isoindole イソインドール，perimidine ペリミジン，purine プリン，xanthene キサンテンなども PIN では指示水素が必要である．

複素環化合物に由来する慣用接頭語のうち furyl フリル，isoquinolyl イソキノリル，piperidyl ピペリジル，piperidino ピペリジノ（piperidin-1-yl ピペリジン-1-イルとしてのみ），pyridyl ピリジル，quinolyl キノリル，thienyl チエニル などは GIN として使うことができる．

Ⅲ2-B4　主鎖の選択

Ⅲ2-B4.1　鎖の構成成分にヘテロ原子が含まれる場合は，より多くのヘテロ原子を含むものが主鎖となり，ついで構成原子数の多いもの，それでも決まらなければ，表 Ⅲ1-2 の上位のものをより多く含むものがなる．

Ⅲ2-B4.2　主鎖の選択基準に関し，1979 規則，1993 規則からの大きな変更があり，炭素鎖では，環が存在しない場合，**鎖の長いものを優先し，不飽和結合の存在はその次の選択肢**になった．これは，従来の基準と逆になった．

例：

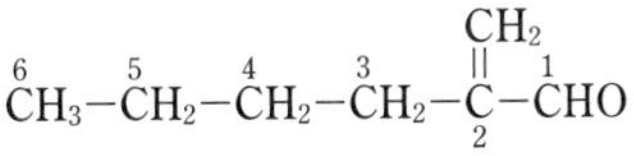

$$\overset{6}{C}H_3-\overset{5}{C}H_2-\overset{4}{C}H_2-\overset{3}{C}H_2-\underset{2}{\overset{\overset{CH_2}{||}}{C}}-\overset{1}{C}HO$$

2-butylprop-2-enal
2-ブチルプロパ-2-エナール（1979 規則）　⟶　2-methylidenehexanal（PIN）
2-メチリデンヘキサナール（PIN）

Ⅲ2-B4.3　環が存在する場合は**鎖より環が優先する**．これは官能基などの優先順位〔表 Ⅲ2-2 の 40.（炭素化合物：環 ＞ 鎖）や 21.～38.（ヘテロ原子化合物：ヘテロ環 ＞ ヘテロ原子鎖〕による．この規則により，PIN では GIN とはかなり異なった命名法がとられることがある．

例：C_6H_5-CH=CH-C_6H_5（環位置番号 1～6，1′～6′）

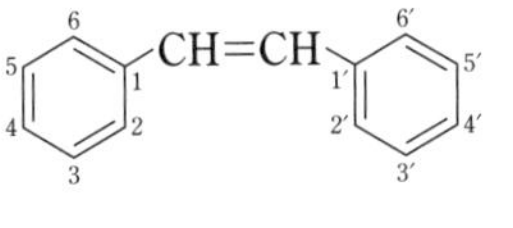

1,1′-(ethene-1,2-diyl)dibenzene（PIN）
1,1′-(エテン-1,2-ジイル)ジベンゼン（PIN，倍数命名法）
stilbene　スチルベン

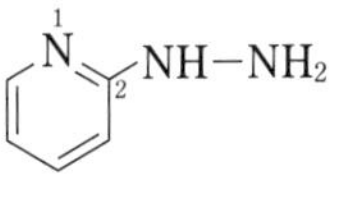

ピリジン環（N1）の 2 位に NH−NH_2

2-hydrazinylpyridine（PIN）　2-ヒドラジニルピリジン（PIN）
(pyridin-2-yl)hydrazine　（ピリジン-2-イル)ヒドラジン

しかし，より上位の官能基がある場合は，この原則は必ずしも適用できない．

例：シクロプロパン環-$CH_2CH_2CH_2CH_3$

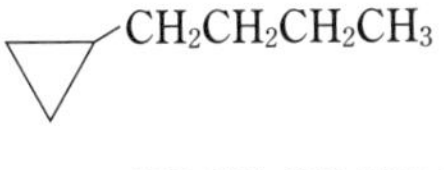

butylcyclopropane（PIN）　ブチルシクロプロパン（PIN）
（環が鎖に優先）

シクロプロパン環-$CH_2CH_2CH_2CH_2OH$

4-cyclopropylbutan-1-ol（PIN）
4-シクロプロピルブタン-1-オール（PIN）
（ヒドロキシ基が最優先）

$CH_2CH_2CH_2CH_2OCH_3$

(4-methoxybutyl)cyclopropane（PIN）
(4-メトキシブチル)シクロプロパン（PIN）
(炭素環，鎖がエーテルに優先)

$(CH_2)_3CH_3$
$Si(CH_3)_3$

(2-butylcyclopropan-1-yl)tri(methyl)silane（PIN）
(2-ブチルシクロプロパン-1-イル)トリ(メチル)シラン（PIN）
(Si が炭素環，鎖に優先)

$(CH_2)_3COOH$
$Si(CH_3)_3$

4-[2-(trimethylsilyl)cyclopropan-1-yl]butanoic acid（PIN）
4-[2-(トリメチルシリル)シクロプロパン-1-イル]ブタン酸（PIN）
(カルボキシ基が最優先)

Ⅲ2-B5 ヒドロ，デヒドロ接頭語

2013 勧告では，hydro ヒドロ，dehydro デヒドロ 接頭語は分離可能接頭語に分類されることになったが，アルファベット順に並べる接頭語には属さない．したがって，名称中では，母体水素化物の名称のすぐ前で，アルファベット順に並べる接頭語の後に置かれる．そのため，特性基をもつ化合物の場合には，命名に注意が必要である．

例：

5,6,7,8-tetrachloro-1,2,3,4-tetrahydronaphthalene（PIN）
5,6,7,8-テトラクロロ-1,2,3,4-テトラヒドロナフタレン（PIN）
分離可能接頭語（Cl）の位置番号よりヒドロ接頭語が優先する．

5,6,7,8-tetrahydronaphthalen-2-amine（PIN）
5,6,7,8-テトラヒドロナフタレン-2-アミン（PIN）
(5,6,7,8-tetrahydronaphthalen-2-yl)azane
(5,6,7,8-テトラヒドロナフタレン-2-イル)アザン
(5,6,7,8-tetrahydronaphthalen-2-yl)amine
(5,6,7,8-テトラヒドロナフタレン-2-イル)アミン
接尾語となる主基の位置番号はヒドロ接頭語に優先する．

二つの水素原子を取去ったことを示す接頭語である didehydro ジデヒドロ は環状化合物の命名でしばしば用いられる．最多数の非集積二重結合をもつ環で用いた場合は PIN となる．

例：

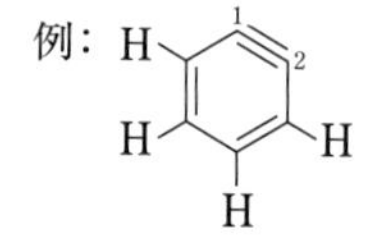

1,2-didehydrobenzene（PIN） 1,2-ジデヒドロベンゼン（PIN）
cyclohexa-1,3-dien-5-yne シクロヘキサ-1,3-ジエン-5-イン
(benzyne ベンザインは廃止となった)

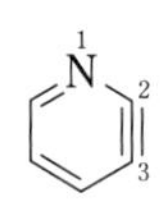

2,3-didehydropyridine（PIN） 2,3-ジデヒドロピリジン（PIN）

2,3,4,5-tetrahydropyridine（PIN） 2,3,4,5-テトラヒドロピリジン（PIN）
1,2-didehydropiperidine 1,2-ジデヒドロピペリジン

Ⅲ2-C 特　性　基

Ⅲ2-C1　優先 IUPAC 名（PIN）と特性基命名法

特性基をもった化合物の PIN は，置換命名法と官能種類命名法による．ただし，官能種類命名法が使えるのはⅢ2-A2.2 でも述べたようにエステル，酸ハロゲン化物（および擬ハロゲン化物），酸無水物，アミン（およびイミン）オキシドに限られる．

GIN には，この制約はないが，1979 規則以来，置換命名法を他の命名法よりも優先して用いるように指示されている．

また，特性基の優先順位（表Ⅲ2-2，p.97）はこれまでより厳密に決められているので，主基を定める際には注意を要する．

置換命名法で用いられる強制接頭語にいくつかの変更があり，−NC および −N=C=X　(X = カルコゲン）が新たに強制接頭語（表Ⅲ1-4 参照）となった．

例：C_6H_5−NC　　isocyanobenzene（PIN）　イソシアノベンゼン（PIN）

phenyl isocyanide　イソシアン化フェニル

C_6H_5−NCS　　isothiocyanatobenzene（PIN）　イソチオシアナトベンゼン（PIN）

phenyl isothiocyanate　イソチオシアン酸フェニル

Ⅲ2-C2　ハロゲン誘導体

PIN は従来どおり置換命名法を用いる．ただし，N, P, S などに直接結合するハロゲンをもつ化合物は，オキソ酸〔下記の例では Cl(OH) hypochlorous acid 次亜塩素酸（ヘテロ原子のオキソ酸がアミンより上位．表Ⅲ2-2 参照)〕の誘導体として命名する．

例：Cl / CH_2−Cl（ベンゼン環 1,4 位）

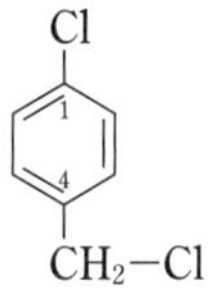

1-chloro-4-(chloromethyl)benzene（PIN）
1-クロロ-4-(クロロメチル)ベンゼン（PIN）
α,4-dichlorotoluene　α,4-ジクロロトルエン

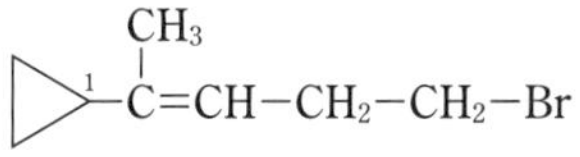

CH_3 / （シクロプロピル 1 位）−C=CH−CH_2−CH_2−Br

(5-bromopent-2-en-2-yl)cyclopropane（PIN）
(5-ブロモペンタ-2-エン-2-イル)シクロプロパン（PIN）
5-bromo-2-cyclopropylpent-2-ene
5-ブロモ-2-シクロプロピルペンタ-2-エン

CH_3−NH−Cl　　methylhypochlorous amide（PIN）　メチル次亜塩素酸アミド（PIN）

N-chloromethanamine　*N*-クロロメタンアミン

Ⅲ2-C3　アルコール，フェノール

PIN として使うことのできる保存名は phenol フェノール のみである．

GIN として使用が認められている保存名は,

ethylene glycol エチレングリコール,　glycerol グリセリン,　pentaerythritol ペンタエリトリトール,
pinacol ピナコール,　cresol クレゾール,　carvacrol カルバクロール,　thymol チモール,
pyrocatechol ピロカテコール,　resorcinol レソルシノール,　hydroquinone ヒドロキノン,
picric acid ピクリン酸,　naphthol ナフトール,　anthrol アントロール

で, いずれも無置換の場合に限る.

Ⅲ2-C3.1　RO－型の優先接頭語には, methoxy メトキシ,　ethoxy エトキシ,　propoxy プロポキシ, butoxy ブトキシ,　phenoxy フェノキシ が置換体も含めて認められている. また, *tert*-butoxy *tert*-ブトキシ は無置換の条件で認められている.

他の場合は, 従来どおり, 基 R の名称に oxy オキシをつけて命名する (例: pentyloxy ペンチルオキシ).

GIN には, さらに isopropoxy イソプロポキシ も認められているが, *sec*-butoxy *sec*-ブトキシ, isobutoxy イソブトキシ は廃止された.

Ⅲ2-C3.2　アニオンの優先接尾語は olate オラート である. この語尾については, 曖昧さを避けるために, 倍数接頭語に bis, tris などを使う. methoxide メトキシド,　ethoxide エトキシド,　propoxide プロポキシド,　butoxide ブトキシド,　phenoxide フェノキシドが PIN として,　aminoxide アミノキシド (H_2NO^-) が予備選択名として認められていて, 置換体も使うことができる. *tert*-butoxide *tert*-ブトキシド は無置換の場合のみ使うことができる.

例: $(CH_3)_2CH-O^-K^+$　potassium propan-2-olate (PIN)
カリウムプロパン-2-オラート (PIN)
potassium isopropoxide　カリウムイソプロポキシド

(benzene ring with two adjacent O^-Na^+ groups)　disodium benzene-1,2-bis(olate) (PIN)
二ナトリウムベンゼン-1,2-ビス(オラート) (PIN)

Ⅲ2-C4　ヒドロペルオキシド

新たに接尾語 peroxol ペルオキソール が導入された. アルコールの接尾語 ol オール と同じように使う. 官能種類命名法では hydroperoxide ヒドロペルオキシド を使う. 接頭語は hydroperoxy ヒドロペルオキシ である.

例: $(CH_3)_3C-OOH$　2-methylpropane-2-peroxol (PIN)
2-メチルプロパン-2-ペルオキソール (PIN)
tert-butyl hydroperoxide　*tert*-ブチルヒドロペルオキシド

$HOO-CH_2-CH_2-OH$　2-hydroperoxyethan-1-ol (PIN)
2-ヒドロペルオキシエタン-1-オール (PIN)

Ⅲ2-C5　エーテル

慣用名のうち PIN として認められているのは anisole アニソール だけであるが, 置換体の命名には使えない. PIN では methoxybenzene メトキシベンゼン の置換体として命名する.

例: $Cl-C_6H_4-O-CH_3$ (1, 4-positions)　1-chloro-4-methoxybenzene (PIN)
1-クロロ-4-メトキシベンゼン (PIN)
4-chloroanisole　4-クロロアニソール

官能種類命名法はGINとしては認められている.

例: (cyclohexyloxy)benzene (PIN)
(シクロヘキシルオキシ)ベンゼン (PIN)
cyclohexyl phenyl ether シクロヘキシルフェニルエーテル

Ⅲ2-C6 カルボニル化合物

Ⅲ2-C6.1 アルデヒド

慣用名のうちPINとしても認められているのは, formaldehyde ホルムアルデヒド, acetaldehyde アセトアルデヒド, benzaldehyde ベンズアルデヒドの三つで, ホルムアルデヒド を除いて置換体も認められている.

GINとしては, さらに furaldehyde フルアルデヒド (furfural フルフラール ではなく), phthalaldehyde フタルアルデヒド, isophthalaldehyde イソフタルアルデヒド, terephthalaldehyde テレフタルアルデヒド が置換体も可能な保存名として認められている. カルボン酸に由来するアルデヒド名も無置換体のみが, 認められている.

例: CH_3-CH_2-CHO propanal (PIN) プロパナール (PIN)
propionaldehyde プロピオンアルデヒド

例: $OHC-CH_2-CH_2-CHO$ butanedial (PIN) ブタンジアール (PIN)
succinaldehyde スクシンアルデヒド

ホルミル基が鎖の末端にあり, アルデヒドが主基でない化合物の場合には, 接頭語 oxo オキソ を使って命名する.

例: $\overset{4}{O}HC-\overset{3}{C}H_2-\overset{2}{C}H_2-\overset{1}{C}OOH$ 4-oxobutanoic acid (PIN) 4-オキソブタン酸 (PIN)
3-formylpropanoic acid 3-ホルミルプロパン酸

Ⅲ2-C6.2 ケトン

ケトンのうち慣用名がPINとして認められているのは chalcone カルコン のみである. 置換体は, 表Ⅲ2-2でケトンより下位の特性基がある場合のみPINとなる.

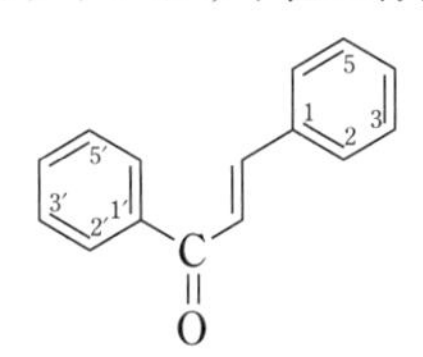

chalcone (PIN) カルコン (PIN)
(2*E*)-1,3-diphenylprop-2-en-1-one
(2*E*)-1,3-ジフェニルプロパ-2-エン-1-オン

GINとして認められている保存名は, acetone アセトン, 1,4-benzoquinone 1,4-ベンゾキノン (1,2-benzoquinone 1,2-ベンゾキノンは不可), naphthoquinone ナフトキノン異性体, anthraquinone アントラキノン異性体で, 置換体も認められている. benzophenone ベンゾフェノン と acetophenone アセトフェノン も使えるが, 無置換体に限られる.

これまで使われてきた慣用名, acenaphthoquinone アセナフトキノン, benzil ベンジル, propiophenone プロピオフェノン, biacetyl ビアセチル, quinolone キノロン, isoquinolone イソキノロン, pyrrolidone ピロリドン は廃止となった.

例: diphenylmethanone (PIN) ジフェニルメタノン (PIN)
benzophenone ベンゾフェノン

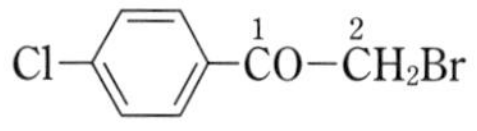

$Cl-C_6H_4-\overset{1}{C}O-\overset{2}{C}H_2Br$ 2-bromo-1-(4-chlorophenyl)ethan-1-one（PIN）
2-ブロモ-1-(4-クロロフェニル)エタン-1-オン（PIN）

Ⅲ2-C6.3 擬ケトン

2013 勧告から新しくケトンのサブグループとして分類されたもので，次の条件に該当する構造をもち，ケトンとして接尾語 one オン を使って命名する．

(1) 環状ケトンのカルボニル炭素が，環を構成する 1 個以上のヘテロ原子と結合するもの（例：ラクトン，ラクタムなど．Ⅲ2-C9.4.3，Ⅲ2-C9.6.3 参照）．PIN は複素環ケトンとして命名する．

例： 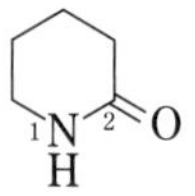
piperidin-2-one（PIN） ピペリジン-2-オン（PIN）

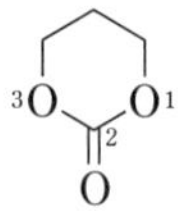

1,3-dioxan-2-one（PIN） 1,3-ジオキサン-2-オン（PIN）

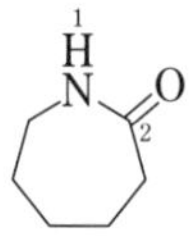

azepan-2-one（PIN） アゼパン-2-オン（PIN）
hexano-6-lactam ヘキサノ-6-ラクタム

(2) 鎖状のカルボニル基が環を構成するヘテロ原子に結合するもの，あるいは窒素，ハロゲン，擬ハロゲン以外の鎖状ヘテロ原子（1 または 2 個）と結合するもの．PIN はアシル置換体ではなく，ケトン誘導体として命名する．

例： 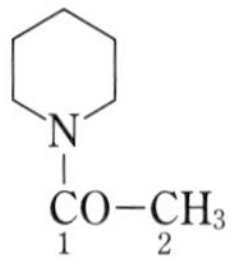
1-(piperidin-1-yl)ethan-1-one（PIN）
1-(ピペリジン-1-イル)エタン-1-オン（PIN）
1-acetylpiperidine 1-アセチルピペリジン

$H_2P-\overset{1}{C}O-\overset{2}{C}H_2-\overset{3}{C}H_3$
1-phosphanylpropan-1-one（PIN）
1-ホスファニルプロパン-1-オン（PIN）
propanoylphosphane プロパノイルホスファン

Ⅲ2-C7 ケテン

ketene ケテン は GIN として認められているが，置換は強制置換基に限られる．

例：$Br_2C=C=O$ dibromoethen-1-one（PIN） ジブロモエテン-1-オン（PIN）
dibromoketene ジブロモケテン

Ⅲ2-C8 アセタールとケタール[1)]

PIN は alkoxy アルコキシ，alkyloxy アルキルオキシ，aryloxy アリールオキシ などの接頭語を使って命名する．

1) ketal は 1979 規則でいったん廃止になったが，1993 規則で復活し，2013 勧告にも引き継がれている．総称は acetal であり，ketal はそのサブグループである．

例：$\overset{3}{C}H_3\overset{2}{C}H_2\overset{1}{C}H(OC_2H_5)_2$　1,1-diethoxypropane（PIN）
1,1-ジエトキシプロパン（PIN）
propanal diethyl acetal　プロパナール=ジエチルアセタール

環状のアセタール（ケタール）の PIN は複素環誘導体として命名する．

例：

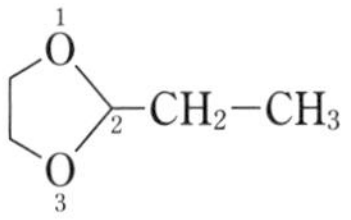

2-ethyl-1,3-dioxolane（PIN）　2-エチル-1,3-ジオキソラン（PIN）
propanal ethylene acetal　プロパナール=エチレンアセタール

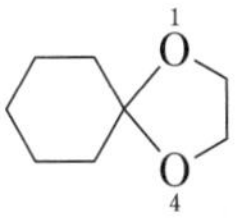

1,4-dioxaspiro[4.5]decane（PIN）　1,4-ジオキサスピロ[4.5]デカン（PIN）
cyclohexanone ethylene ketal　シクロヘキサノン=エチレンケタール

Ⅲ2-C9　カルボン酸および誘導体

Ⅲ2-C9.1　カルボン酸と炭酸誘導体

Ⅲ2-C9.1.1　保　存　名

カルボン酸の PIN は体系名であるが，例外として次の五つの酸の慣用名は PIN として使うことができる．

formic acid ギ酸，　acetic acid 酢酸，　benzoic acid 安息香酸，
oxalic acid シュウ酸，　oxamic acid オキサミド酸　($H_2N-CO-COOH$)．

formic acid を除いて，置換体にも使うことができる．
GIN として使用できる慣用名のうち，次の四つの化合物は置換体にも使用できる．

furoic acid フロ酸，　isophthalic acid　イソフタル酸，
phthalic acid フタル酸，　terephthalic acid テレフタル酸

下記の慣用名も無置換体としての使用に限られるが，GIN として用いることができる．また無水物，エステル，塩には使うことができる．

acrylic acid アクリル酸，　adipic acid アジピン酸，　butyric acid 酪酸，
cinnamic acid ケイ皮酸，　fumaric acid フマル酸，　glutaric acid グルタル酸，
malonic acid マロン酸，　methacrylic acid メタクリル酸，　isonicotinic acid イソニコチン酸，
maleic acid マレイン酸，　naphthoic acid ナフトエ酸，　nicotinic acid ニコチン酸，
palmitic acid パルミチン酸，　oleic acid オレイン酸，　propionic acid プロピオン酸，
stearic acid ステアリン酸，　succinic acid コハク酸

天然物に関連する citric acid クエン酸，　lactic acid 乳酸，　glyceric acid グリセリン酸，　pyruvic acid ピルビン酸，　tartaric acid 酒石酸 も保存名であるが，エステルと塩を除いて，他の誘導体は使えない．
次の慣用名は廃止となった．

propiolic acid プロピオール酸，　isobutyric acid イソ酪酸，　acetoacetic acid アセト酢酸，
anthranilic acid アントラニル酸，　benzilic acid ベンジル酸，　glycolic acid グリコール酸，
glyoxylic acid グリオキシル酸，　ethylenediaminetetraacetic acid エチレンジアミン四酢酸

また，分類上は炭酸誘導体として扱われるが，$H_2N-COOH$　carbamic acid カルバミン酸 と $H_2N-C(=NH)-OH$ carbamimidic acid カルバモイミド酸は置換体も含めて PIN として認められている．

Ⅲ2-C9.1.2 主基としての優先順位

主鎖中にヘテロ原子を含む化合物の“ア”命名法では，複素環中のヘテロ原子の場合と同様に，ヘテロ原子を優先してまず主鎖に固有の位置番号がつけられる．そのため，カルボキシ基炭素が1位になるとは限らない（Ⅲ2-A2.4.3 参照）．

例：$\overset{1}{C}H_3-\overset{2}{Si}H_2-\overset{3}{C}H_2-\overset{4}{Si}H_2-\overset{5}{C}H_2-\overset{6}{Si}H_2-\overset{7}{C}H_2-\overset{8}{Si}H_2-\overset{9}{C}H_2-\overset{10}{C}OOH$

2,4,6,8-tetrasiladecan-10-oic acid（PIN） 2,4,6,8-テトラシラデカン-10-酸（PIN）

Ⅲ2-C9.2 アシル基

カルボン酸に由来するアシル基のうち，優先接頭語として認められているのは，formyl ホルミル，acetyl アセチル， benzoyl ベンゾイル， oxalyl オキサリル， oxalo オキサロ(HO−CO−CO−)である．

GIN には，さらにⅢ2-C9.1.1 に記した酸の保存名に由来する接頭語を用いることができる．置換，無置換の条件も元の酸と同様である．

接尾語 carboxylic acid カルボン酸 を使ったカルボン酸については接尾語を carbonyl カルボニル とする．

例：cyclohexanecarbonyl シクロヘキサンカルボニル（優先接頭語）

cyclohexylcarbonyl[1)] シクロヘキシルカルボニル

Ⅲ2-C9.3 過酸

過酸の名称は，カルボン酸の語尾 oic acid 酸 および carboxylic acid カルボン酸 をそれぞれ peroxoic acid 過酸 および carboperoxoic acid 過カルボン酸 に変えて PIN とする．つまり，この二つが優先接尾語になる．GIN としては接頭語 peroxy ペルオキシ を使ってもよい．PIN として認められている酸の保存名について，peroxy ペルオキシ を使った場合は，その名称は PIN ではない．performic acid 過ギ酸，peracetic acid 過酢酸，perbenzoic acid 過安息香酸 の名称は GIN としては認められている．

例：$CH_3-CO-OOH$　　ethaneperoxoic acid（PIN） エタン過酸（PIN）

peroxyacetic acid，peracetic acid 過酢酸

(シクロヘキシル)−CO−OOH　　cyclohexanecarboperoxoic acid（PIN）

シクロヘキサン過カルボン酸（PIN）

carboxy カルボキシ に相当する優先接頭語は carbonoperoxoyl カルボノペルオキソイル である．GIN の接頭語としては hydroperoxycarbonyl ヒドロペルオキシカルボニル も使うことができる．炭素鎖の末端にあるときは，優先接頭語は hydroperoxy ヒドロペルオキシ と oxo オキソ に分けて使われる．

例：$HOO-\overset{6}{C}O-(CH_2)_4-\overset{1}{C}OOH$　　6-hydroperoxy-6-oxohexanoic acid（PIN）

6-ヒドロペルオキシ-6-オキソヘキサン酸（PIN）

5-carbonoperoxoylpentanoic acid

5-カルボノペルオキソイルペンタン酸

5-(hydroperoxycarbonyl)pentanoic acid

5-(ヒドロペルオキシカルボニル)ペンタン酸

---

1) 従来，cyclohexylcarbonyl は置換基を表す接頭語として，官能種類命名法で使われる cyclohexanecarbonyl（例：cyclohexanecarbonyl chloride 塩化シクロヘキサンカルボニル）と区別して使ってきたが，優先接頭語は cyclohexanecarbonyl に統一された．

C_6H_4(1-COOH)(2-COOOH)　2-carbonoperoxoylbenzoic acid（PIN）
2-カルボノペルオキソイル安息香酸（PIN）
2-(hydroperoxycarbonyl)benzoic acid
2-(ヒドロペルオキシカルボニル)安息香酸
monoperoxyphthalic acid　モノペルオキシフタル酸

Ⅲ2-C9.4　塩およびエステル

Ⅲ2-C9.4.1　塩

カルボン酸の語尾 ic acid を ate アート に変えることは従来と同様である．酸性塩の PIN は，アニオンがカルボキシ基より優先されることをもとに命名される．

例：$HOOC-CH_2-CH_2-COO^-NH_4^+$　ammonium 3-carboxypropanoate（PIN）
3-カルボキシプロパン酸アンモニウム（PIN）
ammonium hydrogen succinate
コハク酸水素アンモニウム
ammonium hydrogen butanedioate
ブタン二酸水素アンモニウム

なお，アニオン COO^- の優先接頭語は carboxylato カルボキシラト である．

Ⅲ2-C9.4.2　エステル

従来と同様の方法で命名する．

例：$CH_3COOC_2H_5$　ethyl acetate（PIN）　酢酸エチル（PIN）

$CH_3-CO-O-\overset{2}{C}H_2\overset{1}{C}H_2-O-CO-CH_3$　ethane-1,2-diyl diacetate（PIN）
二酢酸エタン-1,2-ジイル（PIN）

C_6H_4(1-$\overset{3}{C}H_2\overset{2}{C}H_2\overset{1}{C}H_2-O-CO-CH_3$)(2-$\underset{3'}{C}H_2\underset{2'}{C}H_2\underset{1'}{C}H_2-O-CO-CH_3$)　3,3′-(1,2-phenylene)dipropyl diacetate（PIN）
二酢酸 3,3′-(1,2-フェニレン)ジプロピル
（PIN，倍数命名法）

$CH_3-CO-O-$[1]C_6H_4[4]$-O-CO-CHCl_2$　1,4-phenylene acetate dichloroacetate（PIN）
酢酸ジクロロ酢酸 1,4-フェニレン（PIN）
4-(acetyloxy)phenyl dichloroacetate
ジクロロ酢酸 4-(アセチルオキシ)フェニル

エステル部分が置換基となる場合，R−CO−O− は acyloxy アシルオキシ，−CO−OR は alkyloxy アルキルオキシ と oxo オキソ，または alkyloxycarbonyl アルキルオキシカルボニル のかたちの接頭語を使う．

例：

$$CH_3-CH_2-CH_2-CH_2-O-\overset{5}{C}O-\overset{4}{C}H_2-\overset{3}{C}H_2-\overset{2}{C}(CH_3)(O-CO-CH_3)-\overset{1}{C}OOH$$

2-(acetyloxy)-5-butoxy-2-methyl-5-oxopentanoic acid（PIN）
2-(アセチルオキシ)-5-ブトキシ-2-メチル-5-オキソペンタン酸（PIN）
5-butyl hydrogen 2-(acetyloxy)-2-methylpentanedioate
2-(アセチルオキシ)-2-メチルペンタン二酸水素 5-ブチル
acetoxy アセトキシ は GIN では使ってもよいが，PIN では使えない．

Ⅲ2-C9.4.3 ラクトン

ラクトンのPINは擬ケトン（Ⅲ2-C6.3）の扱いで，酸素を含む複素環ケトンとして命名する．GINとしては，従来の lactone ラクトン あるいは carbolactone カルボラクトン を使う命名法も可能である．

例：（構造式）

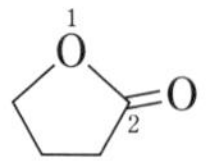

oxolan-2-one（PIN） オキソラン-2-オン（PIN）
tetrahydrofuran-2-one テトラヒドロフラン-2-オン
butano-4-lactone ブタノ-4-ラクトン
（γ-butyrolactone γ-ブチロラクトンは廃止された）

Ⅲ2-C9.5 酸無水物

従来の命名法に変わりはない．

例：$CH_3-CO-O-CO-CH_3$ acetic anhydride（PIN） 無水酢酸（PIN）

過酸の無水物では，anhydride の代わりに peroxyanhydride とし，日本語では“無水過── 酸”とする．

例：$CH_3-CO-OO-CO-CH_3$ acetic peroxyanhydride（PIN） 無水過酢酸（PIN）

環状の酸無水物の場合，擬ケトン（Ⅲ2-C6.3）に属する構造として，複素環ケトンの扱いをする．

例：（構造式）

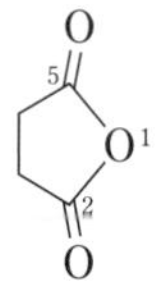

oxolane-2,5-dione（PIN） オキソラン-2,5-ジオン（PIN）
succinic anhydride 無水コハク酸

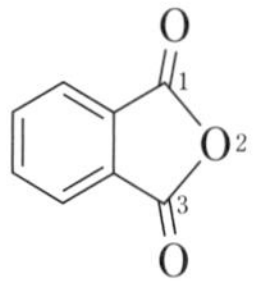

（構造式）

2-benzofuran-1,3-dione（PIN） 2-ベンゾフラン-1,3-ジオン（PIN）
isobenzofuran-1,3-dione イソベンゾフラン-1,3-ジオン
phthalic anhydride 無水フタル酸

Ⅲ2-C9.6 アミドとイミド

Ⅲ2-C9.6.1 アミド

接尾語 amide アミド または carboxamide カルボキサミド を使う従来の命名法は変わらない．PINとして認められている酸については，formamide ホルムアミド（*N*-置換のみ可），acetamide アセトアミド，benzamide ベンズアミド，oxamide オキサミド がPINとして認められる．

アミドの *N*-置換体は，位置記号 *N*- を使う．複数の $-CONH_2$ 原子団があるときは，窒素に位置番号をつけて区別する．

例：$H_3C-CO-\overset{N}{N}H-CH(CH_3)_2$ *N*-(propan-2-yl)acetamide（PIN）
N-(プロパン-2-イル)アセトアミド（PIN）

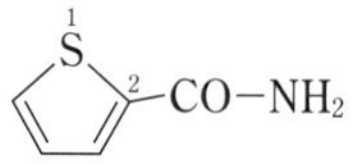

（構造式）$-CO-NH_2$

thiophene-2-carboxamide（PIN）
チオフェン-2-カルボキサミド（PIN）

$CH_3-\overset{N^5}{N}H-\overset{5}{C}O-\overset{4}{C}H_2-\overset{3}{C}H_2-\overset{2}{C}H_2-\overset{1}{C}O-\overset{N^1}{N}H-CH_3$

N^1,N^5-dimethylpentanediamide（PIN）
N^1,N^5-ジメチルペンタンジアミド（PIN）

アミド酸の場合は，$-CONH_2$の部分を，炭素鎖末端アミドでは amino アミノと oxo オキソ により，環，含ヘテロ原子鎖，炭素鎖の非末端原子上などでは carbamoyl カルバモイル（優先接頭語）または aminocarbonyl アミノカルボニル により命名する．

例：$H_2N-\overset{3}{C}O-\overset{2}{C}H_2-\overset{1}{C}OOH$

3-amino-3-oxopropanoic acid（PIN）
3-アミノ-3-オキソプロパン酸（PIN）
carbamoylacetic acid　カルバモイル酢酸
(aminocarbonyl)acetic acid　(アミノカルボニル)酢酸

COOH
CO−NH_2

2-carbamoylbenzoic acid（PIN）
2-カルバモイル安息香酸（PIN）
2-(aminocarbonyl)benzoic acid　2-(アミノカルボニル)安息香酸
phthalamic acid　フタルアミド酸

アニリド anilide の PIN は，対応するアミドの *N*-phenyl 誘導体として命名する．

例：$CH_3-CO-NH-C_6H_5$　*N*-phenylacetamide（PIN）　*N*-フェニルアセトアミド（PIN）
acetanilide　アセトアニリド

原子団 R−CO−NH− の優先接頭語は amide アミド を amido アミド に，あるいは carboxamide カルボキサミド を carboxamido カルボキサミド に変える．

例：OHC−NH−（4）C₆H₄（1）−COOH

4-formamidobenzoic acid（PIN）
4-ホルムアミド安息香酸（PIN）
4-(formylamino)benzoic acid　4-(ホルミルアミノ)安息香酸

Ⅲ2-C9.6.2 イ ミ ド

環状の酸無水物と同様に擬ケトン（Ⅲ2-C6.3）として命名する．

例：
1-bromopyrrolidine-2,5-dione（PIN）
1-ブロモピロリジン-2,5-ジオン（PIN）

（succinimide は GIN であるが，置換体が認められないので *N*-bromosuccinimide とはできない）

例：
2-phenyl-1*H*-isoindole-1,3(2*H*)-dione（PIN）
2-フェニル-1*H*-イソインドール-1,3(2*H*)-ジオン（PIN）
N-phenylphthalimide
N-フェニルフタルイミド

imide イミド を imido イミド とした接頭語は GIN では使えるが，優先接頭語としては認められない．

Ⅲ2-C9.6.3 ラクタムとラクチム

ラクタムは擬ケトン（Ⅲ2-C6.3）として，ラクチムは環状アルコールとして命名する．

例：
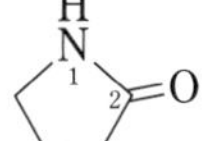

pyrrolidin-2-one（PIN）　ピロリジン-2-オン（PIN）
butano-4-lactam　ブタノ-4-ラクタム

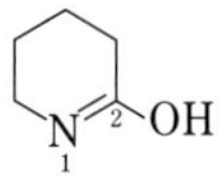

3,4,5,6-tetrahydropyridin-2-ol (PIN)
3,4,5,6-テトラヒドロピリジン-2-オール (PIN)
pentano-5-lactim　　ペンタノ-5-ラクチム

Ⅲ2-C9.6.4 尿素誘導体

PIN でも urea 尿素 の名称は保存される．ただし，これまで使われていた位置番号 1,3 ではなく，*N*, *N′* を使う．

例：CH_3−NH−CO−NH−CH_3 (N: 1, C: 2, N′: 3)　*N,N′*-dimethylurea (PIN)　*N,N′*-ジメチル尿素 (PIN)

Ⅲ2-C9.6.5 ニトリル

従来どおり，接尾語 nitrile ニトリル または carbonitrile カルボニトリル を使う．相当するカルボン酸の保存名を使って命名する場合も，従来どおり ic acid，oic acid を onitrile に変えることにより，カルボン酸の PIN および GIN から対応するニトリルの PIN および GIN ができる．その際，置換，無置換の条件はもとの酸の条件をそのまま引き継ぐ．

優先接頭語は cyano である．

例：$\overset{6}{C}H_3\overset{5}{C}H_2\overset{4}{C}H_2\overset{3}{C}H_2\overset{2}{C}H_2\overset{1}{C}N$　hexanenitrile (PIN)　ヘキサンニトリル (PIN)
pentyl cyanide　シアン化ペンチル

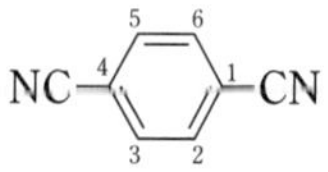

NC−C₆H₄−CN
benzene-1,4-dicarbonitrile (PIN)
ベンゼン-1,4-ジカルボニトリル (PIN)
terephthalonitrile　テレフタロニトリル

CH_3−CN　acetonitrile (PIN)　アセトニトリル (PIN)
ethanenitrile　エタンニトリル

Ⅲ2-C10 硫黄を含む化合物

Ⅲ2-C10.1 チオール

原子団 −SH に対して，接尾語は thiol チオール，接頭語は sulfanyl スルファニル (H_2S sulfane スルファン に由来する) を使う．接頭語 mercapto メルカプト は廃止された．

例： 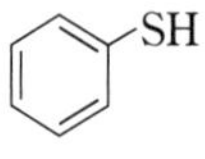
benzenethiol (PIN)　ベンゼンチオール (PIN)
(thiophenol チオフェノールとはしない)

HS−$\overset{4}{C}H_2$−$\underset{3}{C}H$(SH)−$\overset{2}{C}H_2$−$\overset{1}{C}OOH$
3,4-bis(sulfanyl)butanoic acid[1] (PIN)
3,4-ビス(スルファニル)ブタン酸 (PIN)

Ⅲ2-C10.2 スルフィド

PIN は置換命名法で命名する．原子団 R−S− は接頭語 R-sulfanyl スルファニル として，PIN にも採用する．接頭語 R-thio チオ，sulfide スルフィド は GIN としては使うことができる．

例：H_3CS−C₆H₄−SH
4-(methylsulfanyl)benzenethiol (PIN)
4-(メチルスルファニル)ベンゼンチオール (PIN)

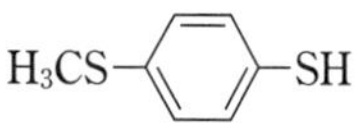

1) 原子団 HS−S− disulfanyl とまぎらわしいので，倍数接頭語は bis を使う．

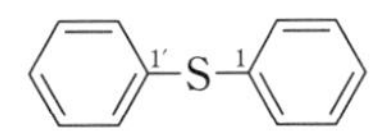

1,1′-sulfanediyldibenzene（PIN）
1,1′-スルファンジイルジベンゼン（PIN，倍数命名法）
diphenyl sulfide　ジフェニルスルフィド
(phenylsulfanyl)benzene　（フェニルスルファニル)ベンゼン
(phenylthio)benzene　（フェニルチオ)ベンゼン

Ⅲ2-C10.3　ジスルフィド

PIN は置換命名法で命名する．原子団 R−SS− に対して，優先接頭語 R-disulfanyl ジスルファニル を使って PIN とする．GIN には disulfide ジスルフィド を使うことができる．倍数命名法による PIN は disulfanediyl ジスルファンジイル（表Ⅲ2-1）誘導体のかたちになる．

例：$CH_3-SS-CH_3$　(methyldisulfanyl)methane（PIN）（メチルジスルファニル)メタン（PIN）
dimethyl disulfide　ジメチルジスルフィド

HO–(1′)C_6H_4(4′)–SS–(4)C_6H_4(1)–OH

4,4′-disulfanediyldiphenol（PIN）
4,4′-ジスルファンジイルジフェノール（PIN，倍数命名法）
4,4′-dithiophenol
4,4′-ジチオフェノール

Ⅲ2-C10.4　チオアルデヒド

アルデヒドに準じて，接尾語 thial チアール または carbothialdehyde カルボチオアルデヒド を使う．原子団 −CH=S の優先接頭語は methanethioyl メタンチオイル である．PIN では認められないが，GIN では thioformyl チオホルミルを使うこともできる．

例：$\overset{2}{C}H_3-\overset{1}{C}HS$　ethanethial（PIN）エタンチアール（PIN）
thioacetaldehyde　チオアセトアルデヒド

C_6H_5-CHS　benzenecarbothialdehyde（PIN）ベンゼンカルボチオアルデヒド（PIN）
thiobenzaldehyde　チオベンズアルデヒド

Ⅲ2-C10.5　チオケトン

優先接尾語には thione チオン，優先接頭語には sulfanylidene スルファニリデン を使う．PIN では認められないが，GIN では接頭語として thioxo チオキソ を使うこともできる．

例：$\overset{3}{C}H_3-\overset{2}{C}S-\overset{1}{C}H_3$　propane-2-thione（PIN）プロパン-2-チオン（PIN）
(thioacetone チオアセトンとしない)

$\overset{5}{C}H_3-\overset{4}{C}S-\overset{3}{C}H_2-\overset{2}{C}O-\overset{1}{C}H_3$　4-sulfanylidenepentan-2-one（PIN）
4-スルファニリデンペンタン-2-オン（PIN）
4-thioxopentan-2-one　4-チオキソペンタン-2-オン

Ⅲ2-C10.6　チオカルボン酸とチオ炭酸誘導体

Ⅲ2-C10.6.1　チオカルボン酸とアシル基

これまでの命名法と変わらず，接尾語 thioic acid チオ酸，dithioic acid ジチオ酸，あるいは carbothioic acid カルボチオ酸，carbodithioic acid カルボジチオ酸 を使う．カルボン酸で PIN として認められている五つのモノカルボン酸については，体系名が PIN となる．

例：$CH_3-CS-OH$　　ethanethioic *O*-acid（PIN）　　エタンチオ *O*-酸（PIN）
　　thioacetic *O*-acid　　*O*-チオ酢酸

$C_6H_5-C\{O/S\}H$　　benzenecarbothioic acid（PIN）　　ベンゼンカルボチオ酸（PIN）
　　thiobenzoic acid　　チオ安息香酸

$HS-\overset{4}{C}O-\overset{3}{C}H_2-\overset{2}{C}H_2-\overset{1}{C}OOH$　　4-oxo-4-sulfanylbutanoic acid（PIN）
　　4-オキソ-4-スルファニルブタン酸（PIN）
　　(thiosuccinic acid チオコハク酸としない)

原子団 $-CS-OH$, $-CO-SH$ および $-CS-SH$ の基名は，それぞれ hydroxy(carbothioyl) ヒドロキシ(カルボチオイル)， sulfanylcarbonyl スルファニルカルボニル および dithiocarboxy ジチオカルボキシ である．$-CSOH$ の水素原子が酸素と硫黄のどちらに結合しているか明らかでないときは，上記のように $-C\{O/S\}H$ と記す．

アシル基の優先接頭語は語尾の oic acid を oyl オイル に変えて，thioyl チオイル，carbothioyl カルボチオイル とする．ただし thioyl の倍数接頭語は bis，tris などである．

例：$-CS-CH_2-CH_2-CS-$　　butanebis(thioyl)　　ブタンビス(チオイル)（優先接頭語）

C_6H_5-CS-　　benzenecarbothioyl　　ベンゼンカルボチオイル（優先接頭語）
　　thiobenzoyl　　チオベンゾイル

Ⅲ2-C10.6.2　チオカルボン酸エステルおよび塩

エステルおよび塩は，語尾の oic acid を ate アート に変え，thioate チオアート，carbothioate カルボチオアート を用いて命名する．

例：$CH_3-(CH_2)_4-CO-S-CH_2-CH_3$　　*S*-ethyl hexanethioate（PIN）
　　ヘキサンチオ酸 *S*-エチル（PIN）

Ⅲ2-C10.6.3　チオカルボン酸アミド

接尾語 thioamide チオアミド，carbothioamide カルボチオアミド を使って命名する．保存名が PIN として認められた酸については，体系名が PIN となる．

例：$CH_3-CS-NH_2$　　ethanethioamide（PIN）　エタンチオアミド（PIN）
　　thioacetamide　チオアセトアミド

$C_6H_5-CS-NH_2$　　benzenecarbothioamide（PIN）　ベンゼンカルボチオアミド（PIN）
　　thiobenzamide　チオベンズアミド

$H_2N-\overset{3}{C}S-\overset{2}{C}H_2-\overset{1}{C}OOH$

3-amino-3-sulfanylidenepropanoic acid（PIN）
3-アミノ-3-スルファニリデンプロパン酸（PIN）
3-amino-3-thioxopropanoic acid
3-アミノ-3-チオキソプロパン酸
carbamothioylacetic acid　　カルバモチオイル酢酸
(aminocarbonothioyl)acetic acid　(アミノカルボノチオイル)酢酸

Ⅲ2-C10.6.4 チオ尿素

thiourea チオ尿素は PIN としても使うことができる．ただし，尿素の場合と同様に窒素の位置番号は *N,N′* とする．従来の数字 1,3 を使う命名法は GIN では認められる．

Ⅲ2-C10.7 スルホキシド，スルホン

PIN では置換命名法のみが認められているので，原子団 R−SO−，$R-SO_2-$ に対しては，優先接頭語はそれぞれ alkane(arene)sulfinyl アルカン(アレーン)スルフィニル， alkane(arene)sulfonyl アルカン(アレーン)スルホニル を使って命名する．GIN では alkyl(aryl)sulfinyl アルキル(アリール)スルフィニル， alkyl(aryl)sulfonyl アルキル(アリール)スルホニル を使うこともできる．

例：

$CH_3-CH_2-S(=O)-\overset{1}{C}H_2-\overset{2}{C}H_2-\overset{3}{C}H_2-\overset{4}{C}H_3$

1-(ethanesulfinyl)butane (PIN)
1-(エタンスルフィニル)ブタン (PIN)
butyl ethyl sulfoxide ブチルエチルスルホキシド

$CH_3-CH_2-S(=O)_2-CH_2-CH_3$

1-(ethanesulfonyl)ethane (PIN)
1-(エタンスルホニル)エタン (PIN)
diethyl sulfone ジエチルスルホン

$C_6H_5-SO_2-C_6H_5$

1,1′-sulfonyldibenzene (PIN)
1,1′-スルホニルジベンゼン (PIN，倍数命名法)
diphenyl sulfone ジフェニルスルホン

硫黄が環の構成原子のときは，PIN は接尾語 one オン を使って命名する．

例：(S1=O, 2 を付したチオフェン環の構造式)

1*H*-1λ[4]-thiophen-1-one (PIN) 1*H*-1λ[4]-チオフェン-1-オン (PIN)
thiophene 1-oxide チオフェン 1-オキシド
1-oxo-1*H*-1λ[4]-thiophene 1-オキソ-1*H*-1λ[4]-チオフェン

(O1, SO_2 2, CH_3 3 を付した六員環の構造式)

3-methyl-1,2λ[6]-oxathiane-2,2-dione (PIN)
3-メチル-1,2λ[6]-オキサチアン-2,2-ジオン (PIN)

Ⅲ2-C10.8 硫黄酸および誘導体

Ⅲ2-C10.8.1 スルフィン酸，スルホン酸および誘導体

原子団 −SO−OH および $-SO_2-OH$ に対して接尾語 sulfinic acid スルフィン酸 および sulfonic acid スルホン酸 を使って命名し，PIN とする．対応する接頭語は sulfino スルフィノ および sulfo スルホ である．

例：

$H_2N-C_6H_4-SO_2OH$

4-aminobenzene-1-sulfonic acid (PIN)
4-アミノベンゼン-1-スルホン酸 (PIN)
(sulfanilic acid スルファニル酸は廃止された)

$HOSO_2-\overset{4}{C_6H_4}\overset{1}{-}COOH$ 4-sulfobenzoic acid (PIN) 4-スルホ安息香酸 (PIN)

R−S−OH に対する sulfenic acid スルフェン酸 の名称は廃止され，優先接尾語 thioperoxol チオペルオキソール を使う．GIN では接尾語 thiohydroperoxide チオヒドロペルオキシド を使ってもよい．

例：CH_3-SOH methane-*SO*-thioperoxol (PIN) メタン-*SO*-チオペルオキソール (PIN)
S-methyl thiohydroperoxide *S*-メチルチオヒドロペルオキシド

Ⅲ2-C10.8.2 エステルおよび塩

これまでと同じく，接尾語を sulfinate スルフィナート および sulfonate スルホナート として命名する．

相当するアニオンの優先接頭語は sulfinato スルフィナト および sulfonato スルホナト である．

Ⅲ2-C10.8.3 アミド

これまでと同じく，接尾語 sulfinamide スルフィンアミド および sulfonamide スルホンアミド を使って命名する．

環状アミドに対しては，複素環化合物として命名する．

例：

	1λ^6,2-thiazinane-1,1-dione（PIN）	1λ^6,2-チアジナン-1,1-ジオン（PIN）
	1,2-thiazinane 1,1-dioxide	1,2-チアジナン 1,1-ジオキシド

Ⅲ2-C11 アミン，イミン，アンモニウム化合物

Ⅲ2-C11.1 第一級アミン

Ⅲ2-C11.1.1 慣用名と保存名

第一級アミンのうち，慣用名が PIN として認められているのは anilinc アニリン のみであり，置換体にも使うことができる．GIN としては体系名 benzenamine ベンゼンアミン を使ってもよい．優先接頭語として anilino アニリノ も認められている．GIN としては phenylamino フェニルアミノ も認められている．

toluidine トルイジン， anisidine アニシジン， phenetidine フェネチジン， xylidine キシリジン の名称は廃止となった．

Ⅲ2-C11.1.2 体系的名称

母体水素化物の名称に接尾語 amine アミン をつけて PIN とする．母体水素化物の基名に接尾語 azane アザン あるいは amine アミン をつける方法は，GIN として使用できる．

例：$\overset{1}{C}H_3-\overset{N}{N}H_2$

	methanamine（PIN）	メタンアミン（PIN）
	methylazane	メチルアザン
	methylamine	メチルアミン

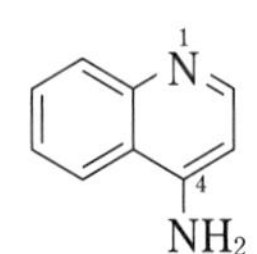

quinolin-4-amine（PIN）　キノリン-4-アミン（PIN）

優先接頭語は amino アミノ であるが，GIN では azanyl アザニル を使う．

Ⅲ2-C11.2 第二級および第三級アミン

PIN は第一級アミン，アルカンアミン，アレーンアミンの *N*-置換体として命名する．GIN は azane アザン あるいは amine アミン の置換体として命名する．ただし，接尾語 azane アザン， amine アミン を使う場合，置換基名が単純なときは括弧でくくる．

例: $C_6H_5-\overset{N}{N}H-C_6H_5$ 　*N*-phenylaniline (PIN) *N*-フェニルアニリン (PIN)
diphenylazane 　ジフェニルアザン
(diphenyl)amine (ジフェニル)アミン
(diphenylamine ジフェニルアミンとはしない)

$(CH_3-CH_2)_2\overset{N}{N}-\overset{1}{C}H_2-\overset{2}{C}H_3$ 　*N*,*N*-diethylethanamine (PIN)
N,*N*-ジエチルエタンアミン (PIN)
triethylazane 　トリエチルアザン
(triethyl)amine (トリエチル)アミン
(triethylamine トリエチルアミンとはしない)

$\overset{4}{C}H_3-\overset{3}{C}H_2-\overset{2}{C}H_2-\overset{1}{C}H_2-\underset{N}{N}(CH_2-CH_2-CH_3)-CH_2-CH_3$

N-ethyl-*N*-propylbutan-1-amine (PIN)
N-エチル-*N*-プロピルブタン-1-アミン (PIN)
butyl(ethyl)(propyl)azane 　ブチル(エチル)(プロピル)アザン
butyl(ethyl)(propyl)amine 　ブチル(エチル)(プロピル)アミン
(*N*-ethyl-*N*-propylbutylamine 　*N*-エチル-*N*-プロピルブチルアミンとはしない)

Ⅲ2-C11.3 ポリアミン

慣用名で PIN として認められている保存名はないが，benzidine ベンジジン の 4,4′-異性体は GIN として使用できる．接頭語 benzidino ベンジジノ も認められている．

例: (構造式: H_2N-4′ ... 1′ 1 ... 4-NH_2; 3′-H_3C, 3-CH_3)
3,3′-dimethyl[1,1′-biphenyl]-4,4′-diamine (PIN)
3,3′-ジメチル[1,1′-ビフェニル]-4,4′-ジアミン (PIN)
3,3′-dimethylbenzidine 　3,3′-ジメチルベンジジン

同一の母体水素化物に複数のアミノ基が結合しているときには，結合する原子の位置番号とプライムを使ってアミノ基を区別する．

例: $H_3C-H\overset{N'^3}{N}$ 　$\overset{N^3}{N}H-CH_2-CH_3$
$\underset{1}{C}H_3-\underset{2}{C}H_2-\underset{3}{C}-\underset{4}{C}H_2-\underset{5}{C}H_2-\underset{6}{C}H_3$
　N^3-ethyl-*N*$'^3$-methylhexane-3,3-diamine (PIN)
　N^3-エチル-*N*$'^3$-メチルヘキサン-3,3-ジアミン (PIN)

$H_2N-\overset{2}{C}H_2-\overset{1}{C}H_2-\overset{N^1}{N}H-CH_2-NH_2$ 　*N*^{1}-(aminomethyl)ethane-1,2-diamine (PIN)
N^1-(アミノメチル)エタン-1,2-ジアミン (PIN)
(より長い鎖が主鎖)

Ⅲ2-C11.4 イミン

C=NH 型の構造をもった化合物は，アミン誘導体ではなく接尾語 imine イミン を使って命名する．置換基としての接頭語は imino イミノ である．

例: $CH_3-CH=\overset{N}{N}-CH_3$ 　*N*-methylethanimine (PIN) *N*-メチルエタンイミン (PIN)
N-ethylidenemethanamine 　*N*-エチリデンメタンアミン
〔*N*-ethylidene(methyl)amine *N*-エチリデン(メチル)アミンとしない〕

thiolan-2-imine（PIN）
チオラン-2-イミン（PIN）

4-iminocyclohexa-2,5-dien-1-one（PIN）
4-イミノシクロヘキサ-2,5-ジエン-1-オン（PIN）
（*p*-benzoquinone monoimine *p*-ベンゾキノンモノイミンとしない）

従来の carbodiimide カルボジイミド の置換体の PIN は，体系名 methanediimine メタンジイミン（HN=C=NH）の置換体として命名する．carbodiimide カルボジイミド の名称は，化合物の種類を示す名称としてのみ使用できる．

例：$C_6H_{11}-N=C=N-C_6H_{11}$　dicyclohexylmethanediimine（PIN）
ジシクロヘキシルメタンジイミン（PIN）

Ⅲ2-C11.5　アンモニウム化合物

母体化合物の amine アミン，imine イミン の語尾を aminium アミニウム，iminium イミニウム に変え，これに置換基をつけてカチオン名とし，アニオン名と組合わせて PIN とする．GIN では，接尾語 azanium アザニウム または ammonium アンモニウム（第四級塩に限る）を使ってもよい．

例：$CH_3-CH_2-\overset{+}{N}H(CH_3)_2\ Br^-$　*N*,*N*-dimethylethanaminium bromide（PIN）
臭化 *N*,*N*-ジメチルエタンアミニウム（PIN）
ethyldi(methyl)azanium bromide
臭化エチルジ(メチル)アザニウム

$(CH_3)_4N^+I^-$　*N*,*N*,*N*-trimethylmethanaminium iodide（PIN）
ヨウ化 *N*,*N*,*N*-トリメチルメタンアミニウム（PIN）
tetramethylazanium iodide　ヨウ化テトラメチルアザニウム
tetramethylammonium iodide　ヨウ化テトラメチルアンモニウム

$C_6H_5-\overset{+}{N}H_2-CH_3\ Cl^-$　*N*-methylanilinium chloride（PIN）
塩化 *N*-メチルアニリニウム（PIN）
methyl(phenyl)azanium chloride
塩化メチル(フェニル)アザニウム
N-methylbenzenaminium chloride
塩化 *N*-メチルベンゼンアミニウム

$C_6H_5-\overset{+}{N}H=CH-CH_3\ Br^-$　*N*-phenylethaniminium bromide（PIN）
臭化 *N*-フェニルエタンイミニウム（PIN）
ethylidene(phenyl)azanium bromide
臭化エチリデン(フェニル)アザニウム

Ⅲ2-C12　アゾおよびアゾキシ化合物

Ⅲ2-C12.1　アゾ化合物

PIN は HN=NH diazene ジアゼン置換体として命名する．GIN としては，従来の azo アゾ を使う命名法も可能である．

例：$C_6H_5-N=N-C_6H_5$　diphenyldiazene（PIN）　ジフェニルジアゼン（PIN）
azobenzene　アゾベンゼン

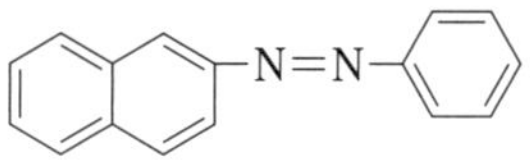

(naphthalen-2-yl)(phenyl)diazene（PIN）
(ナフタレン-2-イル)(フェニル)ジアゼン（PIN）
naphthalene-2-azobenzene　ナフタレン-2-アゾベンゼン

ほかに主基となる基が存在するときは，R−N=N−は R-diazenyl ジアゼニル として命名する．GIN では R-azo アゾ を使うこともできる．

例：2-[(4-chlorophenyl)diazenyl]benzene-1-sulfonic acid（PIN）
2-[(4-クロロフェニル)ジアゼニル]ベンゼン-1-スルホン酸（PIN）

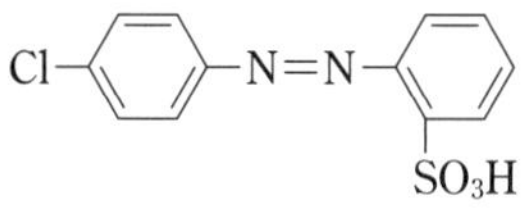

Ⅲ2-C12.2 アゾキシ化合物

PIN は oxide オキシド を使って命名する．酸素の結合位置がわかっていれば，位置番号 1 または 2 で示す．位置が明確でないときは位置番号をつけない．

例：N=N(O)−C_6H_5

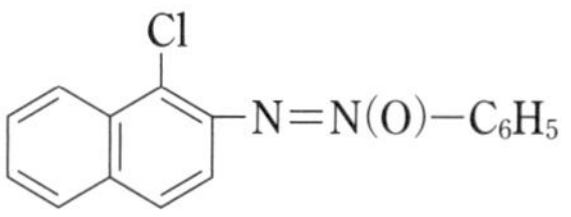

1-(1-chloronaphthalen-2-yl)-2-phenyldiazene 2-oxide（PIN）
1-(1-クロロナフタレン-2-イル)-2-フェニルジアゼン=2-オキシド（PIN）
1-chloro-2-(phenyl-*ONN*-azoxy)naphthalene
1-クロロ-2-(フェニル-*ONN*-アゾキシ)ナフタレン

上記のように，GIN では場合に応じて *ONN*，*NNO* または *NON*（酸素の結合位置が不明の場合）のかたちで酸素の位置を示す方法も可能である．

Ⅲ2-C13 ヒドラジンと誘導体

Ⅲ2-C13.1 ヒドラジンと関連する接頭語

ヒドラジンは予備選択名として，体系的名称 diazane ジアザン よりも優先的に使われる．また，優先接頭語として H_2N-NH- hydrazinyl ヒドラジニル，$H_2N-N=$ hydrazinylidene ヒドラジニリデン，$=N-N=$ hydrazinediylidene ヒドラジンジイリデン，$-NH-NH-$ hydrazine-1,2-diyl ヒドラジン-1,2-ジイル も使うことができる．これまで使われてきた，これらに対応する接頭語 hydrazino ヒドラジノ，hydrazono ヒドラゾノ，azino アジノ，hydrazo ヒドラゾは廃止された．

例：$C_6H_5-NH-NH_2$　phenylhydrazine（PIN）　フェニルヒドラジン（PIN）

$H_2N-NH-COOH$　hydrazinecarboxylic acid（PIN）　ヒドラジンカルボン酸（PIN）
(carbazic acid カルバジン酸としない)

Ⅲ2-C13.2 ヒドラジド

カルボン酸のアミドに相当する $-CO-NHNH_2$ ヒドラジド は，母体水素化物の名称に接尾語 hydrazide ヒドラジド を付して PIN とする．環に結合するときは，carbohydrazide カルボヒドラジド となる．

例： $\overset{5}{C}H_3-\overset{4}{C}H_2-\overset{3}{C}H_2-\overset{2}{C}H_2-\overset{1}{C}O-\overset{N}{N}H-\overset{N'}{N}H_2$

pentanehydrazide（PIN） ペンタンヒドラジド（PIN）

（pentanohydrazide ペンタノヒドラジド でも pentanoylhydrazine ペンタノイルヒドラジン でもない）

2個の窒素を区別するときは，カルボニル基に近い方から *N*, *N′* とする．

PIN として認められた酸については語尾を ohydrazide オヒドラジド に変えて PIN とする．GIN として認められた酸については，無置換の場合のみこの命名法が適用できる．

例： $C_6H_5-CO-\overset{N}{N}H-\overset{N'}{N}H_2$ benzohydrazide（PIN） ベンゾヒドラジド（PIN）

$CH_3-CH_2-CH_2-CO-\overset{N}{N}H-\overset{N'}{N}H_2$ butanehydrazide（PIN） ブタンヒドラジド（PIN）

butyrohydrazide ブチロヒドラジド（無置換の場合のみ）

GIN として furohydrazide フロヒドラジド, phthalohydrazide フタロヒドラジド, isophthalohydrazide イソフタロヒドラジド，terephthalohydrazide テレフタロヒドラジド は使用が認められる．PIN は体系名が該当する．

例： $H_2\overset{N'4}{N}-\overset{N4}{N}H-CO-$(4)C₆H₄(1)$-CO-\overset{N1}{N}H-\overset{N'1}{N}H_2$

benzene-1,4-dicarbohydrazide（PIN）

ベンゼン-1,4-ジカルボヒドラジド（PIN）

terephthalohydrazide テレフタロヒドラジド

III2-C14 ラジカル（遊離基）

母体水素化物から1個の水素原子が取れて生じたかたちのラジカルは，直鎖飽和炭化水素，飽和単環炭化水素，14族の単核母体水素化物では，名称の語尾の ane アン を yl イル に変えて PIN とする．その他の母体水素化物の場合は，名称の最後の e を接尾語 yl イル に変えて PIN とする．

例： $\overset{3}{C}H_3-\overset{2}{C}(CH_3)(\bullet)-\overset{1}{C}H_3$

2-methylpropan-2-yl（PIN） 2-メチルプロパン-2-イル（PIN）

1,1-dimethylethyl 1,1-ジメチルエチル

tert-butyl *tert*-ブチル

benzenyl（PIN） ベンゼニル（PIN）

phenyl フェニル

母体水素化物中の1個の原子から水素原子を2個あるいは3個取去った構造に対応して，語尾の ane アン を ylidene イリデン あるいは ylidyne イリジン に変えてラジカルの名称とする．carbene カルベン，nitrene ナイトレン の名称も GIN としては認められている．

例： $CH_3CH_2\bullet$ ethyl（PIN） エチル（PIN）

$CH_3CH^{2\bullet}$ ethylidene（PIN） エチリデン（PIN）

$CH_3C^{3\bullet}$ ethylidyne（PIN） エチリジン（PIN）

ラジカルの中心が複数あるときは，位置番号とともに，母体水素化物の名称に diyl ジイル，triyl トリイル，ylylidene イルイリデン，diylidene ジイリデン などの語尾を添えて PIN とする．

例： $\bullet\overset{1}{C}H_2-\underset{2}{\dot{C}}H-\underset{3}{\dot{C}}H_2$ propane-1,2,3-triyl（PIN） プロパン-1,2,3-トリイル（PIN）

benzene-1,4-diyl（PIN） ベンゼン-1,4-ジイル（PIN）

（1,4-phenylene 1,4-フェニレンではない．ラジカル名が置換基名と異なる例）

アシル基は名称そのものがラジカル名になる．

優先接尾語 amine アミン，imine イミン，amide アミド，carboxamide カルボキサミド から生じる窒素ラジカルは，それぞれ aminyl アミニル，iminyl イミニル，amidyl アミジル，carboxamidyl カルボキサミジル とする．

hydroxy ヒドロキシ，alkyloxy (alkoxy) アルキルオキシ（アルコキシ），acyloxy アシルオキシ，aminoxy アミノキシ などから生じる酸素ラジカルの PIN は語尾の xy キシ を xyl キシル に変え，hydroxyl ヒドロキシル， alkyloxyl (alkoxyl) アルキルオキシル（アルコキシル）， acyloxyl アシルオキシル，aminoxyl アミノキシル とする．

例：$CH_3-O\bullet$　　methoxyl（PIN）　メトキシル（PIN）
　　methyloxidanyl　メチルオキシダニル

$ClCH_2-CO-O\bullet$　　(chloroacetyl)oxyl（PIN）　（クロロアセチル）オキシル（PIN）
　　(chloroacetyl)oxidanyl　（クロロアセチル）オキシダニル

$CH_3-(CH_2)_4-CO-O-O\bullet$　　hexanoylperoxyl（PIN）　ヘキサノイルペルオキシル（PIN）
　　hexanoyldioxidanyl　ヘキサノイルジオキシダニル

置換基から水素原子を取去ることを示す接頭語は ylo イロ であり，これを用いてラジカル中心をもつ置換基の名称をつくることができる．

$-\dot{C}H_2$　　ylomethyl　イロメチル　（優先接頭語）

Ⅲ2-C15　イ　オ　ン

Ⅲ2-C15.1　アニオン（陰イオン）

Ⅲ2-C15.1.1　母体水素化物から生じるアニオン

母体水素化物からプロトンを 1 個取去って生じる形のアニオンの PIN は語尾の e を ide イド に変えて命名する．官能種類命名法としてラジカル名に anion アニオン を添える方法は GIN としては認められる．acetylide アセチリド も保存名として GIN では認められている（PIN は ethynediide エチンジイド）．

例：H_3C^-　　methanide（PIN）　メタニド（PIN）
　　methyl anion　メチルアニオン

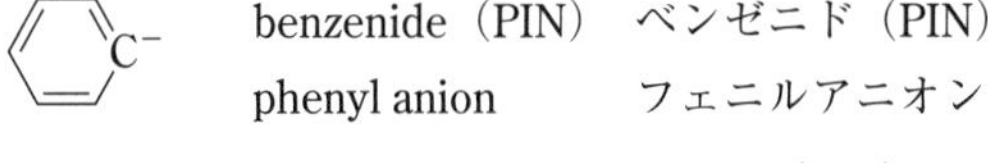

benzenide（PIN）　ベンゼニド（PIN）
phenyl anion　フェニルアニオン

cyclopenta-2,4-dien-1-ide（PIN）　シクロペンタ-2,4-ジエン-1-イド（PIN）
cyclopenta-2,4-dien-1-yl anion　シクロペンタ-2,4-ジエン-1-イルアニオン
負電荷が非局在化していることを表現する名称（PIN）は
cyclopentadienide シクロペンタジエニドである．

Ⅲ2-C15.1.2　アルコール，ヒドロペルオキシドおよび酸から生じるアニオン

アルコールから生じるアニオンについては，Ⅲ2-C3.2 に記してある．ヒドロペルオキシ化合物の場合は，優先接尾語は peroxolate ペルオキソラート である．GIN には接尾語 dioxidanide ジオキシダニド を使ってもよい．

例：$(CH_3)_3C-OO^-$　　2-methylpropane-2-peroxolate（PIN）
　　2-メチルプロパン-2-ペルオキソラート（PIN）
　　tert-butyldioxidanide　*tert*-ブチルジオキシダニド

カルボン酸に由来するアニオンについてはⅢ2-C9.4 に記してある．過酸からのアニオンは，語尾 peroxoic acid を peroxoate ペルオキソアート に変える．

Ⅲ2-C15.1.3 アミンおよびイミンから生じるアニオン

PIN は接尾語の amine アミン，imine イミン を aminide アミニド，iminide イミニド あるいは aminediide アミンジイド（2 価イオン）に変える．アニオン H_2N^- amide アミドと HN^{2-} imide イミドは保存名であり，GIN の母体アニオンとして使うことができる．

例：CH_3-NH^- methanaminide（PIN） メタンアミニド（PIN）
methylamide メチルアミド

$^-HN-\underset{1}{C}H_2-\underset{2}{C}H_2-NH^-$ ethane-1,2-bis(aminide)（PIN）
エタン-1,2-ビス(アミニド)（PIN）
ethane-1,2-diylbis(amide) エタン-1,2-ジイルビス(アミド)

$CH_3-CH_2-CH_2-CH=N^-$ butaniminide（PIN） ブタンイミニド（PIN）

$C_6H_5-NH^-$ benzenaminide（PIN） ベンゼンアミニド（PIN）
phenylamide フェニルアミド

Ⅲ2-C15.1.4 その他の特性基から生じるアニオン

上記以外の特性基から，プロトンの脱離によって生じるアニオンの PIN は，母体水素化物のアニオン（例：$CH_3CH_2^-$ ethanide エタニド， NH_2^- azanide アザニド など）の置換体として命名する．

例：$CH_3-\overset{\overset{O}{\|}}{C}{}^-$ 1-oxoethan-1-ide（PIN） 1-オキソエタン-1-イド（PIN）
acetyl anion アセチルアニオン

$CH_3-CO-NH^-$ acetylazanide（PIN） アセチルアザニド（PIN）
acetylamide アセチルアミド

Ⅲ2-C15.2 カチオン（陽イオン）

Ⅲ2-C15.2.1 プロトン付加カチオン

(1) 母体水素化物に付加した場合

母体水素化物に 1 個のプロトンが付加して生じる形のカチオンは，語尾の e を ium イウム に変えて PIN とする．置換体の場合は，母体水素化物のカチオン名に置換基名を入れる形で命名する．複数のプロトンが付加した場合は，ium イウム の前に位置番号と倍数接頭語 di, tri などをつける．

例：CH_5^+ methanium（PIN） メタニウム（PIN）

$[C_6H_7]^+$ benzenium（PIN） ベンゼニウム（PIN）

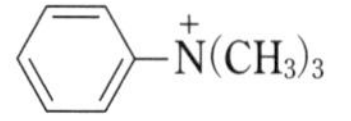

N,N,N-trimethylanilinium（PIN） *N,N,N*-トリメチルアニリニウム（PIN）
trimethyl(phenyl)ammonium トリメチル(フェニル)アンモニウム

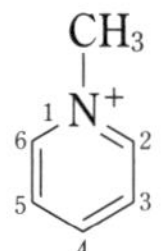

1-methylpyridin-1-ium（PIN）
1-メチルピリジン-1-イウム（PIN）

(2)　特性基に付加した場合

(a)　窒素を含む特性基　表Ⅲ2-3 に示す特性基の接尾語をもつ化合物は，接尾語を表のように変えると対応するカチオンの PIN となる．

例：$(CH_3)_4N^+$　*N,N,N*-trimethylmethanaminium（PIN）
N,N,N-トリメチルメタンアミニウム（PIN）
tetramethylammonium　テトラメチルアンモニウム

$C_6H_5-CO-\overset{+}{N}(CH_3)_3$

N,N,N-trimethylbenzamidium（PIN）
N,N,N-トリメチルベンズアミジウム（PIN）
benzoyltri(methyl)ammonium　ベンゾイルトリ(メチル)アンモニウム

表 Ⅲ2-3　特性基カチオンの接尾語対応表

中性状態特性基の接尾語	カチオン状態特性基の接尾語
amide アミド	amidium アミジウム
carboxamide カルボキサミド	carboxamidium カルボキサミジウム
imide イミド	imidium イミジウム
carboximide カルボキシミド	carboximidium カルボキシミジウム
nitrile ニトリル	nitrilium ニトリリウム
carbonitrile カルボニトリル	carbonitrilium カルボニトリリウム
amine アミン	aminium アミニウム
imine イミン	iminium イミニウム

(b)　オニウムイオン誘導体　PIN は表Ⅱ-5（p.15 参照）に示す単核母体水素化物の名称の最後の e を接尾語 ium に置き換えて命名する．GIN はオニウムイオン（表Ⅲ1-8 参照）の誘導体とみなして命名することもできる．

例：$(CH_3CH_2)_3O^+$　triethyloxidanium（PIN）　トリエチルオキシダニウム（PIN）
triethyloxonium　トリエチルオキソニウム

$CH_3-\overset{+}{S}F_4$　tetrafluoro(methyl)-λ^4-sulfanium（PIN）
テトラフルオロ(メチル)-λ^4-スルファニウム（PIN）
tetrafluoro(methyl)-λ^4-sulfonium
テトラフルオロ(メチル)-λ^4-スルホニウム

Ⅲ2-C15.2.2　ヒドリド脱離カチオン

(1)　母体水素化物から生じるカチオン

母体水素化物から 1 個のヒドリドイオン H^- が取れて生じた形のカチオンは，直鎖飽和炭化水素，飽和単環炭化水素，14 族の単核母体水素化物では，名称の語尾の ane アン を ylium イリウム に変えて PIN とする．その他の母体水素化物の場合は，名称の最後の e をとり，接尾語を ylium イリウム に変えて PIN とする．基名に cation カチオン を添える方法は GIN として認められる．

例：CH_3^+　methylium（PIN）　メチリウム（PIN）
methyl cation　メチルカチオン

$\overset{+}{C}H_2-\overset{+}{C}H_2$ (2, 1)	ethane-1,2-bis(ylium)（PIN）	エタン-1,2-ビス(イリウム)（PIN）
	ethane-1,2-diyl dication	エタン-1,2-ジイルジカチオン
$[C_6H_5]^+$	benzenylium（PIN）	ベンゼニリウム（PIN）
	phenyl cation	フェニルカチオン
	phenylium	フェニリウム

(2)　特性基上のカチオン

特性基からヒドリドイオン H^- が取れて生じた形のカチオンでは，語尾の e を ylium イリウム に変えて PIN とする．

例：

$C_6H_5-S^+$	phenylsulfanylium（PIN）	フェニルスルファニリウム（PIN）
$CH_3-CO-\overset{+}{N}H$	acetamidylium（PIN）	アセトアミジリウム（PIN）
$CH_3-CH_2-\overset{+}{N}H$	ethanaminylium（PIN）	エタンアミニリウム（PIN）

ただし，ROH アルコール，ROOH ヒドロペルオキシド，RCOOH カルボン酸の −OH からヒドリドイオン H^- が取れて生じた形のカチオンに対しては，RO, ROO, RCOO の基名の語尾を oxy オキシ，oyloxy オイルオキシから oxylium オキシリウム，oyloxylium オイルオキシリウム に変えて PIN とする．

methoxylium メトキシリウム，ethoxylium エトキシリウム，propoxylium プロポキシリウム，butoxylium ブトキシリウム，phenoxylium フェノキシリウムは PIN として，aminoxylium アミノキシリウム は予備選択名として認められている．

例：

CH_3-O^+	methoxylium（PIN）	メトキシリウム（PIN）
	methyloxidanylium	メチルオキシダニリウム
$(CH_3)_3C-O-O^+$	*tert*-butylperoxylium（PIN）	*tert*-ブチルペルオキシリウム（PIN）
	tert-butyldioxidanylium	*tert*-ブチルジオキシダニリウム
$Cl-CH_2-CO-O^+$	(chloroacetyl)oxylium（PIN）	(クロロアセチル)オキシリウム（PIN）
	(chloroacetyl)oxidanylium	(クロロアセチル)オキシダニリウム

酸から OH をとって生じるカチオンは，oic acid，ic acid，carboxylic acid をそれぞれ oylium オイリウム，ylium イリウム，carbonylium カルボニリウム に変えて PIN とする．

例：

$CH_3-\overset{\overset{O}{\parallel}}{C}{}^+$	acetylium（PIN）	アセチリウム（PIN）
	acetyl cation	アセチルカチオン

Ⅲ2-C15.2.3　ジアゾニウムイオン

ジアゾニウムイオンの PIN は接尾語 diazonium ジアゾニウム を用いて命名する．複数存在する場合は，倍数接頭語 bis，tris などを使う．GIN としては，接尾語 diazenylium ジアゼニリウム を使うこともできる．

例：

$CH_3-N_2{}^+$	methanediazonium（PIN）	メタンジアゾニウム（PIN）
	methyldiazenylium	メチルジアゼニリウム

$^+N_2-C_6H_4-N_2{}^+$ (4, 1)

benzene-1,4-bis(diazonium)（PIN）

ベンゼン-1,4-ビス(ジアゾニウム)（PIN）

1,4-phenylenebis(diazenylium)　1,4-フェニレンビス(ジアゼニリウム)

Ⅲ2-C15.3 両性イオン

1,2-双極化合物について，以下に例のみあげる．

アミンオキシド，ホスフィンオキシド：

$(CH_3)_3N^+-O^-$　*N*,*N*-dimethylmethanamine *N*-oxide（PIN）
N,*N*-ジメチルメタンアミン=*N*-オキシド（PIN）
(trimethyl)amine oxide　(トリメチル)アミンオキシド
(trimethylammoniumyl)oxidanide
(トリメチルアンモニウミル)オキシダニド

$(C_6H_5)_3P^+-O^-$　triphenyl-λ^5-phosphanone（PIN）
トリフェニル-λ^5-ホスファノン（PIN）
triphenylphosphane oxide　トリフェニルホスファンオキシド
(triphenylphosphoniumyl)oxidanide
(トリフェニルホスホニウミル)オキシダニド

イリドの命名は次のように，カチオン基名とアニオンの接尾語 ide イド を組合わせて命名する．

リンイリド：

$(CH_3)_3\overset{+}{P}-\overset{-}{C}(CH_3)-CH_3$（C1: 上の CH_3，C2: 中央の C，C3: 右の CH_3）

2-(trimethylphosphaniumyl)propan-2-ide（PIN）
2-(トリメチルホスファニウミル)プロパン-2-イド（PIN）
trimethyl(propan-2-ylidene)-λ^5-phosphane
トリメチル(プロパン-2-イリデン)-λ^5-ホスファン
isopropylidenetri(methyl)phosphorane
イソプロピリデントリ(メチル)ホスホラン

硫黄イリド：

$(CH_3)_2\overset{+}{S}-\overset{-}{C}(CH_2CH_3)-CH_2-CH_3$（C1: CH_3，C2: CH_2，C3: 中央の C，C4: CH_2，C5: CH_3）

3-(dimethylsulfaniumyl)pentan-3-ide（PIN）
3-(ジメチルスルファニウミル)ペンタン-3-イド（PIN）
dimethyl(pentan-3-ylidene)-λ^4-sulfane
ジメチル(ペンタン-3-イリデン)-λ^4-スルファン

Ⅲ2-C15.4 ラジカルイオン

ラジカルとイオンが共存し，しかもその位置を特定しない場合は，もととなる中性の母体水素化物，母体化合物，あるいはそれらの水素化物の名称に接尾語 elide エリド（アニオン）または elium エリウム（カチオン）をつけて PIN とする．

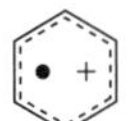

または　$[C_6H_6]^{\bullet+}$

benzenelium（PIN）　ベンゼネリウム（PIN）
benzene radical cation　ベンゼンラジカルカチオン
benzene radical ion(1+)　ベンゼンラジカルイオン(1+)

Ⅳ. 高分子化学命名法

Ⅳ-A ホモポリマー[1)]

IUPACの高分子命名法委員会では，ポリマー鎖を構成する原子団の配列の順序に基づく**構造基礎名** structure-based nameとポリマーの原料であるモノマー名に基づく**原料基礎名** source-based nameの2系統のポリマー名を定めている．同委員会では，1975年，合理的，体系的な構造基礎名の方を学術雑誌にふさわしいものとして勧告したが，一方で，原料基礎名も，約20の慣用ポリマー名の例を付録で示し，その類似ポリマーを含めて容認した．しかし原料基礎名も現実に広く使われ続けている現状をふまえて，原料基礎名を命名法の体系で構造基礎名と並列する一般的な方式として認めることとなり，2001年にはこれが勧告に取入れられている[2)]．

ここではⅣ-A1～A3で構造基礎名の概略[1)]を紹介し，Ⅳ-A4で原料基礎名にふれる．

Ⅳ-A1 規則性ポリマーの構造基礎命名法の一般原則

同じ鎖状の原子団が単位となり，つぎつぎに同じ向きに連結したポリマーを**規則性ポリマー** regular polymerという．規則性ポリマーの鎖状構造の単位を**構成繰返し単位** constitutional repeating unitといい，略記号**CRU**で表す．ポリマー鎖では同じ構造が繰返されるが，CRUはその中で最小の繰返し単位をいう．たとえばポリエチレンのCRUは$-CH_2-$であって，$-CH_2CH_2-$ではない．

規則性ポリマーの構造基礎名をつくるには，まず鎖状構造の単位となるCRUの名称を括弧に入れて表示し，その前に接頭語 poly ポリ を加える．

CRUが$-CH_2-$，$-C_6H_4-$のような単純基となる場合は問題ないが，いくつかの二価基が順次結合してできる複合基がCRUとなる場合には，命名のための順位規則がある．たとえば$+O-CHCl-CH_2+_n$について見れば，このCRUを構成する**副単位** subunit $-O-$，$-CHCl-$，$-CH_2-$の位置がずれた$-CHCl-CH_2-O-$，$-CH_2-O-CHCl-$およびこれらの逆向きの3種，計6種が考えられる．

命名用のCRUは(i)ヘテロ原子が優先，(ii)置換基の位置番号がなるべく小さい方を優先という優先順位の規則と，左側から優先順に書くという原則に従って，上記括弧内のものが正しい．

二つ以上の副単位から構成されるCRUの名称は，(i)副単位となる二価の基名を，左側から順々に並べてつくる，(ii)置換基名は各副単位の接頭語として加えてつくるという規則から，上記のポリマーの構造基礎名はpoly[oxy(1-chloroethylene)]となる．

Ⅳ-A2 命名用CRUの定め方

Ⅳ-A2.1 正しいCRU

命名用CRUは，主鎖を構成する副単位の優先順位に基づいて一義的に決められる．まず，最優先副単位を左端におき，つぎに第2順位の副単位が最も近くなるように鎖の向きを選ぶ．近さは両者間の結

---

1) ホモポリマーの構造基礎命名法の詳細は*Pure Appl. Chem.*, **74**, 1921 (2002) および下記文献2)の第10章に記載されている．

2) 高分子学会 高分子命名法委員会 訳，“高分子の命名法・用語法”，講談社 (2007) (I-1文献(7))，第9章．

合の数で判断し，間に環があるときは環中の最短距離を通る結合の数で決める．

優先順位がA＞B＞C＞Dの副単位を含むポリマー ⁅A−D−B−C−C⁆$_n$ の命名用CRUは，2番目の位置がCかDかではなくBの近さで決まるので，D内の主鎖中の結合の数の方がC−C内の対応する数より少ないとすれば，上記の式の括弧内の−A−D−B−C−C−が正しく，逆向きの−A−C−C−B−D−ではない．第2優先副単位への距離がどちら向きでも同じ ⁅A−C−D−B−C−D⁆$_n$ の場合には，逆向きの −A−D−C−B−D−C−と比較してAB間の経路中で第3順位のCが近い方，つまり前者が正しいCRUである．第1優先副単位が二つ以上ある場合には，それぞれのAを左端におき，逆向きのものも含め相互に比較する．たとえば，⁅A−z−A−y−A−x−A−u−A−v⁆$_n$ なら，二つのAをつなぐ鎖x, y, z, u, vで最も短いものxを選び，xの左右のAのみに着目して，右向きの−A−x−A−u−A−v… と左向きの −A−x−A−y−A−z… の両者を比較し，xの中のつぎの優先副単位の近さで決定する．たとえば ⁅O−CHCl−CH_2−O−CO−C_6H_4−CO⁆$_n$ の正しいCRUは，OとOの距離から −O−CHCl−CH_2−O−… か −O−CH_2−CHCl−O−… のいずれかであり，ついで置換基−Clのエチレン基内の位置番号をなるべく小さくとの条件から前者となる．より複雑な場合にも同様の規則をしだいに下位の副単位まで移して判断する．たとえば前記x, y, z, u, v系でxがどちらからみても同等なら，つぎはuとyの長さによって判断し，uとyの長さが同等ならuとyの中で次位優先副単位の近さを見るという手順を繰返す．

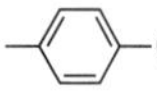

Ⅳ-A2.2　主鎖副単位の優先順位

主鎖を構成する副単位の順序はつぎの優先順位に従って決定する．

(*a*) 大分類としての優先順位は，複素環＞ヘテロ原子を含む鎖＞炭素環＞炭素のみの鎖

例：=(ピペリジン環, NH)=CH−CH=　　誤：−CH=(ピペリジン環, NH)=CH−

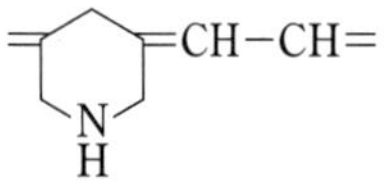

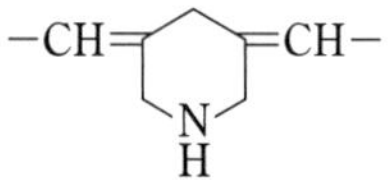

(*b*) 複素環どうしの序列は，有機化学命名法での順位規則（Ⅲ1-B2.2）による．

(*c*) 鎖中のヘテロ原子の序列は表Ⅲ1-2の順とする．有機化学命名法でおもなものをあげるとO＞S＞N＞P＞Siの順である（複素環どうしの序列はNを含む環が第一優先であるのとは異なる）．

(*d*) 炭素環どうしの序列は環系の優先順位の規則（Ⅲ1-C17.5）による．

(*e*) 多重結合，置換基を含む副単位に異性構造がある場合には，なるべく小さい位置番号をもつものを優先し，位置番号が同じならアルファベット順とする（有機化学命名法と同じ原則）．

例：−CH=CH−CH_2−CH_2−　　誤：−CH_2−CH=CH−CH_2−

(*f*) 置換基は最後に考慮する．

Ⅳ-A3　ポリマーの命名

Ⅳ-A3.1　ポリマーの構造基礎名

Ⅳ-A3.1.1　ポリマーの構造基礎名は，CRUの名称を括弧にいれ，その前にpoly ポリ をつけてつくる．日本語名のときポリに続く括弧は半角文字とすることに注意する．

例：⁅CH_2⁆$_n$　　poly(methylene)　ポリ(メチレン)

誤：poly(ethylene)（原料基礎名ではpolyethylene ポリエチレンとなる）

Ⅳ-A3.1.2　CRUおよび副単位の命名は，有機化学命名法（本書第Ⅲ1章）に基づいて行う．

Ⅳ-A3.1.3　副単位はできるだけ大きくまとめて命名する．ただし，ポリマーの主鎖骨格と置換基は区別して扱う．

例：$\text{-}\!\!(\text{CO}-\text{CH}_2-\text{CO}-(\text{CH}_2)_3\text{-}\!\!)_n$ poly(1,3-dioxohexane-1,6-diyl)
ポリ(1,3-ジオキソヘキサン-1,6-ジイル)
誤：poly(malonyltrimethylene)

$\text{-}\!\!(\text{CH}(\text{(CH}_2)_9\text{CH}_3)-\text{CH}_2\text{-}\!\!)_n$ poly(1-decylethylene) ポリ(1-デシルエチレン)
誤：poly(dodecane-1,2-diyl)

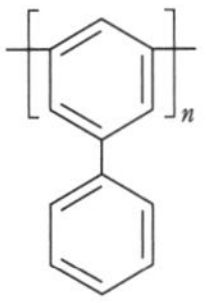

poly(5-phenyl-1,3-phenylene)
ポリ(5-フェニル-1,3-フェニレン)
誤：poly(biphenyl-3,5-diyl)

Ⅳ-A3.1.4 CRU が単一基名として命名できない場合には，CRU を構成する副単位ごとに順に基名を並べる．置換基をもつ副単位の名称は括弧でくくる．ポリマー鎖の化学構造の中で，いくつかの原子団をまとめて命名できる部分があれば，その部分を一つの副単位とみなして命名する．

例：$\text{-}\!\!(\text{O}-\text{CH}_2\text{CH}_2-\text{O}-\text{CO}-\text{C}_6\text{H}_4-\text{CO}\text{-}\!\!)_n$ poly(oxyethyleneoxyterephthaloyl)
ポリ(オキシエチレンオキシテレフタロイル)

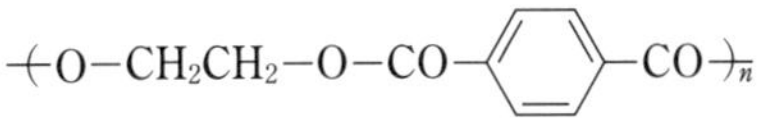

Ⅳ-A3.2 基 名

Ⅳ-A3.2.1 構成単位の命名に使われる二価の基名のうちおもなものを表Ⅳ-1 に示す．

Ⅳ-A3.2.2 特別な基名のない芳香環，複素環などの二価基は化合物に diyl ジイル をその**位置番号** locant とともにつけてつくる．

例：tetrahydro-2*H*-pyran-3,5-diyl
テトラヒドロ-2*H*-ピラン-3,5-ジイル

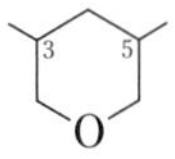

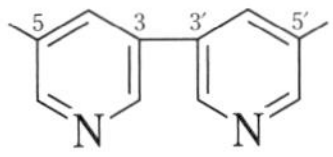

3,3′-bipyridine-5,5′-diyl
3,3′-ビピリジン-5,5′-ジイル

Ⅳ-A3.2.3 鎖状および炭素単環基の位置番号は左端の遊離原子価を 1 とするが，複素環や多環芳香族などでは固有の位置番号に従って遊離原子価の位置や置換基の位置を示す（Ⅳ-A3.2.2 参照）．

Ⅳ-A3.3 特殊な名称

Ⅳ-A3.3.1 構成単位が塩を形成している場合の名称は適当な対イオン名を括弧の中に加える．

例：$\text{-}\!\!(\text{CH}(\text{COONa})-\text{CH}_2\text{-}\!\!)_n$ poly(sodium 1-carboxylatoethylene)
ポリ(ナトリウム=1-カルボキシラトエチレン)

$\text{-}\!\!(\text{N}^+(\text{CH}_3)_2-\text{CH}_2-\text{CH}_2\text{-}\!\!)_n\ \text{Br}^-$ poly[(dimethyliminio)ethylene bromide]
ポリ[(ジメチルイミニオ)エチレン=ブロミド]

Ⅳ-A3.3.2 末端基の命名が必要な場合は，CRU の左側と右側の末端基の名称をそれぞれ α- および ω- の接頭記号の後に示し，ポリマー名の前におく．

例：$\text{H}\text{-}\!\!(\text{OCH}_2\text{CH}_2\text{-}\!\!)_n\text{OH}$ α-hydro-ω-hydroxypoly(oxyethylene)
α-ヒドロ-ω-ヒドロキシポリ(オキシエチレン)

$\text{Cl}\text{-}\!\!(\text{CH}(\text{C}_6\text{H}_5)-\text{CH}_2\text{-}\!\!)_n\text{CCl}_3$ α-chloro-ω-trichloromethylpoly(1-phenylethylene)
α-クロロ-ω-トリクロロメチルポリ(1-フェニルエチレン)

表 IV-1 ポリマー鎖を構成する単位となる二価の基の名称

炭化水素基				
$-CH_2-$	methylene	メチレン		
$-(CH_2)_2-$	ethylene	エチレン		
$-(CH_2)_3-$	propane-1,3-diyl	プロパン-1,3-ジイル，	trimethylene	トリメチレン
$-(CH_2)_4-$	butane-1,4-diyl	ブタン-1,4-ジイル，	tetramethylene	テトラメチレン
$-(CH_2)_6-$	hexane-1,6-diyl	ヘキサン-1,6-ジイル，	hexamethylene	ヘキサメチレン
$-CH(CH_3)-$	methylmethylene	メチルメチレン，	ethylidene	エチリデン
$-C(CH_3)_2-$	dimethylmethylene	ジメチルメチレン，	isopropylidene	イソプロピリデン
$-CH(C_6H_5)-$	phenylmethylene	フェニルメチレン，	benzylidene	ベンジリデン
$-CH(CH_3)-CH_2-$	1-methylethylene	1-メチルエチレン，	propylene	プロピレン
$-CH{=}CH-$	ethene-1,2-diyl	エテン-1,2-ジイル，	vinylene	ビニレン
$-CH{=}CH-CH_2-CH_2-$	but-1-ene-1,4-diyl	ブタ-1-エン-1,4-ジイル		
$-C_6H_{10}-$	cyclohexanediyl[a]	シクロヘキサンジイル[a]		
$-C_6H_4-$	phenylene[a]	フェニレン[a]		
$-C_{10}H_6-$	naphthalenediyl[a]	ナフタレンジイル[a]		
$-C_{12}H_8-$	biphenyldiyl[a]	ビフェニルジイル[a]		
カルボニルおよび二価アシル基				
$-CO-$	carbonyl	カルボニル		
$-CO-CO-$	ethanedioyl	エタンジオイル，	oxalyl	オキサリル
$-CO-CH_2-CO-$	propanedioyl	プロパンジオイル，	malonyl	マロニル
$-CO-(CH_2)_2-CO-$	succinyl	スクシニル		
$-CO-(CH_2)_3-CO-$	glutaryl	グルタリル		
$-CO-(CH_2)_4-CO-$	adipoyl	アジポイル		
$-CO-C_6H_4-CO-$	(*o*-) phthaloyl	フタロイル		
	(*m*-) isophthaloyl	イソフタロイル		
	(*p*-) terephthaloyl	テレフタロイル		
エーテル，エステル基				
$-O-$	oxy	オキシ		
$-O-CH_2-O-$	oxymethyleneoxy[b]	オキシメチレンオキシ[b]		
$-O-CO-$	oxycarbonyl	オキシカルボニル		
$-OO-$	peroxy	ペルオキシ，	dioxy	ジオキシ
硫黄を含む基				
$-S-$	sulfanediyl	スルファンジイル，	thio	チオ
$-SO-$	sulfinyl	スルフィニル		
$-SO_2-$	sulfonyl	スルホニル		
窒素を含む基				
$-NH-$	imino	イミノ		
$-NH_2{}^+-$	iminio	イミニオ		
$=N-$	nitrilo	ニトリロ		
$-NH-NH-$	hydrazine-1,2-diyl	ヒドラジン-1,2-ジイル，	hydrazo	ヒドラゾ
$-N{=}N-$	diazenediyl	ジアゼンジイル，	azo	アゾ
$-N{=}N-NH-$	triazene-1,3-diyl	トリアゼン-1,3-ジイル		
ケイ素を含む基				
$-SiH_2-$	silanediyl	シランジイル，	silylene	シリレン
$-SiH_2-SiH_2-$	disilane-1,2-diyl	ジシラン-1,2-ジイル，	disilylene	ジシリレン

a) 異性構造を示す位置番号が必要（diyl の場合はその直前に挿入）．
b) この基が二価の置換基として環に結合する場合には methylenedioxy メチレンジオキシ と命名される．

Ⅳ-A4 ポリマーの原料基礎名

Ⅳ-A4.1 化学構造に基づく構造基礎名でなく，原料となるモノマーの名称の前に poly ポリ をつけてつくる慣用的な**原料基礎名**も容認されている．原料基礎名では原則として poly ポリ の後に括弧はつけない（Ⅳ-A4.3 参照）．

例：polystyrene　ポリスチレン　　polyethylene　ポリエチレン

よく使われるポリマーの原料基礎名を構造基礎名とともに表Ⅳ-2にまとめておく．

表 Ⅳ-2 よく使われるポリマーの原料基礎名と構造基礎名

構　造	原料基礎名	構造基礎名
$\mathrm{-(CH_2)_n-}$ [a]	polyethene　ポリエテン polyethylene　ポリエチレン	poly(methylene)　ポリ(メチレン)
$\mathrm{-(CHCH_2)_n-}$ $\mathrm{CH_3}$	polypropene ポリプロペン polypropylene ポリプロピレン	poly(1-methylethylene) ポリ(1-メチルエチレン)
$\mathrm{CH_3}$ $\mathrm{-(CCH_2)_n-}$ $\mathrm{CH_3}$	poly(2-methylpropene) ポリ(2-メチルプロペン) polyisobutylene ポリイソブチレン	poly(1,1-dimethylethylene) ポリ(1,1-ジメチルエチレン)
$\mathrm{-(CH{=}CH-CH_2-CH_2)_n-}$	poly(buta-1,3-diene) ポリ(ブタ-1,3-ジエン) polybutadiene ポリブタジエン	poly(but-1-ene-1,4-diyl) ポリ(ブタ-1-エン-1,4-ジイル)
$\mathrm{-(C{=}CH-CH_2-CH_2)_n-}$ $\mathrm{CH_3}$	polyisoprene ポリイソプレン	poly(1-methylbut-1-ene-1,4-diyl) ポリ(1-メチルブタ-1-エン-1,4-ジイル)
$\mathrm{-(CHCH_2)_n-}$ $\mathrm{C_6H_5}$	polystyrene ポリスチレン	poly(1-phenylethylene) ポリ(1-フェニルエチレン)
$\mathrm{CH_3}$ $\mathrm{-(CCH_2)_n-}$ $\mathrm{C_6H_5}$	poly(α-methylstyrene) ポリ(α-メチルスチレン)	poly(1-methyl-1-phenylethylene) ポリ(1-メチル-1-フェニルエチレン)
$\mathrm{-(CHCH_2)_n-}$ CN	polyacrylonitrile ポリアクリロニトリル	poly(1-cyanoethylene) ポリ(1-シアノエチレン)
$\mathrm{-(CHCH_2)_n-}$ OH	poly(vinyl alcohol) ポリビニルアルコール	poly(1-hydroxyethylene) ポリ(1-ヒドロキシエチレン)
$\mathrm{-(CHCH_2)_n-}$ $\mathrm{OCOCH_3}$	poly(vinyl acetate) ポリ酢酸ビニル	poly(1-acetoxyethylene) ポリ(1-アセトキシエチレン)
$\mathrm{-(CHCH_2)_n-}$ Cl	poly(vinyl chloride) ポリ塩化ビニル	poly(1-chloroethylene) ポリ(1-クロロエチレン)
$\mathrm{-(CF_2CH_2)_n-}$	poly(1,1-difluoroethene) ポリ(1,1-ジフルオロエテン) poly(vinylidene fluoride) ポリフッ化ビニリデン	poly(1,1-difluoroethylene) ポリ(1,1-ジフルオロエチレン)
$\mathrm{-(CF_2)_n-}$ [a]	poly(tetrafluoroethene) ポリテトラフルオロエテン poly(tetrafluoroethylene) ポリテトラフルオロエチレン	poly(difluoromethylene) ポリ(ジフルオロメチレン)
(1,3-dioxane ring with O, O)–$\mathrm{CH_2}$, n $\mathrm{CH_2CH_2CH_3}$	poly(vinyl butyral) ポリビニルブチラール	poly[(2-propyl-1,3-dioxane-4,6-diyl)methylene] ポリ[(2-プロピル-1,3-ジオキサン-4,6-ジイル)メチレン]
$\mathrm{-(CHCH_2)_n-}$ $\mathrm{COOCH_3}$	poly(methyl acrylate) ポリアクリル酸メチル	poly[1-(methoxycarbonyl)ethylene] ポリ[1-(メトキシカルボニル)エチレン]

表 Ⅳ-2 （つづき）

構　造	原料基礎名	構造基礎名
$\left[C(CH_3)(COOCH_3)CH_2 \right]_n$	poly(methyl methacrylate) ポリメタクリル酸メチル	poly[1-(methoxycarbonyl)-1-methylethylene] ポリ[1-(メトキシカルボニル)-1-メチルエチレン]
$\left[OCH_2 \right]_n$	polyformaldehyde ポリホルムアルデヒド	poly(oxymethylene) ポリ(オキシメチレン)
$\left[OCH_2CH_2 \right]_n$	poly(ethylene oxide) ポリエチレンオキシド	poly(oxyethylene) ポリ(オキシエチレン)
$\left[O-C_6H_4 \right]_n$	poly(phenylene oxide) ポリフェニレンオキシド[b]	poly(oxy-1,4-phenylene) ポリ(オキシ-1,4-フェニレン)
$\left[O(CH_2)_2O-C(=O)-C_6H_4-C(=O) \right]_n$	poly(ethylene terephthalate) ポリエチレンテレフタラート[c]	poly(oxyethyleneoxyterephthaloyl) ポリ(オキシエチレンオキシテレフタロイル)
$\left[NHCO(CH_2)_4CONH(CH_2)_6 \right]_n$	poly(hexane-1,6-diyladipamide) ポリ(ヘキサン-1,6-ジイルアジパミド)	poly(iminoadipoyliminohexane-1,6-diyl) ポリ(イミノアジポイルイミノヘキサン-1,6-ジイル)
$\left[NHCO(CH_2)_5 \right]_n$	poly(hexano-6-lactam) ポリ(ヘキサノ-6-ラクタム) poly(ε-caprolactam) ポリ(ε-カプロラクタム)	poly[imino(1-oxohexane-1,6-diyl)] ポリ[イミノ(1-オキソヘキサン-1,6-ジイル)]
$\left[NHCH_2CH_2 \right]_n$	poly(ethylenimine) ポリエチレンイミン polyaziridine ポリアジリジン	poly(iminoethylene) ポリ(イミノエチレン)

a）構造式 $\left[CH_2CH_2 \right]_n$ と $\left[CF_2CF_2 \right]_n$ の方がより多く用いられている．これは過去の使用法と他のエテン誘導体から誘導されたホモポリマーの CRU 式との類似性を保つために許容される．
b）ポリフェニレンオキシド（略語 PPO）の名称で市場に流通しているポリマーは 2,6-ジメチル誘導体，poly(oxy-2,6-dimethyl-1,4-phenylene) である．
c）“ポリエチレンテレフタレート”も慣用名としてよく使われている．

Ⅳ-A4.2 原料基礎名の基礎となるモノマーの名称は有機化学命名法に基づいた名称でも慣用名でもよい．たとえば，styrene は有機化学命名法に保存されている名称（Ⅲ1-A3.3）であるが，その誘導体である α-methylstyrene は慣用名である．また ethylene oxide は慣用名でありその体系名は oxirane（Ⅲ1-B1.1.1）である．

モノマーの名称にはまた，合成原料となるモノマーでなく，仮想上のモノマーの名称が使われることも少なくない．

例：poly(vinyl alcohol)　ポリビニルアルコール

Ⅳ-A4.3 英語名ではモノマー名が 2 語以上の場合や接頭記号がついている場合には，括弧でくくってわかりやすくする．日本語名では括弧をつけないのが普通であるが，数字や記号で始まる場合は，括弧を使うのが望ましい．必要に応じてつなぎ符号をいれることもある．

例：poly(methyl methacrylate)　ポリメタクリル酸メチル
poly(ε-caprolactam)　ポリ(ε-カプロラクタム)
poly(ethylene terephthalate)　ポリエチレンテレフタラート

Ⅳ-A4.4 カルボン酸エステルポリマーの日本語名をカルボン酸の和名を用いる方式にするか英語名の字訳にするかの規則はないが，化学分野以外の人が 2 種類の異なるポリマーと誤解するのを避けるため，JIS（日本工業規格）ルールに従って，一価のカルボン酸エステルは“…酸…”，二価のカルボン酸エステルは英語名の字訳，カルボン酸以外のエステルについては硫酸，硝酸など和名が定着しているものについては“…酸”方式，それ以外は英語名の字訳方式を薦めたい．

Ⅳ-B　コ ポ リ マ ー[1)]

Ⅳ-B1　不規則性ポリマーと規則性ポリマー

2種類以上のモノマーから得られるのが**コポリマー（共重合体）** copolymer で，その多くは2種以上の繰返し単位をもつ**不規則性ポリマー** irregular polymer である．しかしジカルボン酸（またはその誘導体）とジオールやジアミンとの反応で得られるポリエステルやポリアミドはただ1種の繰返し単位からなる**規則性ポリマー**である．原料（おもにモノマー）の数を基礎とするホモポリマー，コポリマーの概念とポリマーの繰返し単位の構造を基礎とする規則性，不規則性の概念は，ポリマーの命名のみならず，重合反応や物性の諸問題に関してもはっきり区別して考えることが大切である．

コポリマーは，ポリマー中のモノマー単位の配列状態によって，統計，ランダム，交互，周期コポリマーに分類され，ポリマー鎖のつながり方によって，**ブロックコポリマー** block copolymer，**グラフトコポリマー** graft copolymer に分類できる．**ランダムコポリマー** random copolymer は**統計コポリマー** statistical copolymer の特殊な場合で，特定のモノマー単位を見いだす確率が隣接モノマー単位の種類によらないもの，**周期コポリマー** periodic copolymer は**交互コポリマー** alternating copolymer も含み，複数のモノマー単位が規則的に繰返して配列した +ABC+_n のようなコポリマーである．交互コポリマー，周期コポリマーは規則性ポリマーであり，その他のコポリマーは不規則性ポリマーに分類される．

コポリマーでは原料基礎名の方がまず勧告され，これが広く使われている．ここでは，まずコポリマーの原料基礎命名法をⅣ-B2～B3で簡単に紹介し，Ⅳ-B4で重縮合・重付加系の規則性ポリマーの命名法と慣用名形式の利用，Ⅳ-B5で**分類式原料基礎名** generic source-based name にふれる．

Ⅳ-B2　コポリマーの原料基礎命名法の原理

Ⅳ-B2.1　コポリマーの命名では，ポリマー分子の厳密な構造の記述（組成，モノマー単位の配列分布，グラフトコポリマーの枝の数など）は行わず，単に6種類の連鎖配列の仕方と原料モノマー名を示すにとどめる．連鎖配列には，*stat*（統計），*ran*（ランダム），*alt*（交互），*per*（周期），*block*（ブロック），*graft*（グラフト）の**接続記号** connective を用いる（日本語名の中でも英語の記号をそのまま使う）．原料モノマー名は慣用名でも有機化学命名法に基づく名称でもよい．

Ⅳ-B2.2　統計，ランダム，交互，周期コポリマーについては，poly ポリ の後の括弧の中に接続記号でつないだ構成モノマー名を入れる．これに対し，ブロックとグラフトコポリマーでは，成分ポリマー名を接続記号でつなぐだけである．

Ⅳ-B2.3　共重合配列が不明の場合あるいは配列を特に指定しない場合（表Ⅳ-3では無指定）には，配列を指定する記号の代わりに単に共重合を意味する接続記号 -*co*- を用いる．

Ⅳ-B2.4　一般には，モノマー単位の名称の列挙順に特に優先順位を設けない．しかし，周期ポリマーではモノマー単位の並ぶ順に，また3種類以上のブロックからなるブロックコポリマーでは，ブロックの並ぶ順に名称を並べる．またグラフトコポリマーでは，主鎖にあたるブロックの名称を接続記号

---

1)　コポリマーの命名の詳細は，*Pure Appl. Chem.*, **57**, 1427 (1985); **73**, 1511 (2001) および p. 127 の脚注文献 2) の第11章，第16章に記載されている．

-graft- の前に，枝ブロックの名称を後に書く．たとえば polystyrene-*graft*-polyacrylonitrile は，ポリスチレンの主鎖にポリアクリロニトリルの枝がグラフトしたコポリマーである．

Ⅳ-B2.5 ブロックコポリマーでは混乱が起こらないと思われる場合には，接続記号 *-block-* を省略して全角ダッシュを用いて polyA—polyB のように書いても差し支えない．

また，各ブロックの重合度が明確な場合には接頭数詞を，また重合度が高くない場合には poly ポリの代わりに oligo オリゴ を用いて，oligoA-*block*-octaB のように書くことができる．

コポリマーの連鎖配列の仕方による分類とその接続記号および命名法を表 Ⅳ-3 に示す．

表 Ⅳ-3 コポリマーの命名法

連鎖配列	接続記号	命名法
無指定	*-co-*	poly(A-*co*-B)
統　計	*-stat-*	poly(A-*stat*-B)
ランダム	*-ran-*	poly(A-*ran*-B)
交　互	*-alt-*	poly(A-*alt*-B)
周　期	*-per-*	poly(A-*per*-B-*per*-C)
ブロック	*-block-*	polyA-*block*-polyB
グラフト	*-graft-*	polyA-*graft*-polyB

Ⅳ-B3 コポリマーの命名

Ⅳ-B3.1 コポリマーの命名例

コポリマーを原料基礎命名法により命名した例をつぎに示す[1]．

例：poly(styrene-*co*-butadiene)　ポリ(スチレン-*co*-ブタジエン)

poly(styrene-*stat*-acrylonitrile-*stat*-butadiene)

ポリ(スチレン-*stat*-アクリロニトリル-*stat*-ブタジエン)

poly[styrene-*alt*-(maleic anhydride)][2]　ポリ(スチレン-*alt*-無水マレイン酸)

polystyrene-*block*-polybutadiene-*block*-polystyrene

ポリスチレン-*block*-ポリブタジエン-*block*-ポリスチレン

Ⅳ-B3.2 特殊規定

Ⅳ-B3.2.1 周期コポリマーが同じモノマー単位を二つ以上連続してもつ場合には，これを bis ビス，tris トリス などとまとめることができる．

例：poly[(formaldehyde-*alt*-bis(ethylene oxide)]

ポリ[(ホルムアルデヒド-*alt*-ビスエチレンオキシド]

Ⅳ-B3.2.2 周期(交互)コポリマーの特定位置のモノマーが，部分的に他のモノマーで不規則に置換されたポリマー，たとえば $\left(\text{ABACACAB}\right)_n$ （A は同じだが B と C がときどき入れ替わる）のような場合，B と C を括弧の中にいれ，セミコロンで分けて示すことができる．

例：poly[A-*alt*-(B;C)]

Ⅳ-B3.2.3 ブロックコポリマーでブロックの配列が繰返される場合には，適当な倍数接頭語を用いてまとめることができる．

---

1) 日本語名のときも，ポリに続く括弧は半角文字とする．

2) スチレンと無水マレイン酸との交互ポリマーはスチレン単位の向きが一定（単一）なら規則性ポリマーなので，構造基礎名として poly[(2,5-dioxotetrahydrofuran-3,4-diyl)(1-phenylethylene)] と命名することができる．

例：tris(polyA-*block*-polyB-*block*-polyC)

Ⅳ-B3.2.4 グラフトコポリマーで枝ポリマーが2種以上ある場合には，polyB が一部 polyC に置き換わったと考え，周期コポリマーのモノマー単位の置き換え同様セミコロンで両者を並置する．

例：polyA-*graft*-(polyB;polyC)

Ⅳ-B3.3 末端基，ブロック間の接合単位，コポリマー組成などの表示

Ⅳ-B3.3.1 末端基を表示したい場合には，ホモポリマーの場合と同様，記号 α と ω を使い末端基名をポリマー名の前に置く．ブロックコポリマーや周期コポリマーでは，ポリマー名の部分は，最初に α で表示された頭部モノマーの名称から始め，その後に続くモノマー単位の名称を順々に列挙する．

例：α-butyl-ω-carboxypolystyrene-*block*-polybutadiene
　　α-ブチル-ω-カルボキシポリスチレン-*block*-ポリブタジエン

Ⅳ-B3.3.2 ブロックコポリマー中の複数のブロックが，ブロックの一部でない接合単位 X で結合している場合，接合単位の名前を適当な位置に挿入する．接続記号 -*block*- は省略してもよい．

例：polystyrene-*block*-dimethylsilanediyl-*block*-polybutadiene
　　ポリスチレン-*block*-ジメチルシランジイル-*block*-ポリブタジエン　または
　　polystyrene-dimethylsilanediyl-polybutadiene
　　ポリスチレン-ジメチルシランジイル-ポリブタジエン

Ⅳ-B3.3.3 コポリマーの組成や分子量は名称の一部ではないが，必要があればコポリマー名の後に，括弧に入れてこれらを表示するのが望ましい．組成では，コポリマー中のモノマー名の順にその数値を記し，数値の後の記号によってその意味を示す．w（質量分率），mass%（質量%），x（モル分率），mol%（モル%）．成分の一部の値が不明の場合には a, b などで表すことができる．

例：poly(A-*co*-B)　　　(0.75：0.25 w)　または　(75：25 質量%)
　　poly(A-*co*-B-*co*-C)　(0.75：a：b x)　または (75：100a：100b モル%)

Ⅳ-B4 重縮合，重付加系コポリマー

Ⅳ-B4.1 単独重合できる $_{A}R_{B}$ 型モノマー（A, B は反応基）の場合はビニルモノマーの共重合と同様に取扱う．

例：(原料基礎名)　poly[(6-aminohexanoic acid)-*stat*-(7-aminoheptanoic acid)]
　　　　　　　　　ポリ[(6-アミノヘキサン酸)-*stat*-(7-アミノヘプタン酸)]

Ⅳ-B4.2 単独重合できないモノマーの等モル混合系 $_{A}R_{A}+_{B}R_{B}$ 型から得られるポリマーは交互コポリマーでありかつ規則性ポリマーなので，構造基礎命名法でも命名できる．

例：(原料基礎名)　poly(ethylene glycol-*alt*-terephthalic acid)
　　　　　　　　　ポリ(エチレングリコール-*alt*-テレフタル酸)
　　(構造基礎名)　poly(oxyethyleneoxyterephthaloyl)
　　　　　　　　　ポリ(オキシエチレンオキシテレフタロイル)

しかし，重縮合系の規則性コポリマーの原料基礎名では，モノマー選択の幅が広くそれに応じて同じポリマーにいくつもの名前ができるという欠点がある．これを避けるには昔から使われている**慣用名方式**があり，つぎの2例については IUPAC でも使用を認めている．

例：(慣用名方式)　poly(ethylene terephthalate)　ポリエチレンテレフタラート
　　(慣用名方式)　polyhexamethyleneadipamide　ポリヘキサメチレンアジパミド

Ⅳ-B4.3 ジカルボン酸成分にテレフタル酸とイソフタル酸の混合物を用いたような不規則なコポリマーでは，ジオールとジカルボン酸との間の交互コポリマーの特殊ケースとして命名する（Ⅳ-B3.2.2参照）.

例：（原料基礎名） poly[(ethylene glycol)-*alt*-(terephthalic acid;isophthalic acid)]
ポリ[エチレングリコール-*alt*-(テレフタル酸;イソフタル酸)]

（慣用名方式） poly[ethylene (terephthalate;isophthalate)]
ポリ[エチレン(テレフタラート;イソフタラート)] または
poly[(ethylene terephthalate)-*co*-(ethylene isophthalate)]
ポリ(エチレンテレフタラート-*co*-エチレンイソフタラート)

Ⅳ-B5 分類式原料基礎命名法

Ⅳ-B5.1 同じ原料（モノマー A, B, …）から，反応条件の違いにより異なるホモポリマーやコポリマーが合成される場合に，両者を区別するために分類式原料基礎命名法が2001年にIUPACにより勧告されている（p. 127の脚注文献2）の第16章）.

Ⅳ-B5.2 ポリマー繰返し単位中の最も適切な官能基あるいは複素環の型を記述する**分類名** generic class name をGとすると，分類式原料基礎名は，polyG ポリG とモノマー名A, B, … を半角文字のコロン（:）でつなぎ，作成する．コポリマーではA, B, … を括弧でくくる.

polyG:A,　polyG:(A-*co*-B),　polyG:(A-*alt*-B)

Ⅳ-B5.3 分類式原料基礎名の具体例 ピロメリット酸二無水物と4,4′-オキシジアニリンとからできる2種のポリマーの分類式原料基礎名はそれぞれつぎのようになる.

（分類式原料基礎名） polyimide:[(pyromellitic dianhydride)-*alt*-(4,4′-oxydianiline)]
ポリイミド:[ピロメリット酸二無水物-*alt*-(4,4′-オキシジアニリン)]

（分類式原料基礎名） poly(amide-acid):[(pyromellitic dianhydride)-*alt*-(4,4′-oxydianiline)]
ポリアミド酸:[ピロメリット酸二無水物-*alt*-(4,4′-オキシジアニリン)]

なお分類名は主鎖中の官能基や複素環に限られるが，例外として，重合反応で新しくできる元の原料にない側基の官能基の場合だけは，上記例のamide-acidのように，主鎖官能基（amide）の後に新しくできた側基の官能基（acid）をハイフンでつないで示すことができる.

Ⅳ-C 非線状ポリマーと高分子集合体[1)]

Ⅳ-C1 非線状ポリマーおよび高分子集合体命名の一般原則

Ⅳ-C1.1 まず，表Ⅳ-4に示す**非線状ポリマー** nonlinear polymer の骨格構造，あるいは**高分子集合体** polymer assembly の構成種の組合わせを確認する.

Ⅳ-C1.2 非線状ポリマーを構成するそれぞれの線状副分子鎖に対し，あるいは集合体中の構成ポリ

1) 非線状ポリマーおよび高分子集合体の命名法の詳細は，*Pure Appl. Chem.*, **69**, 2511 (1997) およびp. 127の脚注文献2）の第15章に記載されている.

表 Ⅳ-4 非線状ポリマーおよび高分子集合体の骨格構造と接頭語，接続記号

骨格構造	接頭語	接続記号
環 状	*cyclo*-	
分岐（無指定）	*branch*-	-*branch*-
短鎖分岐	*sh-branch*-	
長鎖分岐	*l-branch*-	
f-官能性分岐	*f-branch*-	
櫛 型	*comb*-	-*comb*-
星 型	*star*-	
f-官能性星型	*f-star*-	
網 目	*net*-	-*net*-
ミクロ網目	*μ-net*-	
ポリマーブレンド		-*blend*-
相互侵入高分子網目		-*ipn*-
セミ相互侵入高分子網目		-*sipn*-
ポリマー-ポリマーコンプレックス（高分子錯体）		-*compl*-

マーのそれぞれの種類に対し，ホモポリマーまたはコポリマーの命名の規則に従って原料基礎名を決める．

Ⅳ-C1.3 非線状ポリマーの構成副分子鎖名あるいは集合体中の構成ポリマー名を，適当な**接頭語** prefix，**接続記号** connective，またはその両者を用いて組合わせる．接頭語，接続記号は，日本語名の場合も英語のイタリック体のままとする．

Ⅳ-C2 非線状ポリマーの命名

Ⅳ-C2.1 非線状ポリマーを命名するには，構成線状分子鎖の原料基礎名の前に，そのポリマーの骨格構造を示すイタリック体の接頭語をおく．異種の分子鎖を含むコポリマーで分岐または櫛型ポリマーの場合は，主鎖となる線状分子鎖名を接続記号の前におく．

例：*sh-branch*-polyethylene
sh-branch-ポリエチレン

star-[polystyrene-*block*-poly(methyl methacrylate)]
star-(ポリスチレン-*block*-ポリメタクリル酸メチル)

star-(polyA;polyB;polyC)
star-(ポリ A;ポリ B;ポリ C)

polystyrene-*comb*-[polyacrylonitrile;poly(methyl methacrylate)]
ポリスチレン-*comb*-(ポリアクリロニトリル;ポリメタクリル酸メチル)

poly[(ethylene glycol)-*alt*-(maleic anhydride)]-*net*-oligostyrene
ポリ(エチレングリコール-*alt*-無水マレイン酸)-*net*-オリゴスチレン

Ⅳ-C2.2 架橋，星型ポリマーの分岐単位，およびその他の接合単位は，必要があれば，ポリマー名の後に，ハイフンで分離した接続記号 ν（ギリシャ文字）とともに示す．

例：*net*-polybutadiene-ν-sulfur　　*net*-ポリブタジエン-ν-硫黄
net-polystyrene-ν-divinylbenzene　　*net*-ポリスチレン-ν-ジビニルベンゼン

Ⅳ-C3 高分子集合体の命名

ここでいう高分子集合体には，**ポリマーブレンド** polymer blend，**セミ相互侵入高分子網目** semi-interpenetrating polymer network，**相互侵入高分子網目** interpenetrating polymer network，**高分子間錯体** polymer–polymer complexがある．非共有結合で一体となった高分子集合体は，構成高分子の名前を組合わせ，その間にイタリック体の接続記号を入れて命名する．

例：polystyrene-*blend*-polybutadiene　ポリスチレン-*blend*-ポリブタジエン
(*net*-polyA)-*sipn*-polyB　(*net*-ポリ A)-*sipn*-ポリ B
(*net*-polyA)-*ipn*-(*net*-polyB)　(*net*-ポリ A)-*ipn*-(*net*-ポリ B)
poly(acrylic acid)-*compl*-poly(4-vinylpyridine)
ポリアクリル酸-*compl*-ポリ(4-ビニルピリジン)

Ⅳ-D 略　語

Ⅳ-D1 ポリマーの略語

IUPAC高分子命名法委員会は1974年にPAN, PEなど20足らずの**略語** abbreviationを決めた．その後，2014年にポリマー名から略語を作成する手引きを勧告している[1]．また，学術論文においてある略語を使う場合，論文中ではじめて現れる場所でその定義をすること，および論文のタイトルに略語を使わないことを求めている．なお，プラスチック製品の表示にはISO（国際標準化機構）で決められている略語[2]が用いられる．ISO規格ではポリマー名に加えてその特性を略語に含めることを認めており，たとえば，高密度ポリエチレンの略語はPE-HD（high density）である．

Ⅳ-D2 コポリマーの略語

コポリマーの略語については，ISOではABS（アクリロニトリル-ブタジエン-スチレンのコポリマー）のように各モノマーの略語A, B, Sを並べてコポリマーの略語とするが，IUPACではポリマーであることを明示的に示すPを付した略語P(A/B/S)を用いることを薦めている．

---

1) *Pure Appl. Chem.*, **86**, 1003-1015 (2014).
2) ISO 1043-1 Plastics——Symbols and abbreviated terms——Part 1: Basic polymers and their special characteristics

付録 1. 多環化合物の命名[1)]

1.1 縮合環化合物の命名

オルト縮合（ナフタレン，フェナントレンなど）あるいはオルトおよびペリ縮合（ピレン，ペリレンなど）の多環化合物には炭化水素系と複素環系があり，その命名規則は同じ原理に基づくものであるが，1979規則ではAの部とBの部に分けて書いてある（Ⅲ1-A4，Ⅲ1-B2参照）．縮合環の名称は，従来知られている基本的化合物を選んでその名称を定め，その他の縮合環系については，これらを基礎成分としてこれに他の環（付随成分）が付け加えられたものとして，新しい環系の名称を組立ててゆく．

例：**基礎成分**　pyrene　┐
　　付随成分　benzene ┘ → benzopyrene

この原則は炭素環でも複素環でも同じで，ヘテロ原子を含む縮合環系の名称を組立てるときは，基礎成分は必ず複素環とする．Chemical Abstracts Index Guide[2)]では，基礎複素環の名称としてIUPAC名とは異なる名称が使われている場合もあるので，本書では必要なものについては適宜注釈を加えてある．

1.1.1 縮合環炭化水素の命名

1979規則には，つぎの35種の縮合炭素環が基礎成分として認められている（Ⅲ1-A4.1参照）[3)]．

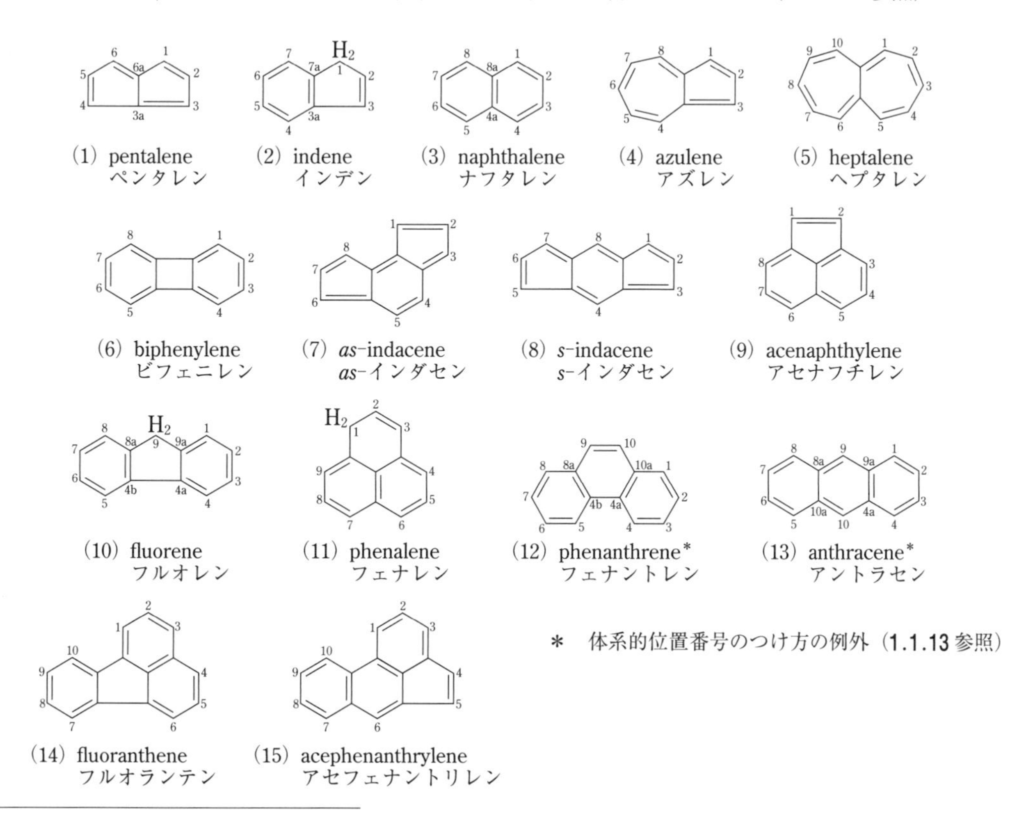

1）付録1～付録4の記載は1979規則および1993規則に基づいており，2013勧告による変更は，一部に注として記載したものを除き，反映されていない．

2）*Chemical Abstracts* 索引名の解説 URL：http://www.jaici.or.jp/stn/pdf/indexguideapp.pdf.

3）1979規則での名称（20）naphthacene は，1993規則で（20）tetracene に改称された．

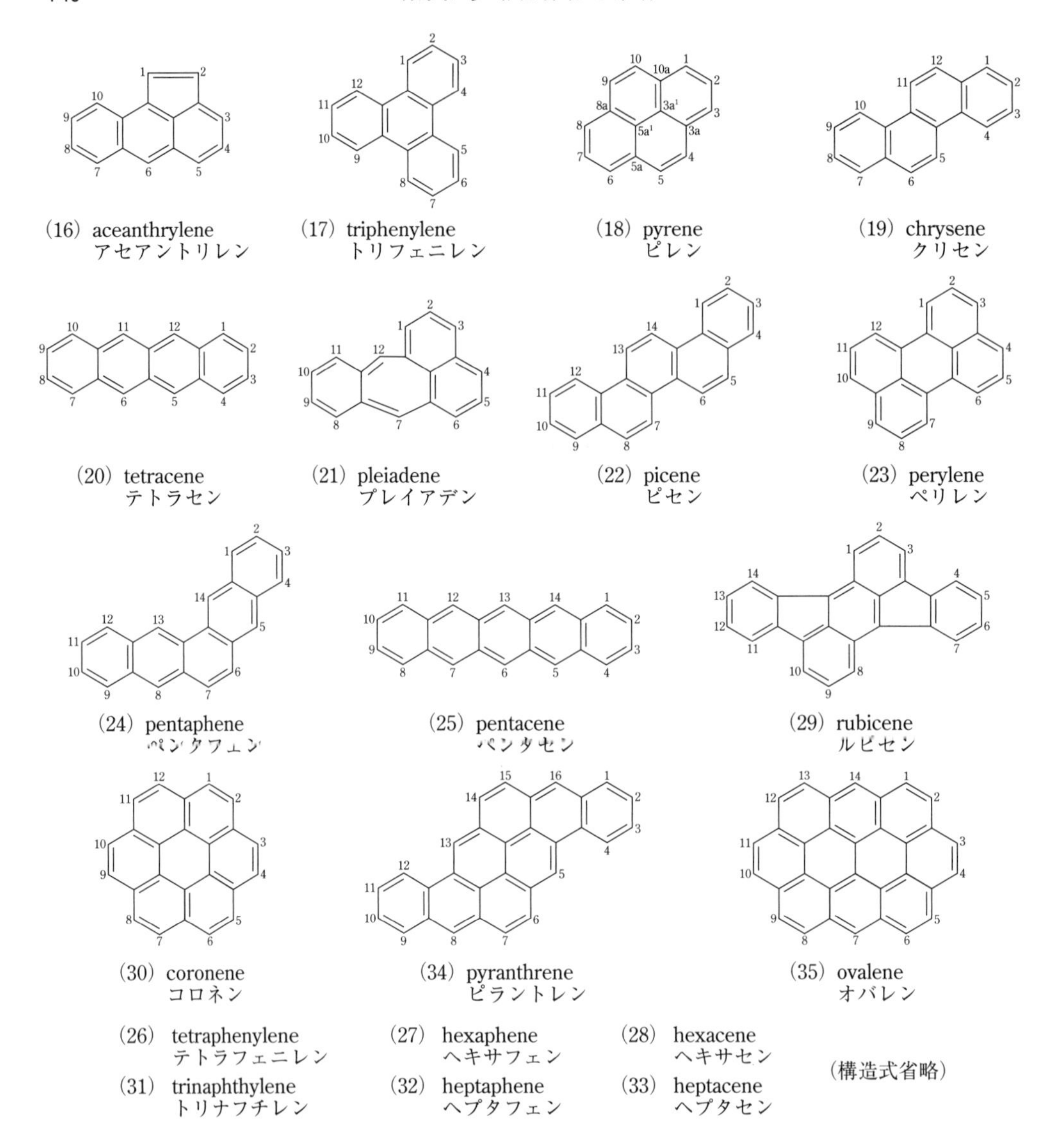

(16) aceanthrylene アセアントリレン
(17) triphenylene トリフェニレン
(18) pyrene ピレン
(19) chrysene クリセン
(20) tetracene テトラセン
(21) pleiadene プレイアデン
(22) picene ピセン
(23) perylene ペリレン
(24) pentaphene ペンタフェン
(25) pentacene ペンタセン
(29) rubicene ルビセン
(30) coronene コロネン
(34) pyranthrene ピラントレン
(35) ovalene オバレン

(26) tetraphenylene テトラフェニレン
(27) hexaphene ヘキサフェン
(28) hexacene ヘキサセン
(31) trinaphthylene トリナフチレン
(32) heptaphene ヘプタフェン
(33) heptacene ヘプタセン
（構造式省略）

以上のほかの縮合環炭化水素の名称を組立てるとき，基礎成分の優先順位としては，できるだけ多くの環を含み，上記35種のうちなるべく大きい番号のものを選ぶ.

基礎成分として選ばれた炭化水素が一部水素化された化合物についてはつぎの慣用名が認められているが，これらは，さらに複雑な縮合環系の名称を組立てるときの**基礎成分として使ってはならない**.

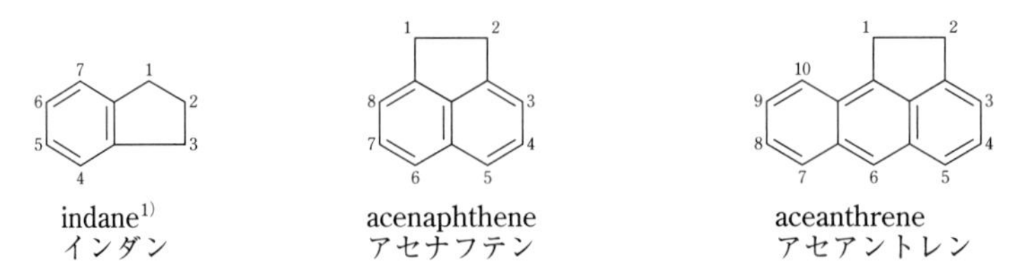

indane[1)] インダン
acenaphthene アセナフテン
aceanthrene アセアントレン

1) 1993規則以降，indane，1,4-dioxine, oxepineなどの末尾にeのある名称に改められた．ほとんどの複素環についても末尾にeのある名称に改められている（表Ⅲ1-3）．本書でも，これまで使われてきたeのない1979規則による名称を改め，1993規則および2013勧告の方針に従った名称を使っている．なお，*Chem. Abstr.* では現在も末尾にeのない名称を用いている．

上記の基礎成分名の前に接頭語として付け加えて縮合環の体系名を組立てるのに必要な付随成分の名称については，つぎの **1.1.2** の最後に一括して記載してある.

1.1.2 縮合複素環化合物の命名

縮合複素環の名称の組立ては炭素環の場合と同じ原則によるが，複素環の場合は基礎成分の選び方がかなり複雑でわかりにくい. 1979 規則では，基礎成分となる複素環として，つぎの 2 種類があげられている.

(i) ヘテロ原子の種類と数・環の大きさなどを示す体系名をもつ複素単環のうち，環内に最多数の非集積二重結合を含むもの（p.53，表Ⅲ1-3 参照）

例：1,3-oxazole　1,3-thiazole　1,4-dioxine[1)]　azepine　6*H*-1,2,5-oxadiazine

(ii) 慣用名・半慣用名をもつ 73 種の複素環化合物（1979 規則 B-2 および Appendix 表Ⅳに記載されている. I-1 の文献 (2) および (7) 参照）

これらの基礎成分には一定の方針に従って優先順位が決められているが，規則自身はかなり難解なので，命名法の大綱を要約して編集した. この解説では，日常ほとんど使われないような基礎成分は割愛し，普通の論文や解説書などに比較的よく見掛ける複素環化合物の名称を正しく読んで構造式を書くことができ，またこの程度の化合物名は正しく書くことができることを目途とする.

自分で論文などを書く場合には，ここに述べた解説では不十分で，やや複雑な構造の化合物になると，類似化合物の名称からの類推では時に誤って名称をつくるおそれがあるから，正しい名称を書くためには IUPAC 規則を参照する必要がある.

ここでは 1979 規則で縮合複素環の基礎成分としてあげてある慣用名・半慣用名をもつ複素環 73 種のうち，日常よく使われる基本的複素環を，単純な単環から二環，三環へと配列し，構造式を見て検索しやすいように一覧表とした. p.142～143 にある一覧表では，命名法入門者を念頭において，慣用名をもつ基礎成分だけでなく，体系名でよばれる基礎成分，および基礎成分として採用されていない一部の複素環化合物も含まれている.

環内の水素原子の位置の相違による異性体を指示水素 *H* で示す必要のある場合，あるいは環内のヘテロ原子の位置の相違による異性体を位置番号で表示する必要のある場合，この表ではその代表例が示してある（例：2*H*-pyran，1,10-phenanthroline）.

環の名称の前に括弧つきで添えている番号は，1979 規則 B-2 で慣用名をもつ基礎成分の優先順位を示すものとして与えられている番号である（数字の大きい方が優先，7a, 18a は 7, 18 のつぎ）.

一覧表中で番号をつけてない化合物は，初心者の便宜を計って例外的に挿入したもので，これらの例外化合物については，a)～f) の記号で説明をつけてある.

a) 慣用名でなく体系名でよばれる基礎成分名

b) 基礎成分＋付随成分方式で構成された縮合環名（一般的にはより複雑な複素環の基礎成分となりえないが，ベンゼン環 1 個と複素環 1 個からなる縮合環では例外的に基礎成分として用いる）

c) IUPAC 規則では基礎成分として採用されていない化合物

d) *Chem. Abstr.* では基礎成分として採用されていない化合物

e) *Chem. Abstr.* で採用されている名称

f) これらの名称および p.143 の indoline, isoindoline, chroman, isochroman, quinuclidine は 2013 勧告での優先 IUPAC 名（PIN）とはならない（Ⅲ2-B3 参照）.

---

1) p.140 脚注を参照.

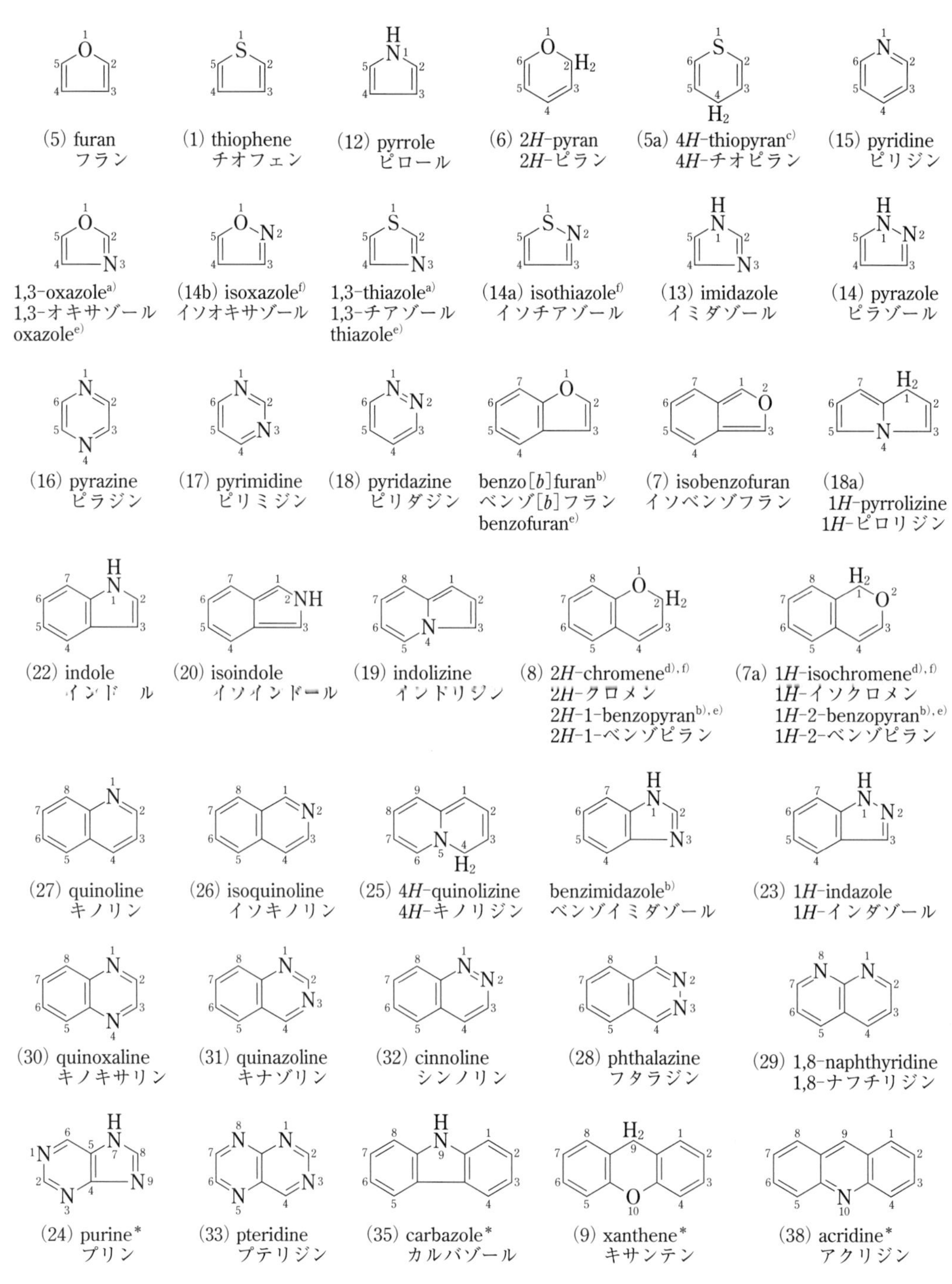

＊ 体系的位置番号のつけ方の例外（**1.1.13**参照）

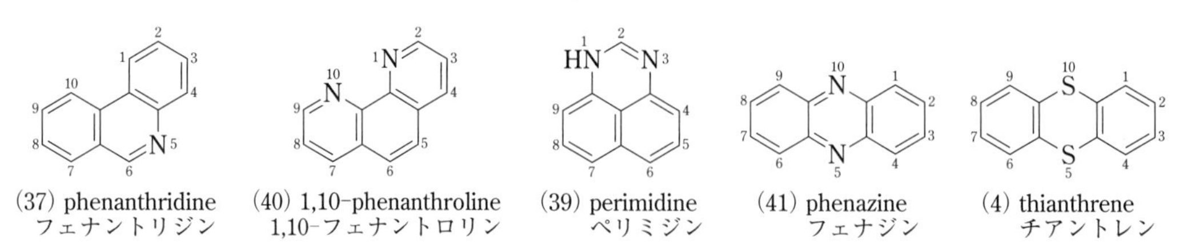

(10) phenoxathiin　フェノキサチイン　(47) phenoxazine　フェノキサジン　(44) phenothiazine　フェノチアジン　(42) phenarsazine　フェナルサジン

つぎにあげる水素化された複素環の慣用名は認められているが，これらは，他の複雑な縮合環名を構成する基礎成分として使ってはならない.

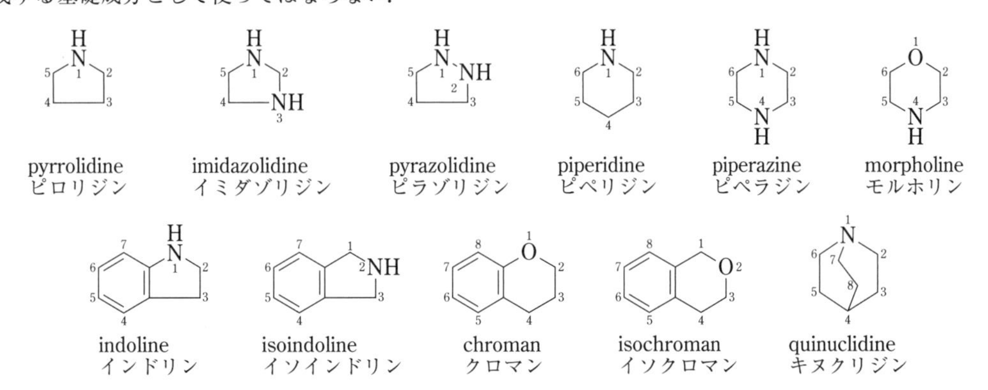

pyrrolidine ピロリジン　imidazolidine イミダゾリジン　pyrazolidine ピラゾリジン　piperidine ピペリジン　piperazine ピペラジン　morpholine モルホリン

indoline インドリン　isoindoline イソインドリン　chroman クロマン　isochroman イソクロマン　quinuclidine キヌクリジン

縮合炭素環および縮合複素環の付随成分の名称

炭素環の場合は相当する母体炭化水素名の語尾 ene を eno エノ に変え，複素環の場合は相当する母体環名の末尾 e を o に変えて，付随成分を表示する接頭語名をつくる．単純な付随成分の場合には，つぎのような短縮名が使われる.

benzo ベンゾ，naphtho ナフト，anthra アントラ，cyclopenta シクロペンタ，furo フロ，
thieno チエノ，imidazo イミダゾ，pyrido ピリド，pyrimido ピリミド，quino キノ

1.1.3 基礎成分にベンゼン環が加わった縮合環

基礎成分の名称に benzo を接頭語として付け加える．基礎成分には固有の位置番号があるが，位置番号 1, 2 の辺を *a* とし，基礎成分環系の周辺をまわって順次アルファベット記号をつけ，ベンゼン環が加わった位置を角括弧に入れたアルファベット記号で示す.

anthracene　→　benzo[*a*]anthracene　ベンゾ[*a*]アントラセン

上の例は phenanthrene にベンゼン環が付け加わったものと考えれば，benzo[*b*]phenanthrene となる．しかし基礎成分選定の原則で **1.1.1** に示した基礎成分のうち，大きい番号のものが優先すると規定されている．この場合，anthracene は (13)，phenanthrene は (12) で，anthracene の方が優先するので，anthracene を基礎成分として命名するのが正しい.

新しい環系の名称ができあがったら，基礎成分および付随成分の位置番号を捨て，新たに組立てられた縮合環全体について，後に述べる **1.1.13** の規則に従って，新しい周辺位置番号を付け直す.

ベンゼン環が複素環に付け加わった例:

quinoline → benzo[f]quinoline

基礎成分にベンゼン環2個が付け加わった例:

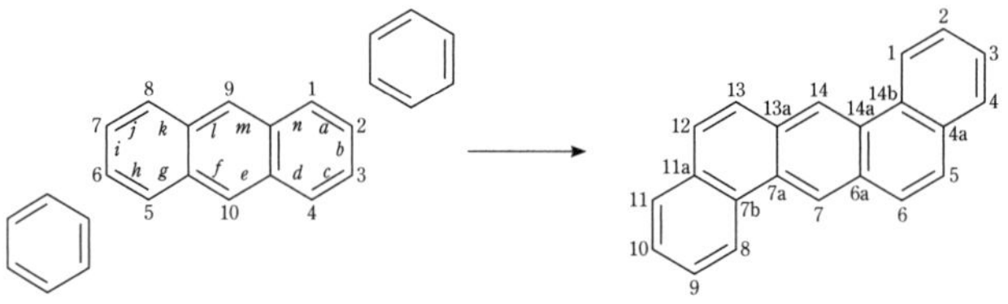

anthracene → dibenzo[a,h]anthracene

この例はphenanthreneにナフタレン環が付け加わったものと考えることもできるが,命名法の原則によれば,基礎成分としてはanthraceneの方が優先するように決められているので,anthraceneにベンゼン環2個が付け加わったものとして命名するのが正しい.

ベンゼン環が基礎成分にペリ縮合した例[1]:

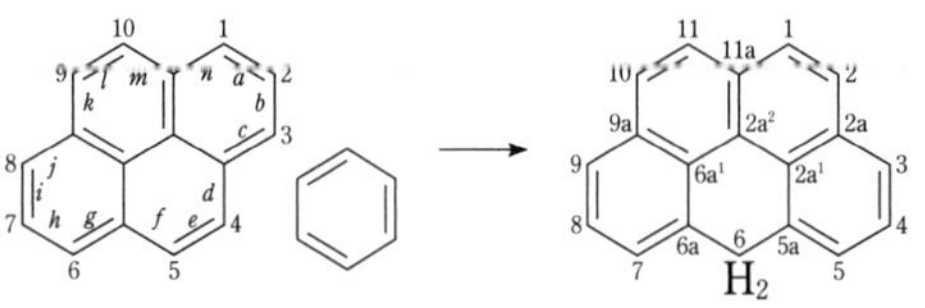

pyrene → 6H-benzo[cd]pyrene

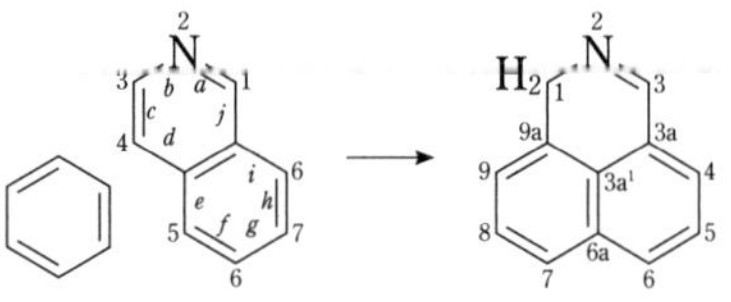

isoquinoline → 1H-benzo[de]isoquinoline

上の例ではベンゼン環がpyreneの*c*と*d*の辺に,またisoquinolineの*d*と*e*の辺にペリ縮合している.これを[*cd*]および[*de*]の記号で表す.ペリ縮合している辺を表すアルファベット記号の間にコンマを入れない.

1.1.4 ベンゼン環1個と複素環1個から成る二環系

複素環部分の名称の前にbenzo ベンゾ をつけて命名する.ヘテロ原子の位置は縮合環系の相当する位置番号で示し,benzoの前におく.必要なら,その前に指示水素を書き加える.

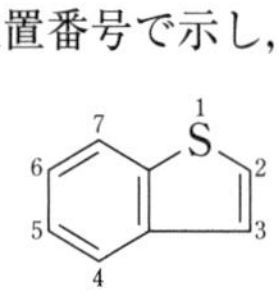

1-benzothiophene

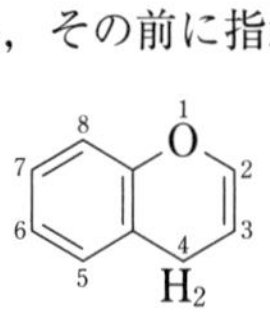

4*H*-1-benzopyran
(*Chem. Abstr.* 方式,2013勧告ではPIN)
IUPAC名: 4*H*-chromene

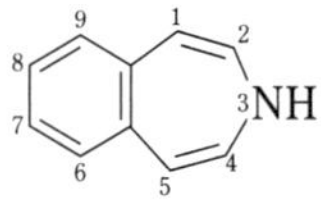

3*H*-3-benzazepine

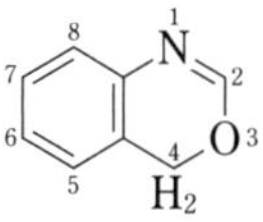

4*H*-3,1-benzoxazine

benzimidazole,benzothiazoleなどは,ヘテロ原子の位置異性がないので,1,3-benzimidazoleのようにしなくてもよい.またbenzofuranの異性体はisobenzofuranという慣用名が認められているので,1-benzofuranと書かなくてもよい.

1) 内部原子の位置番号は2013勧告の方式に基づいて付した(Ⅲ2-B2.4参照).

1.1.5 ベンゼン環以外の炭素単環の縮合

炭素単環で最多数の非集積二重結合をもつものが，他の環に縮合する場合には，benzo ベンゾ のほかに cyclobuta シクロブタ，cyclopenta シクロペンタ，cyclohepta シクロヘプタ などの接頭語を使う．

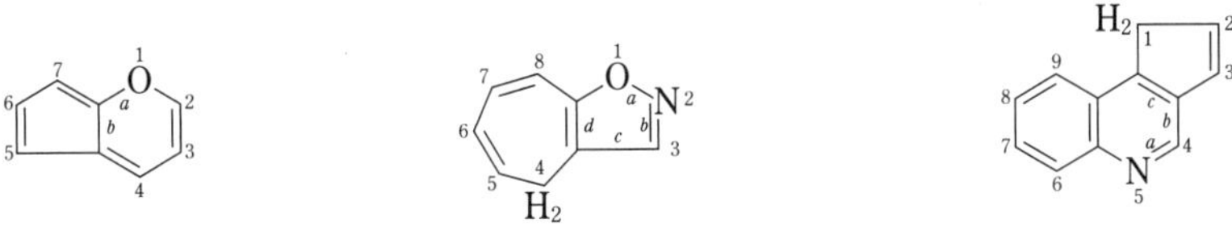

cyclopenta[*b*]pyran　　4*H*-cyclohepta[*d*]isoxazole　　1*H*-cyclopenta[*c*]quinoline

この命名方式は基礎成分が炭素単環の場合にも適用されるが，これらの縮合環名で語尾の ene エン は“最多数の非集積二重結合をもつ縮合環系”であることを意味し，二重結合が一つだけという意味ではない．

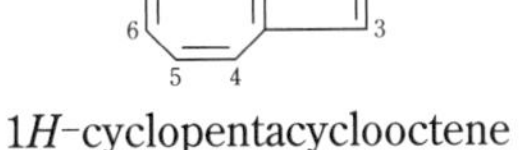

1*H*-cyclopentacyclooctene　　2,3-dihydro-1*H*-cyclopentacyclooctene

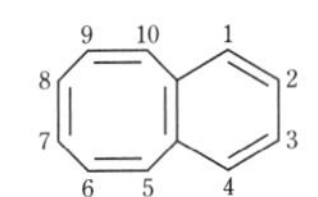

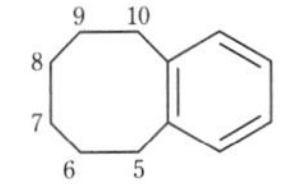

benzocyclooctene　　5,6,7,8,9,10-hexahydrobenzocyclooctene

たとえば benzocyclooctene は二重結合の一つの cyclooctene にベンゼン環が縮合した化合物ではない．上の例に示すように，二重結合の数の少ない化合物は，dihydro ジヒドロ，hexahydro ヘキサヒドロ などの接頭語をつけて命名する．

基礎成分が固有の慣用名をもつ縮合環炭化水素の場合も同様である．

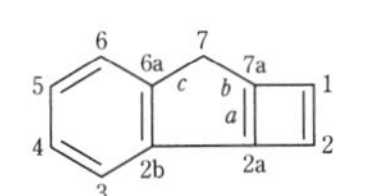

7*H*-cyclobuta[*a*]indene　　1a,7b-dihydro-1*H*-cyclopropa[*a*]naphthalene

別の命名法： 1993 規則で採用された名称 [*n*]annulene [*n*]アンヌレン を使ってこの種の縮合環を命名すれば，“最多数の非集積二重結合をもつ炭化水素”であることが明瞭で，まぎれがない．

benzo[8]annulene　　5*H*-benzo[7]annulene

5,6,7,8,9,10-hexahydrobenzo[8]annulene　　6,7-dihydro-5*H*-benzo[7]annulene

1.1.6 付随成分が縮合環炭化水素の場合

縮合環炭化水素名の語尾 ene エン を eno エノ に変えたものを接頭語として命名する．ただし，つぎにあげる炭化水素からの接頭語は省略形を用いる．

naphthalene → naphtho ナフト　　anthracene → anthra アントラ
phenanthrene → phenanthro フェナントロ　　perylene → perylo ペリロ

この場合，付随成分のどの辺が基礎成分に縮合するかによって異性体を生ずる．基礎成分の縮合位置は *a*, *b*, *c* などのアルファベット記号で示し，付随成分の縮合位置は 1, 2, 3 などの位置番号で示す．付随成分の縮合位置を示す数字の順序は，基礎成分の *a*, *b*, *c*, …… の向きと一致するように書く．たとえば，基礎成分が furan，付随成分が naphthalene の場合は，つぎの二つの異性体ができる．

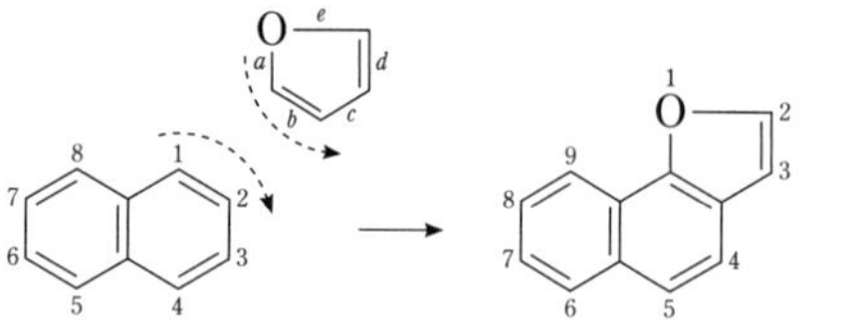

naphtho[1,2-*b*]furan 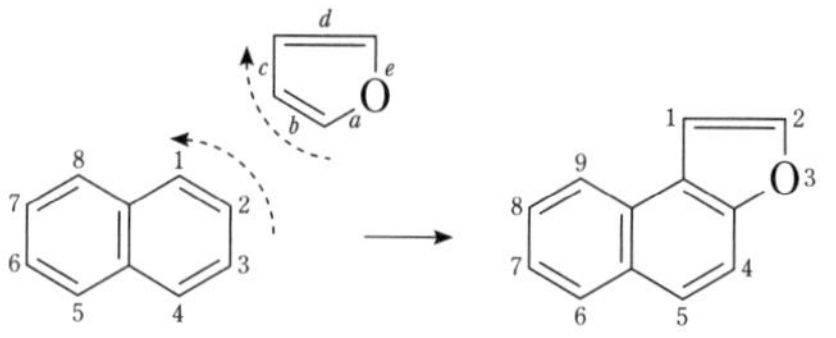　　naphtho[2,1-*b*]furan

もう少し別の例を示せば

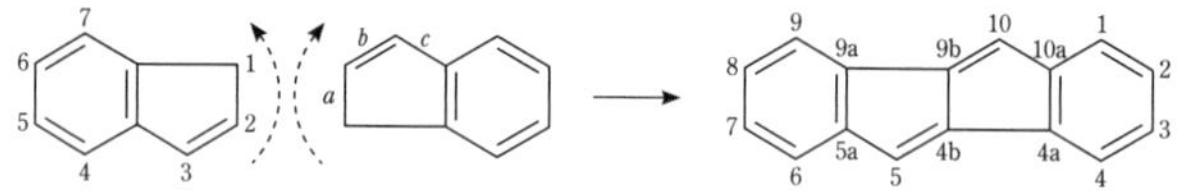

indeno[2,1-*a*]indene

この例では，付随成分としての indene の位置番号 1, 2, 3, ……を逆回りにつけることもできる．そうすると indeno[2,3-*a*]indene となるが，[2,1-*a*] の方が [2,3-*a*] より番号が小さいので，[2,1-*a*] とするのが正しい名称である．同じように，アルファベット記号もなるべく若い方をとる．

ナフタレン環などの縮合環が基礎成分にペリ縮合した例：　ベンゼン環のペリ縮合と同様. ただしナフタレン環の縮合位置番号を前述の順序で並べて付記する．

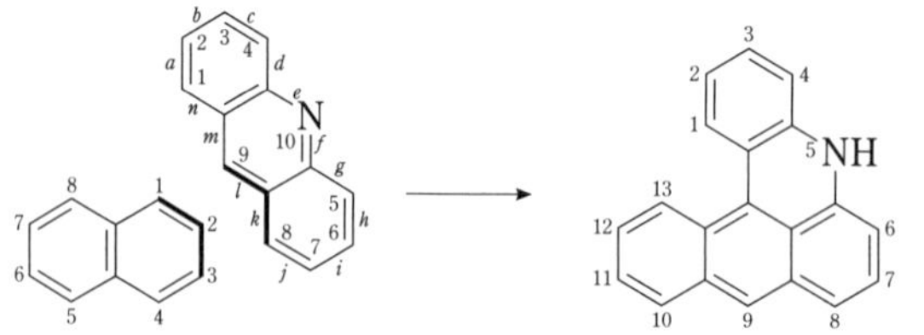

5*H*-naphtho[3,2,1-*kl*]acridine

二つの縮合環が三つの辺を共有してペリ縮合する場合も同様である．

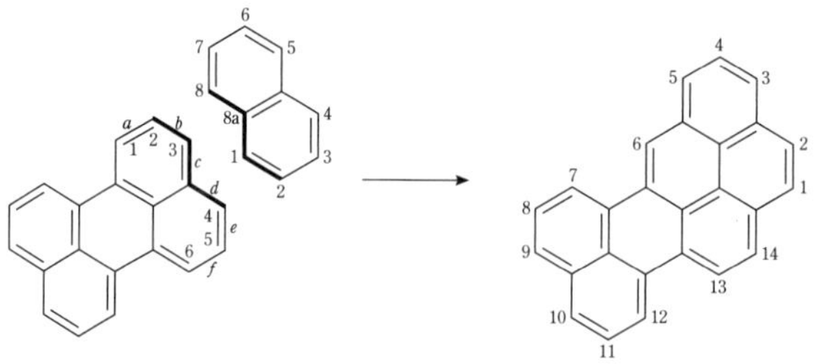

perylene　　naphtho[8,1,2-*bcd*]perylene
（位置番号については **1.1.13** 参照）

この場合，ナフタレン環の縮合位置を示すには四つの位置番号が必要で，本来は [8,8a,1,2-*bcd*] となるはずであるが，angular 位置[1)] の番号 8a は省略する．

1）縮合環系において，二つ以上の環に共有される原子があるとき，その位置を angular 位置とよぶ．

1.1.7 複素環どうしの縮合

縮合環炭化水素と同じ原則に基づいて命名するが，ここで問題になるのは，何を基礎成分に選ぶかということである．これについては，IUPAC 規則に規定があり，つぎの優先順位を順次適用する．

(*a*) 窒素原子を含む成分

(*b*) 複素単環の体系名における優先順位のうち上位のヘテロ原子を含む成分（**窒素は例外的に最優先**）

O ＞ S ＞ Se ＞ Te ＞（N）＞ P ＞ As ＞ ……

(*c*) 最多数の環を含む成分

(*d*) 最大の環を含む成分

(*e*) 種類を問わず最多数のヘテロ原子を含む成分

(*f*) 最多種のヘテロ原子を含む成分（以下略）

付随成分は，その複素環名の末尾を o に変えた接頭語を使って命名するが，furo フロ，thieno チエノ，pyrido ピリド，imidazo イミダゾ などの省略形が認められている．

以下の例では，構造式中の太線の部分が基礎成分である．

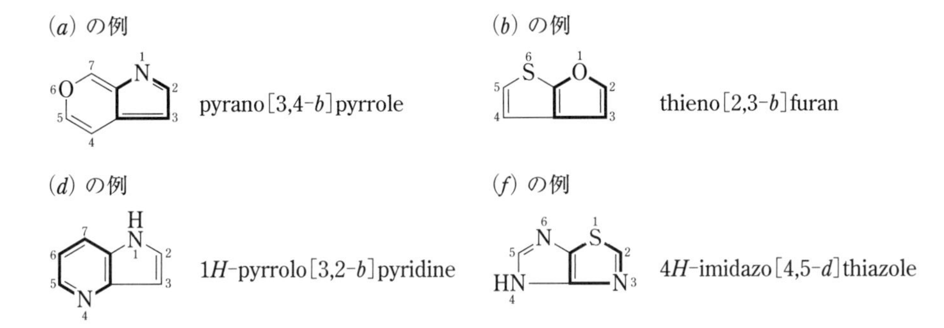

1.1.8 縮合環の構成成分が位置番号つきの名称をもつ場合[1]

それぞれ固有の位置番号をもつ基礎成分と付随成分から構成された縮合環には，それぞれの成分の位置番号とは関係なく，できあがった縮合環の周辺をまわって新しい位置番号を付け直す（番号のつけ方は後述，**1.1.13** 参照）．

新たにできた縮合環の名称では，基礎成分，付随成分のいずれも，それにつく位置番号は常に角括弧に入れて示す．この角括弧中の数字は，それら成分に固有の位置番号であり，完成した新たな縮合環での最終的な番号づけでは意味をもたないことに注意する必要がある．

以下の 2 例は，完成した縮合環のヘテロ原子の位置番号が，もとの構成成分に固有の位置番号と同じ場合である．

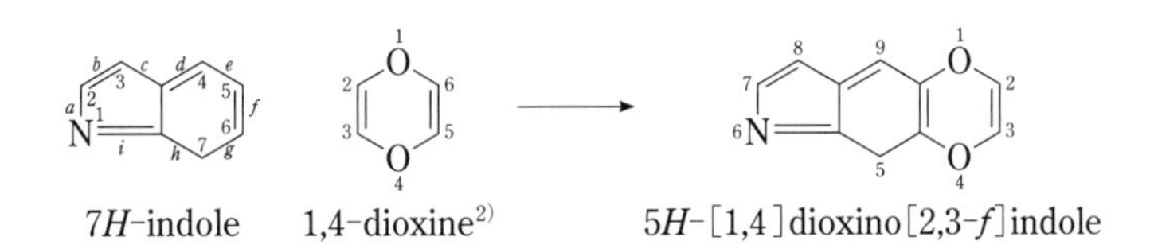

1) 縮合環の構成成分が位置番号つきの名称をもつ場合の位置番号につける括弧については，1998 年の IUPAC 勧告において修正が行われた．ここではその修正に基づいて解説し，名称を付している．

2) p.140 の脚注を参照．

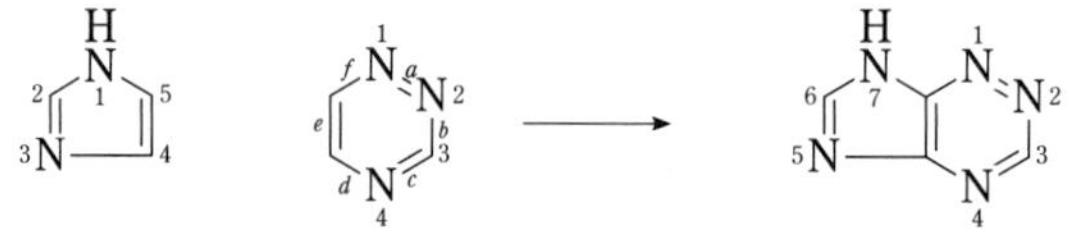

imidazole　1,2,4-triazine　→　7*H*-imidazo[4,5-*e*][1,2,4]triazine

以下の例では，最初の二つは，完成した縮合環のヘテロ原子の位置番号が，もとの基礎成分に固有の位置番号と異なる場合，次の二つは，もとの付随成分に固有の位置番号と異なる場合，最後の例は，基礎成分，付随成分ともに固有の位置番号と異なる場合である．

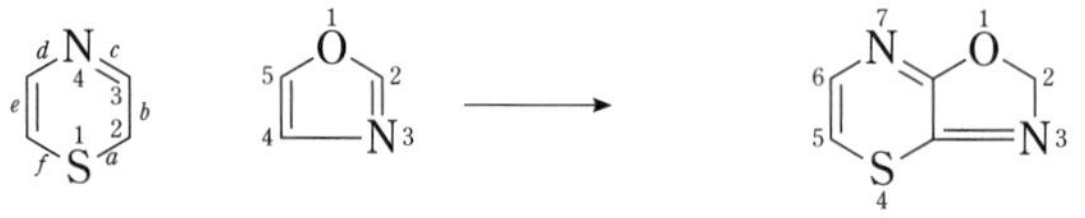

1,4-thiazine　oxazole　→　2*H*-oxazolo[4,5-*b*][1,4]thiazine

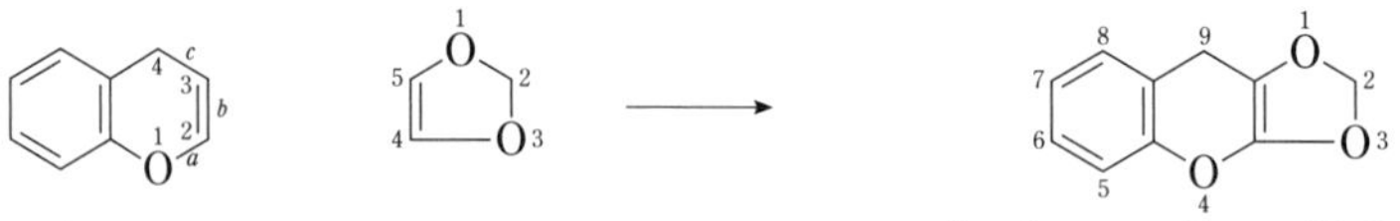

4*H*-1-benzopyran　1,3-dioxole　→　2*H*,9*H*-[1,3]dioxolo[4,5-*b*][1]benzopyran

pyridine　1,2,5-oxadiazole　→　[1,2,5]oxadiazolo[3,4-*c*]pyridine

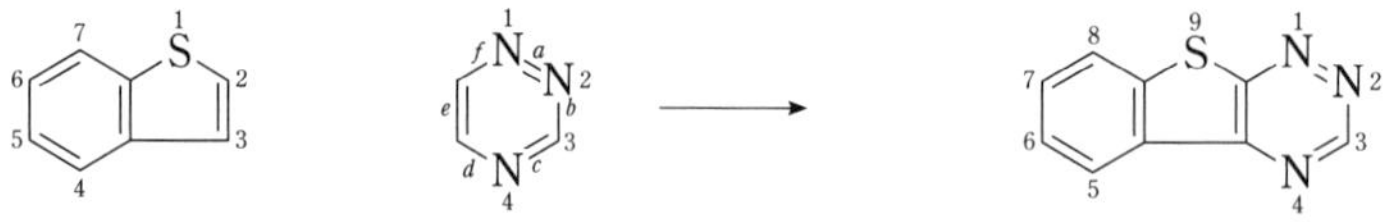

benzo[*b*]thiophene　1,2,4-triazine　→　[1]benzothieno[3,2-*e*][1,2,4]triazine

2*H*-1,4-oxazine　1,2,5-thiadiazole　→　1*H*-[1,2,5]thiadiazolo[3,4-*b*][1,4]oxazine

1.1.9　ヘテロ原子が二つの環に共有されている縮合環

縮合位置にヘテロ原子があるときには，その構成成分となる環はどちらもそのヘテロ原子を含んでいるものとして命名する．一つのヘテロ原子が三つの環に共有されている場合も同様である．

縮合環の angular 位置にある炭素原子には位置番号をつけないが，二つの環に共有されるヘテロ原子には位置番号をつける．

1,2,4,5-tetrazine　1*H*-1,2,4-triazole　→　[1,2,4]triazolo[4,3-*b*][1,2,4,5]tetrazine

isoindole　quinoxaline　→　isoindolo[2,1-*a*]quinoxaline

1.1.10 二つ以上の付随成分が一つの基礎成分に縮合した環系

付随成分が同じ場合は，**1.1.3** に例示した dibenzo[*a*,*h*]anthracene のように命名する．

付随成分が異なる場合は，その名称のアルファベット順に並べて命名する．

→ 1*H*-benzo[*a*]cyclopenta[*j*]anthracene

この例では anthracene の対称的な辺 *a* と *j* にベンゼン環とシクロペンタジエン環が縮合しているが，アルファベット順で先になる benzo に若いアルファベット記号 *a* を与える．

複素環が縮合に関与する例：

quinoline　→　benzo[*f*]furo[3,2-*c*]quinoline

indolizine　→　furo[3,4-*a*]pyrrolo[2,1,5-*cd*]indolizine

ベンゼン環 1 個と複素環 1 個から成る縮合環は一つの構成成分として処理する．

4*H*-furo[2,3-*b*][1,4]benzoxazine
（誤： 4*H*-benzo[*b*]furo[3,2-*e*][1,4]oxazine）

1*H*-pyrrolo[1,2-*b*][2]benzazepine
（誤： 1*H*-benzo[*e*]pyrrolo[1,2-*a*]azepine）

1.1.11 付随成分にさらに別の環が縮合した環系

基礎成分に縮合した付随成分の先に，さらに第二の成分が付け加えられる場合は，第二の付随成分の位置番号にプライムをつけて，新しい縮合環系の名称をつくる．

quinoxaline　imidazole　pyridine　→　pyrido[1′,2′:1,2]imidazo[4,5-*b*]quinoxaline

さらに第三の付随成分が縮合する場合は，その位置番号に二重プライムをつけて表す.

4*H*-pyran　pyrrole

3*H*-pyrrole　4*H*-pyran　→　pyrrolo[2″,3″:4′,5′]pyrano[2′,3′:5,6]pyrano[4,3-*b*]pyrrole

縮合環の位置番号は，基礎成分に近いところがなるべく小さい番号になるように選ぶ.

ベンゼン環1個と複素環1個から成る縮合環は，この場合も一つの構成成分として処理する.

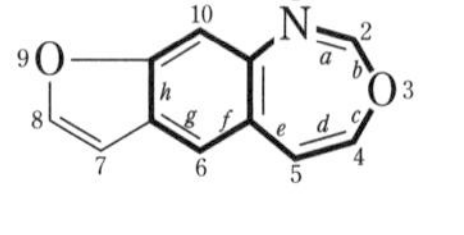

furo[3,2-*h*][3,1]benzoxazepine
（誤：furo[3′,2′:4,5]benzo[1,2-*d*][1,3]oxazepine）

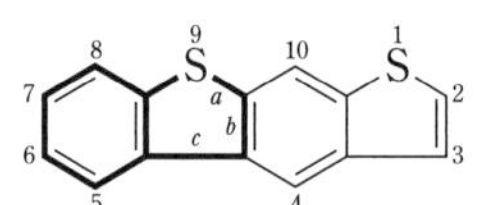

[1]benzothieno[6,5-*b*][1]benzothiophene
（誤：thieno[3′,2′:4,5]benzo[1,2-*b*][1]benzothiophene）

慣用名をもつ縮合基礎成分の両側に二つ以上の付随成分が付け加えられた例：

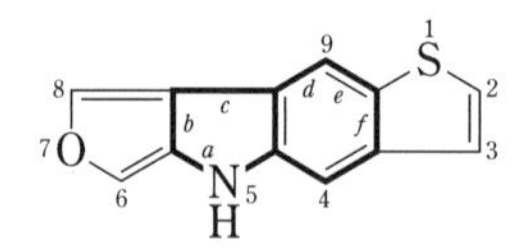

5*H*-furo[3,4-*b*]thieno[2,3-*f*]indole

pyrido[2,1-*b*]pyrido[1′,2′:1,2]pyrimido[4,5-*g*]quinazoline

1.1.12 一つの付随成分が二つ以上の同一基礎成分に縮合した環系

基礎成分の名称の前に di ジ，tri トリ をつける（まぎらわしい名称に対しては bis ビス，tris トリス を使う）．第二，第三の基礎成分の縮合位置を示すアルファベット記号には，プライム，二重プライムをつける.

→　benzo[1,2-*d*:4,5-*d*′]diimidazole

benzo[1,2-*c*:3,4-*c*′:5,6-*c*″]trifuran

benzo[1,2-*d*:5,4-*d*′]bis([1,3]oxazole)

benzo[1,2-*c*:3,4-*c*′]bis([1,2,5]oxadiazole)

1.1.13 縮合環の位置番号のつけ方

慣用名をもつ縮合環（基礎成分となる縮合環）でも，基礎成分と付随成分から組立てた名称をもつ縮合環でも，その周辺の原子に一定の規則に基づいて位置番号をつける．

位置番号をつけるためには，まず縮合環を定められた向きになるように置かなければならない．配列の規則は

(*a*) なるべく多数の環が水平に並ぶようにする．

(*b*) なるべく多数の環が右上の区画にあるようにする．

(*c*) このような向きが二つ以上あれば，左下の区画にくる環の数がなるべく少ないようにする．

たとえば pyrene ピレン についてみると

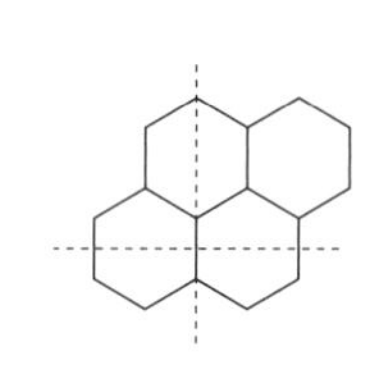

正しい方向

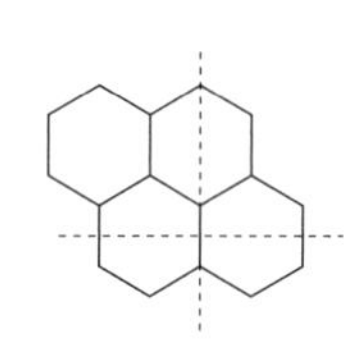

誤った方向

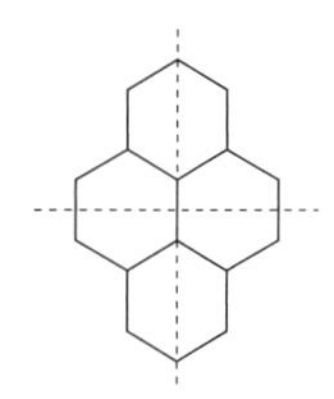

誤った方向

五角形，七角形などの環の書き方には二通りあるので，上の規則に合うような並べ方を選ぶ．

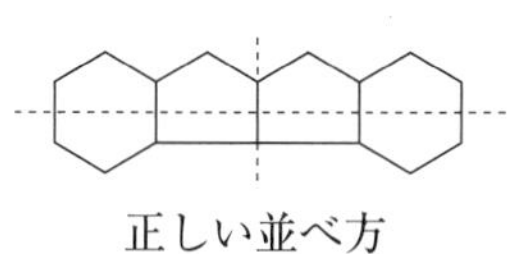

正しい並べ方

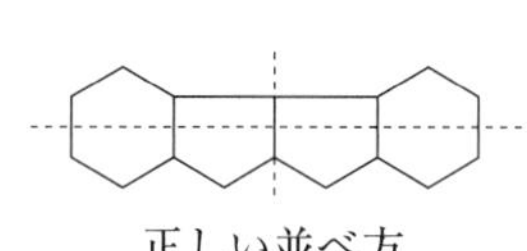

正しい並べ方

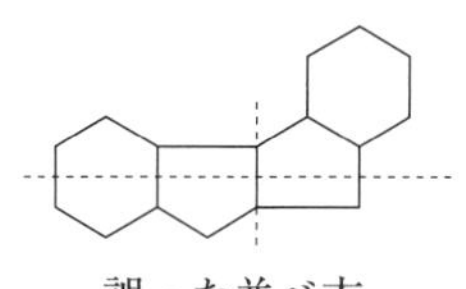

誤った並べ方

正しく並べた図形について，一番上の環（それが二つ以上あれば，そのうち一番右の環）の，**縮合位置の隣の原子**から始めて，環系の周辺を時計回りに順次番号をつける．

二つ以上の環に共有されている炭素原子には番号をつけない．必要な場合には，その直前の位置番号に a, b, c などをつけて示す．縮合環系の内部の原子には，周辺位置番号のうち最小のものを用い，それに上付き番号を添えて区別する[1]．

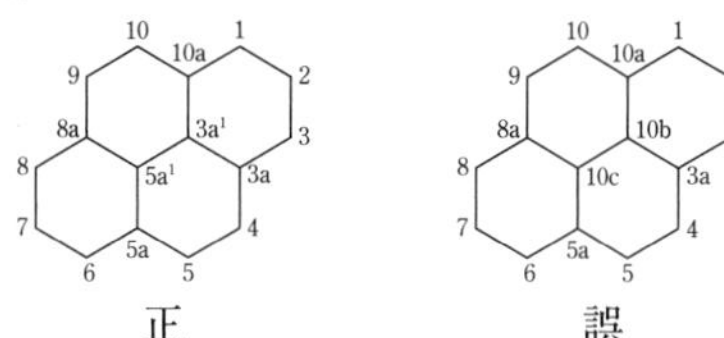

正　　誤

前記の規則に従って環系を並べる方法が二通り以上あるときは，二つの環に共有されている炭素原子

1) 内部原子の位置番号は 2013 勧告の方式に基づいて付した（Ⅲ2-B2.4 参照）．

がなるべく小さい番号のつぎにくるようにする（angular 位置の番号を比べてみて，小さい方をとる）.

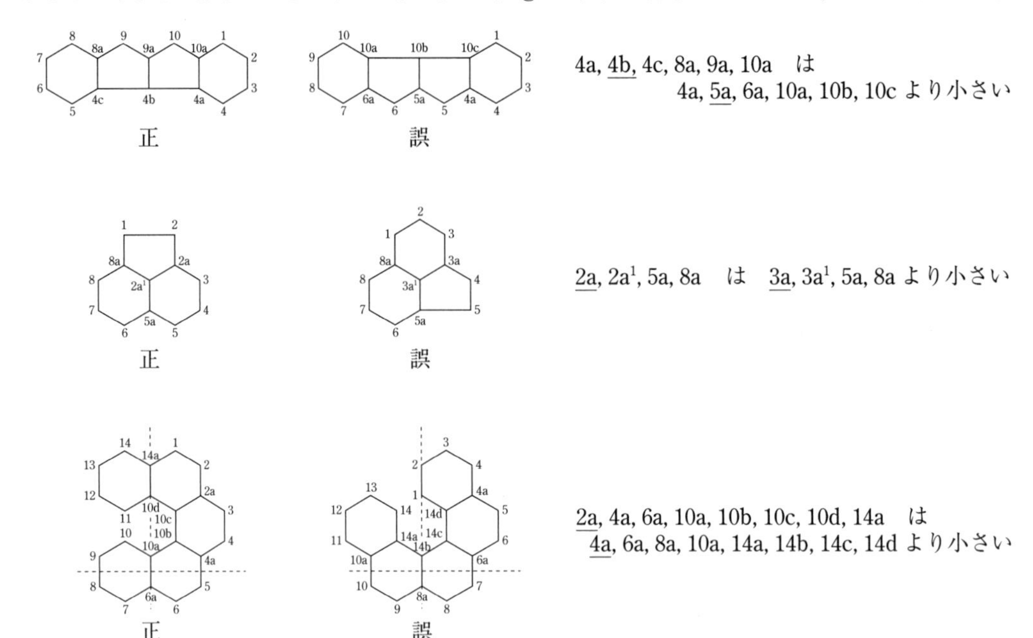

基礎成分となる縮合環炭化水素にも同じ原則に基づく位置番号がつけられているが，anthracene と phenanthrene だけは例外で，従来の慣用による位置番号を使う（**1.1.1** 参照）.

付随成分を付け加えて新しい縮合環名を組立てるときは，なるべく若いアルファベット記号と，なるべく小さい番号を選ぶが，できあがった環系については，構成成分の位置番号は無視して，全体の環系を上に述べたような向きに並べかえて，新しく周辺位置番号を付け直す．たとえば，**1.1.6** にあげた perylene と naphthalene とから成る縮合環の場合は，下の図のようになる.

縮合複素環の位置番号

縮合環の構成成分として複素環が含まれている場合も，原則としては縮合環炭化水素の場合と同じであるが，二つだけ違うところがある.

第一は，**二つ以上の環に共有されているヘテロ原子にも位置番号をつける**ことである（angular 位置の炭素原子には番号をつけず，a, b, c などの添字で表す）.

第二は，規定された向きに縮合環を配置する方法が二通り以上ある場合の処置で，つぎの原則を順次適用して，該当するヘテロ原子になるべく小さい位置番号を与えるようにする.

(*a*) すべてのヘテロ原子になるべく小さい番号がつくようにする（ヘテロ原子の種類は問題外）.

(*b*) O > S > Se > Te > N > P > As > …… の順で優先するヘテロ原子になるべく小さい番号を与える.

(*c*) 二つ以上の環に共有される炭素原子がなるべく小さい番号（添字つきの）をもつようにする.

(*d*) 指示水素をもつ位置になるべく小さい番号を与える.

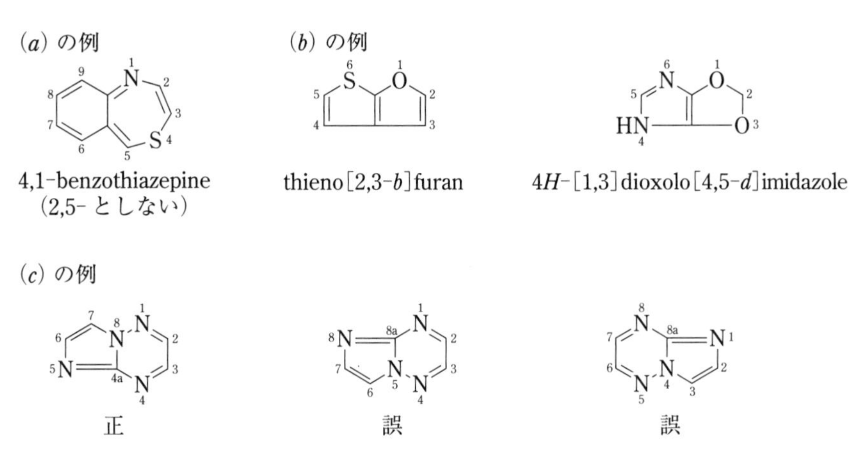

imidazo[1,2-*b*][1,2,4]triazine

(*c*) の例では 4 個の窒素原子の番号はどの並べ方でも 1,4,5,8 となる. そこで angular 位置の炭素原子が 4a になる最初の式が, 8a となる他の式よりよいことになる. つぎの例では, 2 個の窒素原子の番号はどちらも 5,6 となる. そこで angular 位置の番号を順番に比べて, 最初の違った番号 10b が 11a より小さいことになる.

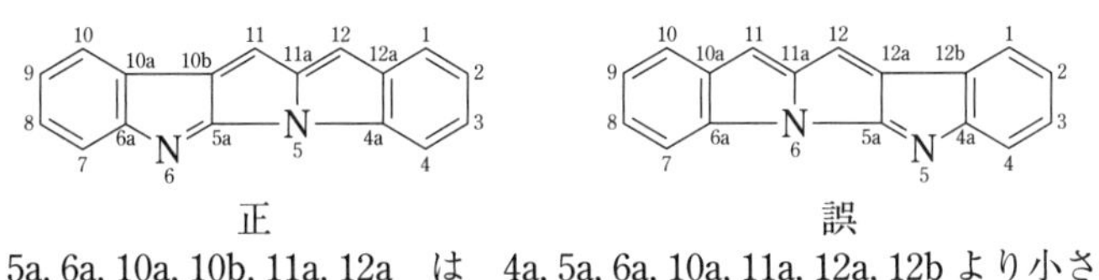

4a, 5a, 6a, 10a, 10b, 11a, 12a は 4a, 5a, 6a, 10a, 11a, 12a, 12b より小さい

pyrrolo[1,2-*a*:5,4-*b*′]diindole

基礎成分となる縮合複素環にも同じ原則に基づく位置番号がつけられているが, acridine アクリジン, carbazole カルバゾール, purine プリン, xanthene キサンテンは例外で, 従来の慣用による位置番号を使う.

この解説の縮合環命名法にあげた実例には, すべて以上の原則による位置番号が記入してあるので, 位置番号のつけ方の理解に役だつであろう.

1.1.14 置換基や特性基をもつ縮合環

この解説で述べた縮合環の名称は, 鎖状または単環化合物と同じように, 有機化合物の母核として, 置換基や特性基の位置を固有の番号で表すことができる. 縮合環から導かれる基の名称も同様である.

ただ, 注意すべきことは, 特性基をもつ化合物を基礎成分とし, これに付随成分を付け加えて, 新しい縮合環化合物の名称をつくることは規則に反するので, まず新しい縮合環の名称をつくり, その環系の位置番号を使って特性基を命名しなければならない.

benzo[*a*]anthracene-7,12-dione
(誤: benzo[*a*]anthraquinone)

1.2 橋かけ環化合物の命名

1.2.1 von Baeyer 命名法

元来は 2 個以上の原子を共有している二環系の脂環状炭化水素のために考案された命名法であるが，多環化合物や複素環化合物にも適用できるように拡張されている．

1.2.1.1 二 環 系

bicyclo ビシクロ を接頭語とする命名法で，角括弧で囲んであるのは，二つの橋頭を結ぶ 3 本の橋を構成する炭素原子数を大きいものから順に並べたものである（Ⅲ1-A5.1 参照）．数字の間はコンマ（,）でなくピリオド（.）で区切る（コンマは位置番号を区切るのに使う）．

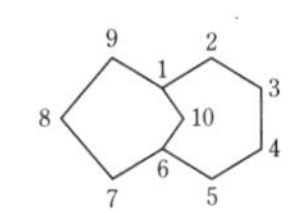

bicyclo[4.3.1]decane

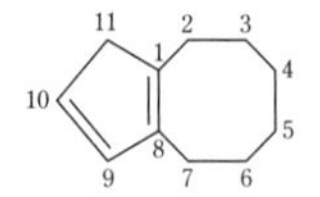

bicyclo[6.3.0]undeca-1(8),9-diene

位置番号は橋頭の一つから始めて，最長の橋から順々に回るようにする．

ヘテロ原子を含む橋かけ環は，ヘテロ原子を oxa オキサ，thia チア，aza アザ などで表す．位置番号のつけ方が二通りあるときは，ヘテロ原子がなるべく小さい番号になるようにする．

7-azabicyclo[2.2.1]heptane

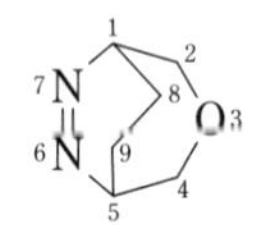

3-oxa-6,7-diazabicyclo[3.2.2]non-6-ene

1.2.1.2 多 環 系

二環系の命名原則に準じて命名する．基本環（なるべく多数の炭素原子を含む単環）にかかる第一の橋はビシクロ化合物の場合と同様に命名し，第二の橋以下の副橋の位置は，その結合位置番号を肩つきの数字で示す．

三環系化合物の名称は tricyclo[$k.l.m.n^{x,y}$]alkane トリシクロ[$k.l.m.n^{x,y}$]アルカン の形となる．alkane の部分は，その三環系を構成する炭素原子の総数に相当する鎖状炭化水素の名称を使う．k, l, m, n は，つぎに示す原則を順次適用して決定する．

(*a*) 基本環（下の例では太線で示す）はできるだけ多くの炭素原子を含むようにする．上の一般式では $k+l$ が最大になるようにする．

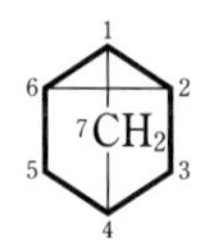

tricyclo[2.2.1.0^{2,6}]heptane

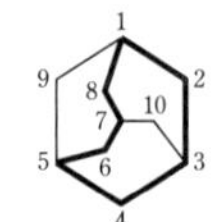

tricyclo[3.3.1.1^{3,7}]decane
(adamantane アダマンタン)

(*b*) 第一の橋はできるだけ長いものとする．上の式で m を最大にする．

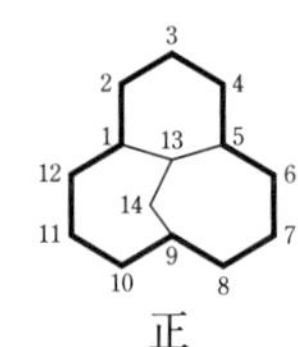

正

tricyclo[7.3.2.0^{5,13}]tetradecane
（第一の橋は C_1-C_{13}-C_{14}-C_9）

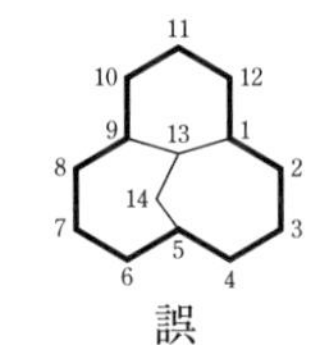

誤

tricyclo[7.3.1.1^{5,13}]tetradecane
（第一の橋は C_1-C_{13}-C_9）

(*c*) 基本環が第一の橋によってなるべく対称的に分かれるようにする．上の式では *k* と *l* の差をなるべく小さくする．

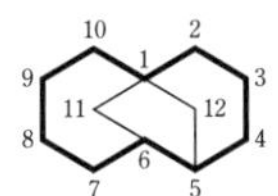

tricyclo[4.4.1.1^{1,5}]dodecane
（誤：tricyclo[5.3.1.1^{1,6}]dodecane）

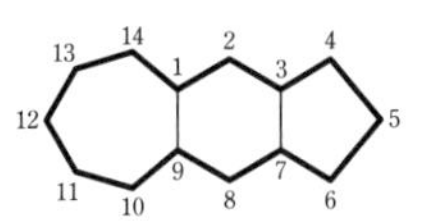

tricyclo[7.5.0.0^{3,7}]tetradecane
（誤：tricyclo[9.3.0.0^{3,9}]tetradecane）

(*d*) 副橋の結合位置を示す肩つきの数 *x*, *y* がなるべく小さな位置番号になるようにする．

四環系以上の場合も同じ原則で命名する．これらの場合は，副橋が 2 本以上となる．

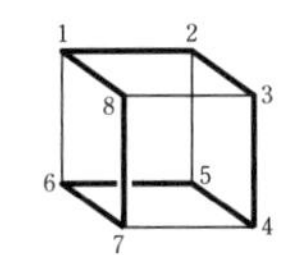

pentacyclo[4.2.0.0^{2,5}.0^{3,8}.0^{4,7}]octane
（cubane クバン）

1.2.2 縮合環への橋かけ

オルトおよびペリ縮合の多環化合物（最多数の非集積二重結合をもつもの）に，さらに $-CH_2-$ の橋がかかった化合物は，接頭語 methano メタノ をつけて命名する．

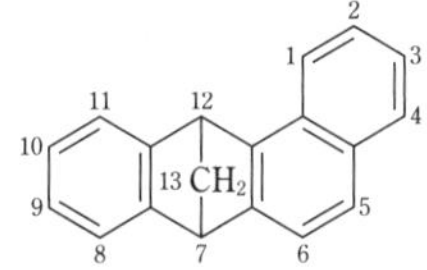

7,12-dihydro-7,12-methano-benzo[*a*]anthracene

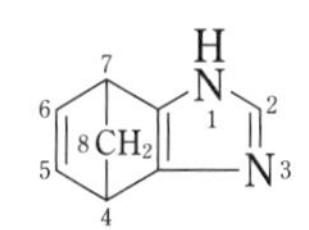

4,7-dihydro-4,7-methanobenzimidazole

縮合環につぎのような炭化水素橋がかけられた化合物も同じように命名する．

$-CH_2CH_2-$ ethano- エタノ
$-CH{=}CH-$ etheno- エテノ
$-CH_2CH_2CH_2CH_2-$ butano- ブタノ
$-CH_2CH{=}CHCH_2-$ 2-buteno- 2-ブテノ

基本となる縮合環の位置番号はそのままとし，炭化水素橋には，その橋が結合している最大番号の橋頭原子から出発して，順々に続いた番号をつける．

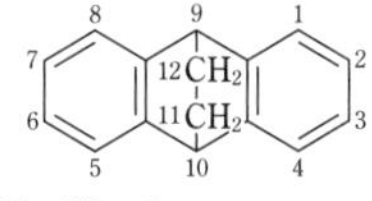

9,10-dihydro-9,10-ethanoanthracene

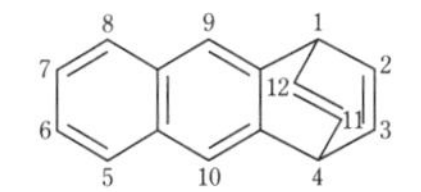

1,4-dihydro-1,4-ethenoanthracene

炭化水素環の二価基が橋になっている場合も，同じ原則に基づいて命名することができる．この場合は，短い橋になる方の炭素原子を先にまわって番号をつける．

9,10-dihydro-9,10-*o*-benzenoanthracene
（triptycene トリプチセン）

ヘテロ原子の橋も，epoxy エポキシ(-O-)，epithio エピチオ(-S-)，imino イミノ(-NH-)，epidioxy エピジオキシ(-O-O-) などの接頭語を使って命名することができる．ヘテロ原子と炭化水素基などの組合わせの橋も，iminomethano イミノメタノ(-NH-CH_2-)，epoxythioxy エポキシチオキシ(-O-S-O-) などと命名される．

4,9-dihydro-
4,9-epoxynaphtho[2,3-*c*]furan

8a,4a-(iminomethano)naphthalene

1.2.3 橋かけ環を基礎成分とする縮合環

ビシクロ化合物のような橋かけ環に，さらにベンゼン環が縮合した化合物については，1979 規則には該当項目がないので，(*a*) 1993 規則で採用された名称 [*n*]annulene [*n*]アンヌレン を使って橋かけ環として命名するか，あるいは (*b*) *Chem. Abstr.* 方式で命名する．

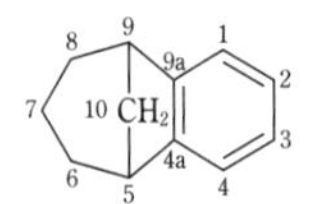

(*a*) 6,7,8,9-tetrahydro-
5,9-methano-5*H*-benzo[7]annulene

(*b*) tricyclo[6.3.1.$0^{2,7}$]dodeca-2,4,6-triene

1.3 スピロ環化合物の命名

1.3.1 単環を構成成分とするスピロ環

単環炭化水素が二つスピロ結合した化合物は，炭素原子の総数と接頭語 spiro スピロ を使って命名する．角括弧で囲んであるのは，スピロ原子に連なる 2 本の炭素鎖に含まれる炭素原子数を小さいものから順に並べたもので，数字の間はコンマ (,) でなくピリオド (.) で区切る．

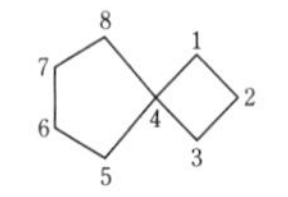

spiro[3.4]octane

spiro[4.5]deca-1,6-diene

位置番号のつけ方は，小さい方の環を先にし，スピロ原子の隣を 1 とし，小さい環をまわってスピロ原子に戻り，つぎに大きい方の環をまわる．不飽和結合や置換基があれば，それがなるべく小さい番号になるようにまわる．

ヘテロ原子を含むスピロ環は，ヘテロ原子を oxa オキサ，thia チア，aza アザ などで表す．

5-oxaspiro[3.5]non-6-ene

6-azoniaspiro[5.5]undecane

単環三つが互いにスピロ結合した三環系は，炭素原子の総数と接頭語 dispiro ジスピロを使って命名する．両端の環のうち小さい方から出発して位置番号をつけ，二つのスピロ原子がなるべく小さい番号になるようにまわる．化合物名の角括弧の中には，位置番号の順序に，スピロ原子を結ぶ鎖を構成する原子数を記す．

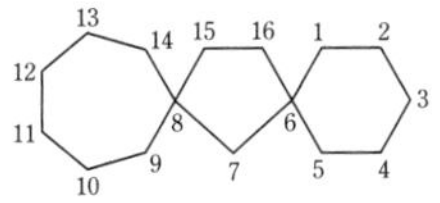

dispiro[5.1.6.2]hexadecane
（角括弧内の数の順序は位置番号の順番と一致する）

1.3.2 構成成分の少なくとも一つが縮合環または橋かけ環の場合

spiro[A-a,b′-B] の形式で命名する．A と B はスピロ環を構成する二つの成分環で，各成分の名称をアルファベット順に並べる．a と b′ は各成分環の中のスピロ原子の位置番号で，第二成分 B の位置成分 b′ はプライムをつけて表す．成分環がシクロアルカンの場合は，スピロ原子の番号を 1 あるいは 1′ とする．

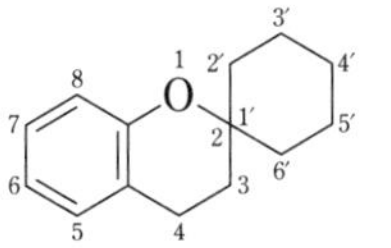

spiro[chroman-2,1′-cyclohexane]
（アルファベット順）

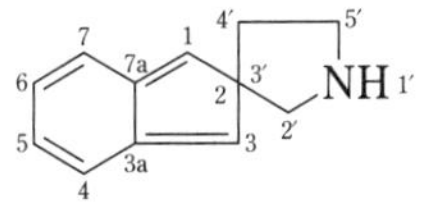

spiro[2*H*-indene-2,3′-pyrrolidine]

構成成分が橋かけ環の場合： スピロ環系全体の位置番号としては，二つの成分環の位置番号をそのまま使い，第二成分の位置番号にはすべてプライムをつける．

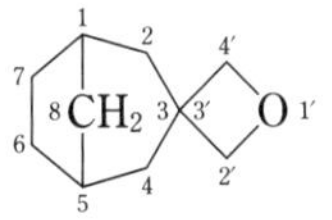

spiro[bicyclo[3.2.1]octane-3,3′-oxetane]

指示水素をもつ構成成分： スピロ結合の位置に指示水素をもつ構成成分の場合には，これを付記する．ただし，構成成分に関与する指示水素で，できあがったスピロ環系には含まれてないものは，あいまいさを避けるために角括弧に入れて示す．第二成分に関する指示水素位置であってもプライムをつけない．

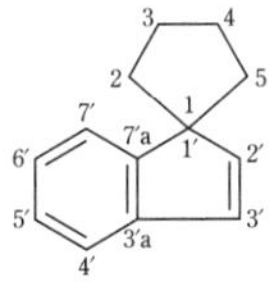

spiro[cyclopentane-1,1′-[1*H*]indene]
（アルファベット順）

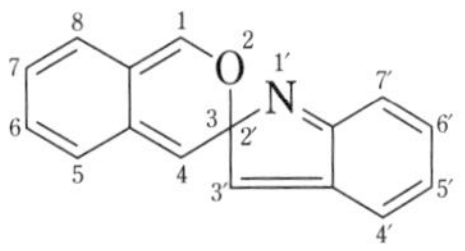

spiro[3*H*-2-benzopyran-3,2′-[2*H*]indole]

位置番号つきの名称をもつ構成成分： これも前の指示水素と同様に構成成分に関する位置番号であるから，第二成分であってもプライムをつけないで，角括弧に入れて示す．

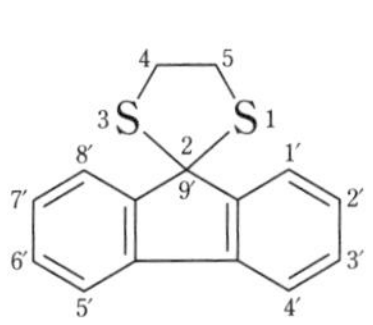

spiro[[1,3]dithiolane-2,9′-fluorene]

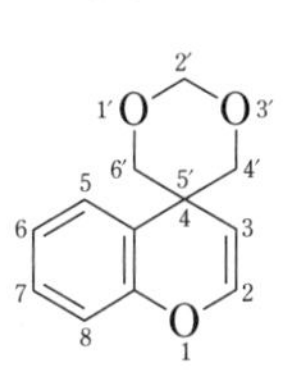

spiro[4*H*-1-benzopyran-4,5′-[1,3]dioxane]

不飽和炭素単環が構成成分となっている場合の不飽和結合の位置も，角括弧に入れて示す．

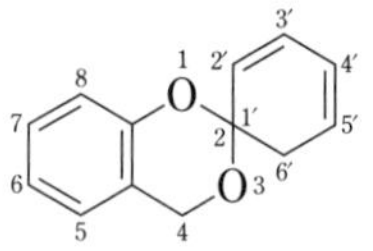

spiro[4*H*-[1.3]benzodioxine-2,1′-[2′,4′]cyclohexadiene][1)]

付加水素を用いる命名法： 環内に $-CH_2-$ 基をもたない縮合環炭化水素や複素環にカルボニル基のような二価の基が置換した化合物などを命名する場合に，置換によって余分に結合した水素を“付加水素”として，丸括弧に入れて付記する方法がある（付録2参照）．たとえば

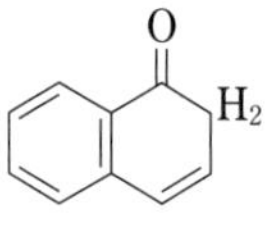

1(2*H*)-naphthalenone 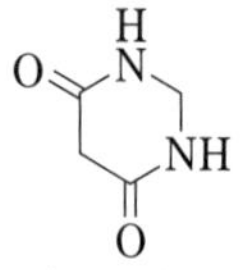　　2,3-dihydro-4,6(1*H*,5*H*)-pyrimidinedione

スピロ環の場合にも，この方式を使うと便利に命名されるものがある．この場合，付加水素は各構成成分に関するものではなく，スピロ環系全体に関与するものであるから，付加水素が第二成分にあるときはプライムをつけて表す．

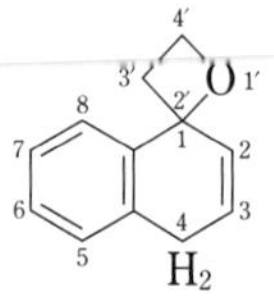

spiro[naphthalene-1(4*H*),2′-oxetane] 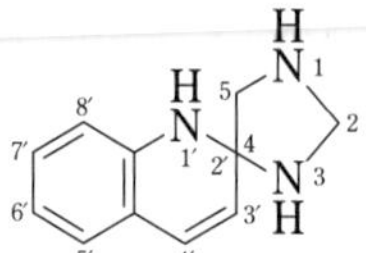　　spiro[imidazolidine-4,2′(1′*H*)-quinoline]

ジスピロ化合物： モノスピロ化合物と同じ原則によって命名される．両端の成分のうち，アルファベット順で若い名称をもつものを第一成分とする．位置番号は第二成分にプライム，第三成分に二重プライムをつける．

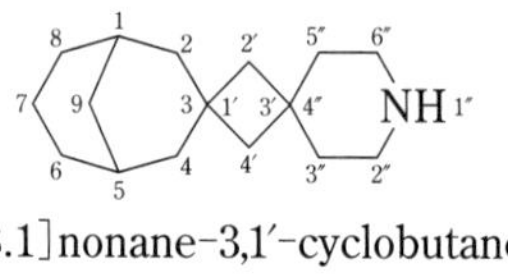

dispiro[bicyclo[3.3.1]nonane-3,1′-cyclobutane-3′,4″-piperidine]

1.3.3 同一の縮合環成分から成るスピロ環化合物

構成成分となる縮合環化合物の名称に接頭語として spirobi スピロビ をつけ，両成分のスピロ原子の位置番号を最初におく．

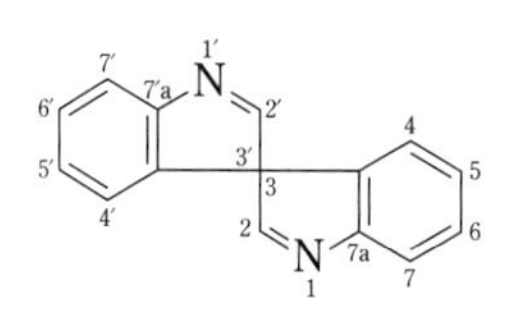

3,3′-spirobi[3*H*-indole]

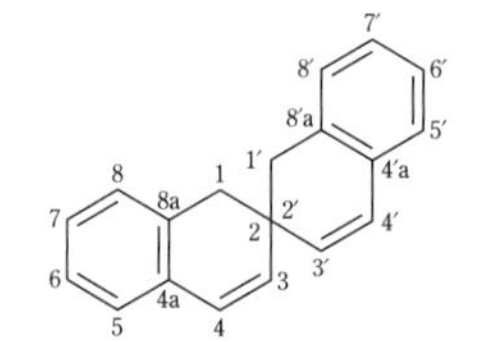

2,2′(1*H*,1′*H*)-spirobinaphthalene

1）p.140 の脚注を参照．

付録 2. 指示水素と付加水素[1)]

縮合多環炭化水素あるいは複素環（単環または縮合環）に異性構造があって，イタリック大文字Hを用いて異性体を区別する名称をつくるとき，このHを**指示水素** indicated hydrogen とよぶ．

例：

$2H$-indene　　　$3H$-pyrrole

縮合多環炭化水素あるいは複素環を母核とする化合物（ケトン，イミン，スピロ環化合物など）の異性体を命名するのに，余分の水素原子の位置をイタリック大文字Hを括弧に入れて表示することによって区別するとき，この（H）を**付加水素** added hydrogen とよぶ．

例：

1($2H$)-naphthalenone　　　2($1H$)-pyrimidinone

IUPAC 命名規則の条文は indicated hydrogen および added hydrogen の用法について意を尽くしていない．Chemical Abstracts Index Guide（p.139 の脚注 2）参照）には，指示水素および付加水素を使う命名規則および位置番号のつけ方について詳細な記載があるが，厳密な規則原文はかなり難解である．そこで，この解説では，具体的な実例を多くして，例をみれば規則の大要が理解できるように心がけた．

付加水素を使う命名は，実用的には環状ケトンの名称として論文などに多用され，しかも投稿論文などにも誤った命名が多いので，この解説では，ケトンの命名を例として，その問題点を類例的に整理して示すようにした．

2.1 環状モノケトン

母核名が指示水素をもたない場合

例：

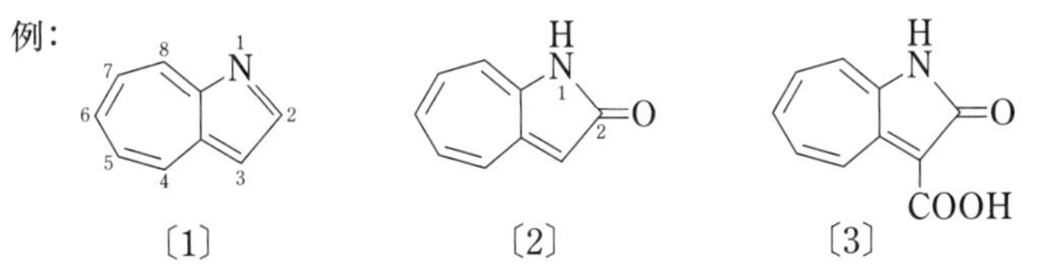

〔1〕　　　〔2〕　　　〔3〕

〔1〕 cyclohepta[*b*]pyrrole

〔2〕 cyclohepta[*b*]pyrrol-2($1H$)-one

〔3〕 1,2-dihydro-2-oxocyclohepta[*b*]pyrrole-3-carboxylic acid

（カルボニルより上位の特性基 −COOH がある場合）

付加水素の位置番号について：　主基（one）が付加水素を必要とするときは，なるべく小さい位置番号を使う（angular 位置の位置番号でもよい）．

---

1)　付録 1〜付録 4 の記載は 1979 規則および 1993 規則に基づいており，2013 勧告による変更は，一部に注として記載したものを除き，反映されていない．

例：

〔4〕

3,4-dihydro-1(2*H*)-naphthalenone （正）
2,3-dihydro-1(4*H*)-naphthalenone （誤）

〔5〕

5,6,7,8-tetrahydro-2(4a*H*)-naphthalenone （正）
4a,5,6,7-tetrahydro-2(8*H*)-naphthalenone （誤）

母核名が指示水素をもつ場合

例：

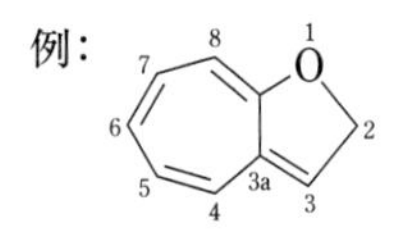

〔6〕

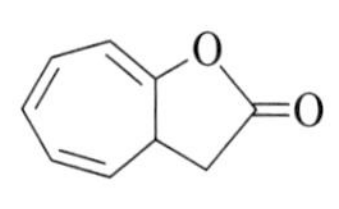

〔7〕

〔8〕

〔9〕

〔6〕 2*H*-cyclohepta[*b*]furan

〔7〕 2*H*-cyclohepta[*b*]furan-2-one

〔8〕 3,3a-dihydro-2*H*-cyclohepta[*b*]furan-2-one

〔9〕 2-oxo-2*H*-cyclohepta[*b*]furan-3-carboxylic acid

主基（one）をもつ炭素原子の位置を指示水素で示し，付加水素は使わない．(指示水素に優先的に最小番号を与えるという原則の例外)

例：

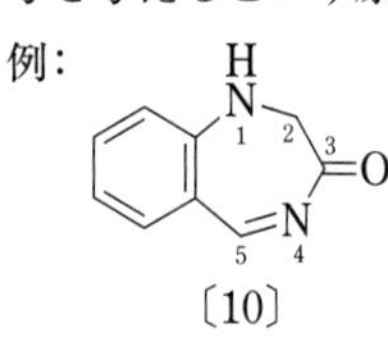

〔10〕

1,2-dihydro-3*H*-1,4-benzodiazepin-3-one （正）
1*H*-1,4-benzodiazepin-3(2*H*)-one （誤）

主基（one）の結合位置に指示水素がありえない場合には，付加水素が必要となる．この場合，指示水素の方が付加水素より小さい番号をとる．

例：

〔11〕

2*H*-thiopyran-3(4*H*)-one （正）
4*H*-thiopyran-3(2*H*)-one （誤）

2.2 環状ジケトン

母核名が指示水素をもたない場合

一つの環系の中に主基（one）の 1 対がある場合，1,2-dione，1,4-dione などでは，化合物名に付加水素を表示する必要がない．

1,3-dione などでは，付加水素を表示する必要がある．例：〔15〕,〔16〕

例：

〔12〕 〔13〕

〔12〕 1,4-naphthalenedione（1,4-dihydro- は不要）

〔13〕 2,3-dihydro-1,4-naphthalenedione（tetrahydro- としない）

〔14〕 〔15〕 〔16〕

〔14〕 5,8-quinolinedione
(5,8-dihydro- は不要)
〔15〕 2,4(1*H*,3*H*)-quinolinedione
(tetrahydro- は不要)
〔16〕 1,2,4-triazine-3,5(2*H*,4*H*)-dione

母核名が指示水素をもつ場合

例:

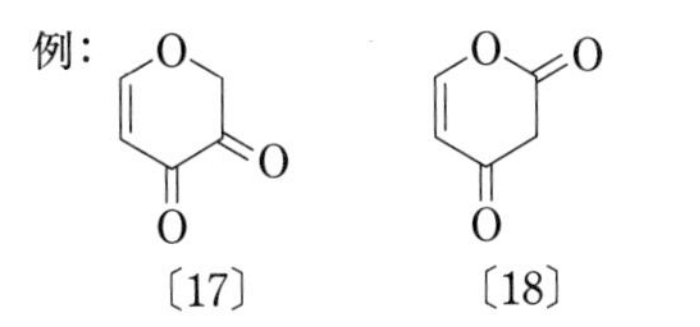

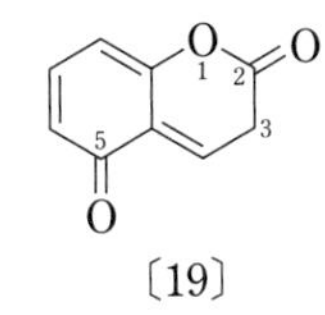

〔17〕 2*H*-pyran-3,4-dione
〔18〕 2*H*-pyran-2,4(3*H*)-dione
〔19〕 2*H*-1-benzopyran-2,5(3*H*)-dione

指示水素を必要とする環系においては,主基に付加水素を必要とする場合でも,指示水素の方に優先的に小さい位置番号を与えるようにする.

例:

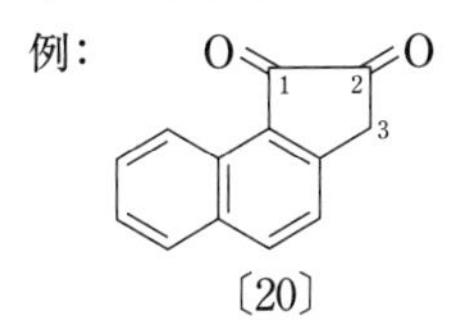

1*H*-benzo[*e*]indene-1,2(3*H*)-dione (正)
3*H*-benzo[*e*]indene-1,2-dione (誤)

2.3 環状トリケトン

モノケトン,ジケトンの命名法が複合されたものになる.

例:

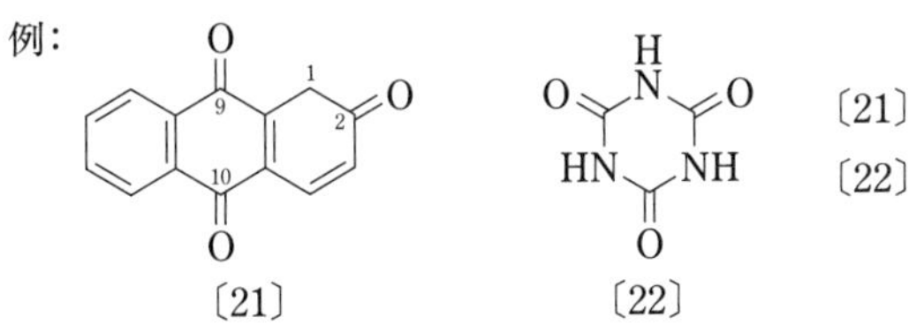

〔21〕 2,9,10(1*H*)-anthracenetrione
〔22〕 1,3,5-triazine-2,4,6(1*H*,3*H*,5*H*)-trione

2.4 チオケトン,イミン,二価の基,スピロ環化合物など

環状ケトン以外の命名に付加水素が使われる例

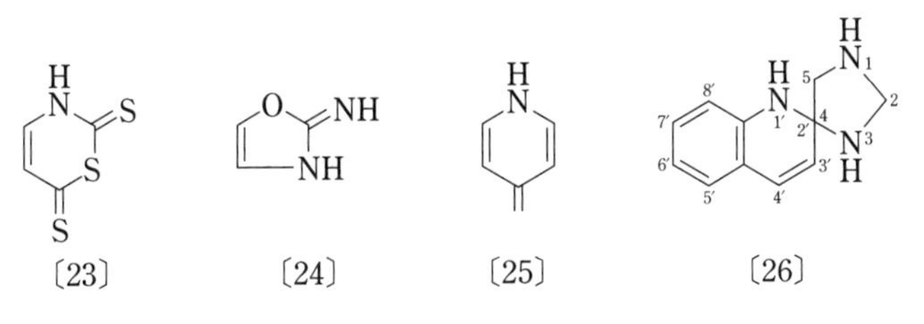

〔23〕 2*H*-1,3-thiazine-2,6(3*H*)-dithione
〔24〕 2(3*H*)-oxazolimine
〔25〕 4(1*H*)-pyridylidene (二価の基)
〔26〕 spiro[imidazolidine-4,2′(1′*H*)-quinoline]

付録 3. *Chemical Abstracts* 索引名と IUPAC 名[1)]

IUPAC 命名法は化合物の化学構造を体系的に表記するために国際的な機関によって制定された命名規則であるが，基本的な化合物では従来慣用的に使われてきた名称をすべて改変するわけにはいかないので，一つの化合物に対していくつかの名称を許容している例が数多く見られる．

最近きわめて重要になった情報検索の目的には，一つの化合物に対して複数の異なる名称があったのでは，目的の化合物についての情報を完全に検索することはできない．抄録誌として定評ある *Chemical Abstracts*（CA）では，IUPAC 命名法を基にして独自の命名規則を制定し，Vol. 76 (1972) 以降，検索に使われる索引名は一化合物につき一名称を厳守している．CA 索引名は化学構造に対応する体系名を原則とし，慣用名は極力避けている．したがって toluene，isopropyl，aniline など従来一般に使われてきた名称は CA では使われていない．

このように CA 索引名は情報検索には合理的にできているが，論文その他の文書を作成するにはあまり便利とはいいにくい．本書は IUPAC 命名法の骨子を要約して解説するのを目的として編集したものであるが，CA 索引名も実用上必要なこともあるので，この付録では，一般に広く使われている基本的な有機化合物名について，CA 索引名と IUPAC 名との相違点のおもなものを要約紹介する．

以下の記載では，*Chemical Abstracts* を主体とし，つぎの略記号を使用する．

無印　*Chemical Abstracts* 索引名

〈　〉　IUPAC 1979 規則（I-1，文献 (2) および (7) 参照）による名称

3.1　元　素　名

表 II-1 元素表で括弧付き併記のある IUPAC 元素名 aluminium（aluminum）と caesium（cesium）に対しては，CA は括弧内の aluminum，cesium を採用している．

aluminum　(aluminium)[2)]

cesium　(caesium)[2)]

3.2　炭 化 水 素 名

直鎖飽和炭化水素名の例外　　eicosane　〈icosane〉

CA では側鎖をもつ炭化水素名に iso，neo などは使わない．

例：2-methylpropane　〈isobutane〉

不飽和炭化水素：CA ではすべて体系名を使う．

例：ethene　〈ethylene〉　　ethyne　〈acetylene〉

芳香族単環炭化水素：CA では benzene 以外はすべて体系名とする．

例：methylbenzene　〈toluene〉　　dimethylbenzene　〈xylene〉

ヒドロ芳香族炭化水素：2,3-dihydro-1*H*-indene　〈indan〉[3)]

---

1)　付録 1～付録 4 の記載は 1979 規則および 1993 規則に基づいており，2013 勧告による変更は，一部に注として記載したものを除き，反映されていない．

2)　（　）内は IUPAC 名．I-1 の文献 (1) および (6) を参照．

3)　p.140 の脚注を参照．

3.3 炭化水素基名

例： 1-methylpropyl 〈*s*-butyl〉
1-methylethyl 〈isopropyl〉
1-methylethylidene 〈isopropylidene〉
1,2-ethanediyl 〈ethylene〉
ethenyl 〈vinyl〉
phenylmethyl 〈benzyl〉
4-methylphenyl 〈*p*-tolyl〉
1-phenylethyl 〈α-methylbenzyl〉
naphthalenyl 〈naphthyl〉

3.4 基本複素環の名称

例： 2,3-dihydro-1*H*-pyrrole 〈2-pyrroline〉
2*H*-1-benzopyran 〈2*H*-chromene〉

3.5 カルボン酸の名称

CA では慣用名としては formic acid, acetic acid, benzoic acid だけを残し，その他のカルボン酸の名称はすべて体系名とする．

例： propanoic 〈propionic〉 butanoic 〈butyric〉
2-methylpropanoic 〈isobutyric〉 2-propenoic 〈acrylic〉
2-methylbenzoic 〈*o*-toluic〉 butanedioic 〈succinic〉

3.6 特性基名

CA 索引名には一部 IUPAC 名と異なるものがある．

例： -carboxaldehyde 〈-carbaldehyde〉
-peroxoic acid 〈peroxy—oic acid〉
-carboperoxoic acid 〈-peroxycarboxylic acid〉

3.7 第一級アミンの名称

IUPAC 命名規則では基名＋amine，母体化合物名＋amine の両者を認め，前者は一般に単純なアミンに対して用いられるとされ，そのほか慣用名も認められていたが，CA 索引名は母体化合物名＋amine とする体系名に統一する．

例： methanamine 〈methylamine〉 benzenamine 〈aniline〉
1,6-hexanediamine 〈1,6-hexanediamine または hexamethylenediamine〉

3.8 オキソ酸の類縁体（挿入語を使う命名法）

オキソ酸の＝O，－OH を＝S，＝NH，$-NH_2$，－Cl などで置き換えた化合物の命名について，IUPAC 無機化学命名法には簡単な指示があるが（II-D 参照），有機化学命名法には記載がない．これらの酸の命名について IUPAC 命名法は不備で，特に有機誘導体に関しては実用上ほとんど役にたたないので，CA 索引名に頼らざるをえない．つぎにその要点を実例をあげて説明しておく．

＝O，－OH を置き換えた部分をつぎの接辞で表し，もとの酸名の語幹と接尾語 ic との間に挿入して表示する．これらの接辞の語尾 o は多くの場合消去される．また，これらの接辞が子音で始まるときは，もとの酸名語幹の後に o を補う.

例: =S　thio　チオ　=NH　imido　イミド　$-NH_2$　amido　アミド

$-N_3$　azido　アジド　−Cl　chlorido　クロリド

有機化学でよく使われるリンのオキソ酸について例をあげればつぎのようになる.

例: $P(S)(OH)_3$	phosphorothioic acid	ホスホロチオ酸
$P(O)(NH_2)(OH)_2$	phosphoramidic acid	ホスホロアミド酸
$HP(O)Cl(OH)$	phosphonochloridic acid	ホスホノクロリド酸
$H_2P(NH)(OH)$	phosphinimidic acid	ホスフィノイミド酸
$P(O)Cl_2(OH)$	phosphorodichloridic acid	ホスホロジクロリド酸
$(C_2H_5)_2P(NH)(OH)$	diethylphosphinimidic acid	ジエチルホスフィノイミド酸
$C_6H_5P(S)Cl(OH)$	phenylphosphonochloridothioic acid	フェニルホスホノクロリドチオ酸

CA では炭酸の類縁体や有機過酸の命名にも挿入語を使う命名を採用している.

例: $S{=}C(OH)_2$	carbonothioic acid	〈thiocarbonic acid〉
$HN{=}C(OH)_2$	carbonimidic acid	〈imidocarbonic acid〉
$C_6H_5C(O)(OOH)$	benzenecarboperoxoic acid	〈perbenzoic acid〉

付録 4. 置換基の基名表[1)]

接頭語として表記される IUPAC 基名のうちおもなものを，基の構造によっておおまかに分類した．簡単な基名でまちがうおそれのないものは省略し，同族列や異性構造で類推のできるものは簡略化した．

CA 名が IUPAC 名と異なる場合は（CA……）として表示し，1993 規則によって修正された IUPAC 名は《　》に入れて表示した．両者が同じ場合は《CA……》として表示した．

置換基名が語尾 y で終わる場合には，対応するラジカル名は語尾を yl に変える．

日本語の基名はすべて字訳基準によって片仮名書きする．

なお，1993 規則による置換基名のつくり方については p.46 を，接尾語として表記される特性基については，表Ⅲ1-6（p.61）を参照されたい．また，ポリマー鎖を構成する二価基については，表Ⅳ-1（p.130）を参照されたい．

飽和鎖状炭化水素基

n-C_3H_7-	propyl プロピル（n-不要）
i-C_3H_7-	isopropyl イソプロピル （i-propyl は誤）
n-C_4H_9-	butyl ブチル（n-不要）
i-C_4H_9-	isobutyl イソブチル （i-butyl は誤）
s-C_4H_9-	s-butyl s-ブチル （2-butyl は誤）
t-C_4H_9-	t-butyl t-ブチル
n-$C_5H_{11}-$	pentyl ペンチル （n-amyl としない）
$(CH_3)_2CHCH_2CH_2-$	isopentyl イソペンチル （isoamyl としない）
$(CH_3)_3CCH_2-$	neopentyl ネオペンチル
$C_2H_5C(CH_3)_2-$	t-pentyl t-ペンチル
n-C_3H_7CH- ｜ CH_3	1-methylbutyl 1-メチルブチル
n-$C_6H_{13}CH-$ ｜ CH_3	1-methylheptyl 1-メチルヘプチル （2-octyl は誤）
n-$C_{12}H_{25}-$	dodecyl ドデシル （lauryl としない）
n-$C_{16}H_{33}-$	hexadecyl ヘキサデシル （cetyl としない）
n-$C_{18}H_{37}-$	octadecyl オクタデシル （stearyl としない）
$-CH_2-$	methylene メチレン
$CH_2=$	methylene メチレン 《methylidene メチリデン》
$-CH_2CH_2-$	ethylene エチレン
$CH_3CH=$	ethylidene エチリデン
$-CHCH_2-$ ｜ CH_3	propylene プロピレン 《propane-1,2-diyl プロパン-1,2-ジイル》
$CH_3C=$ ｜ CH_3	isopropylidene イソプロピリデン

不飽和鎖状炭化水素基

$CH_2=CH-$	vinyl ビニル 《CA ethenyl エテニル》
$CH_2=CHCH_2-$	allyl アリル （CA 2-propenyl 2-プロペニル）
$CH_3CH=CH-$	1-propenyl 1-プロペニル
$CH_2=C-$ ｜ CH_3	isopropenyl イソプロペニル
$CH_3CH_2CH=CH-$	1-butenyl 1-ブテニル 《but-1-en-1-yl ブタ-1-エン-1-イル》
$CH_3CH=CHCH_2-$	2-butenyl 2-ブテニル 《but-2-en-1-yl ブタ-2-エン-1-イル》
$CH_2=CCH_2-$ ｜ CH_3	2-methylallyl 2-メチルアリル （methallyl としない）
$CH\equiv C-$	ethynyl エチニル
$CH\equiv CCH_2-$	2-propynyl 2-プロピニル （propargyl としない）

脂環状炭化水素基

（構造式）	cyclohexyl シクロヘキシル
（構造式）	1-cyclohexenyl 1-シクロヘキセニル

1）付録 1～付録 4 の記載は 1979 規則および 1993 規則に基づいており，2013 勧告による変更は反映されていない．

(cyclohexylidene structure)	cyclohexylidene シクロヘキシリデン

芳香族炭化水素基

$CH_3C_6H_4-$	tolyl トリル（*o*-, *m*-, *p*-）
$(CH_3)_2C_6H_3-$	xylyl キシリル (2,3-, 2,4-など)
i-$C_3H_7C_6H_4-$	cumenyl クメニル (*o*-, *m*-, *p*-)
$C_6H_5CH_2CH_2-$	phenethyl フェネチル（CA 2-phenylethyl 2-フェニルエチル）
$C_6H_5CH(CH_3)-$	α-methylbenzyl α-メチルベンジル《CA 1-phenylethyl 1-フェニルエチル》
$C_6H_5-C(CH_3)_2-$	1-methyl-1-phenylethyl 1-メチル-1-フェニルエチル (α-cumenyl は誤)
$C_6H_5-CH(C_6H_5)-$	diphenylmethyl ジフェニルメチル または benzhydryl ベンズヒドリル
$C_6H_5CH=CH-$	styryl スチリル
$C_6H_5CH=CHCH_2-$	cinnamyl シンナミル
$C_6H_5CH=$	benzylidene ベンジリデン (benzal としない)
$C_6H_5-C\equiv$	benzylidyne ベンジリジン
(p-phenylene structure)	*p*-phenylene *p*-フェニレン
(structure with CH_3)	4-methyl-*m*-phenylene 4-メチル-*m*-フェニレン (2,4-tolylene は誤)
$-CH_2-C_6H_4-CH_2-$	1,4-phenylenebis(methylene) 1,4-フェニレンビス(メチレン) (*p*-xylylene は誤)
(biphenylyl structure)	4-biphenylyl 4-ビフェニリル
(anthryl structure)	9-anthryl 9-アントリル
(phenanthryl structure)	2-phenanthryl 2-フェナントリル

ハロゲン基

−F	fluoro フルオロ
−Cl	chloro クロロ
−Br	bromo ブロモ
−I	iodo ヨード
−IO	iodosyl ヨードシル (iodoso としない)
$-IO_2$	iodyl ヨージル (iodoxy としない)

酸素に基づく置換基

−OH	hydroxy ヒドロキシ
−OOH	hydroperoxy ヒドロペルオキシ
−O−	鎖状構造 oxy オキシ / 環状構造 epoxy エポキシ
−OO−	dioxy ジオキシ
=O	oxo オキソ（keto としない）

エーテル基

$-OCH_3$	methoxy メトキシ
$-OC_2H_5$	ethoxy エトキシ
$-OC_3H_7$	propoxy プロポキシ / isopropoxy イソプロポキシ
$-OC_4H_9$	butoxy ブトキシ / isobutoxy イソブトキシ / *s*-butoxy *s*-ブトキシ / *t*-butoxy *t*-ブトキシ
$-OC_5H_{11}$（*n*-）	pentyloxy* ペンチルオキシ (pentoxy は誤)
$-OC_6H_5$	phenoxy フェノキシ
$-OCH_2C_6H_5$	benzyloxy ベンジルオキシ (benzoxy は誤)
$-OCH_2O-$	methylenedioxy メチレンジオキシ

＊ C_5 以上の alkoxy 基に対しては短縮名を使わない.

カルボン酸およびエステル基

−COOH	carboxy カルボキシ
$-COO^-$	carboxylato カルボキシラト
$-COOCH_3$	methoxycarbonyl メトキシカルボニル (carbomethoxy は誤)
$-COOC_2H_5$	ethoxycarbonyl エトキシカルボニル (carbethoxy は誤)
$-COOCH_2C_6H_5$	benzyloxycarbonyl ベンジルオキシカルボニル (carbobenzoxy は誤)
$-OCOCH_3$	acetoxy アセトキシ (これだけが短縮名)
$-OCOC_6H_5$	benzoyloxy ベンゾイルオキシ (benzoxy は誤)

アシル基

−CHO	formyl ホルミル
$-COCH_3$	acetyl アセチル
$-COC_2H_5$	propionyl プロピオニル
$-COC_3H_7$（*n*-）	butyryl ブチリル
$-COC_3H_7$（*i*-）	isobutyryl イソブチリル

$-COC_4H_9$ (*n*-)	valeryl バレリル
$-COC_5H_{11}$ (*n*-)	hexanoyl ヘキサノイル (caproyl としない)
$-COC_7H_{15}$ (*n*-)	octanoyl オクタノイル (capryloyl としない)
$-COC_9H_{19}$ (*n*-)	decanoyl デカノイル (capryl としない)
$-COC_{11}H_{23}$ (*n*-)	lauroyl** ラウロイル
$-COC_{15}H_{31}$ (*n*-)	palmitoyl** パルミトイル
$-COC_{17}H_{35}$ (*n*-)	stearoyl** ステアロイル

** 無置換の場合に限る．置換基がある場合は dodecanoyl ドデカノイルなどを使う．

$-COCH=CH_2$	acryloyl アクリロイル
$-COC(CH_3)=CH_2$	methacryloyl メタクリロイル
$-COCl$	chloroformyl クロロホルミル (CA chlorocarbonyl)
$-CO-COOH$	oxalo オキサロ
$-CO-CO-$	oxalyl オキサリル
$-COCH_2CO-$	malonyl マロニル
$-COCH_2CH_2CO-$	succinyl スクシニル
$-CO-C_6H_{11}$ (cyclohexyl)	cyclohexanecarbonyl シクロヘキサンカルボニル (基官能命名法) cyclohexylcarbonyl シクロヘキシルカルボニル (置換命名法)
$-CO-C_6H_4-CH_3$ (*p*)	*p*-toluoyl *p*-トルオイル
$-CO-C_6H_4-CO-$ (*o*)	phthaloyl フタロイル
$-CO-C_6H_4-CO-$ (*p*)	terephthaloyl テレフタロイル

酸素を含む複合基

$-CH_2OH$	hydroxymethyl ヒドロキシメチル (methylol は誤)
$-CH_2COCH_3$	acetonyl アセトニル
$-CH_2COC_6H_5$	phenacyl フェナシル
$-C_6H_4-OCH_3$ (*p*)	*p*-methoxyphenyl *p*-メトキシフェニル (*p*-anisyl と混同しないよう)
$-CH_2-C_6H_4-OCH_3$ (*p*)	*p*-anisyl *p*-アニシル
$-CO-C_6H_4-OCH_3$ (*p*)	*p*-anisoyl *p*-アニソイル
$-CH_2-C_6H_4-OH$ (*o*)	salicyl サリチル
$CH=C_6H_4-OH$ (*o*)	salicylidene サリチリデン
$-CO-C_6H_4-OH$ (*o*)	salicyloyl サリチロイル

窒素1原子を含む置換基

$-NH_2$	amino アミノ
$-NHCH_3$	methylamino (*N*- 不要) メチルアミノ
$-N(CH_3)_2$	dimethylamino (*N*,*N*- 不要) ジメチルアミノ
$-NHC_6H_5$	anilino アニリノ
$-NH_3^+$	ammonio アンモニオ
$=NH$	imino イミノ
$\equiv N$	nitrilo ニトリロ
$-NHOH$	hydroxyamino ヒドロキシアミノ
$=NOH$	hydroxyimino ヒドロキシイミノ (isonitroso, oximino としない)
$-NHCOCH_3$	acetamido アセトアミド または acetylamino アセチルアミノ
$-NHCOC_6H_5$	benzamido ベンズアミド または benzoylamino ベンゾイルアミノ
$-N(CO-CH_2)(CO-CH_2)$ (環)	succinimido スクシンイミド
$-N(CO)_2C_6H_4$ (環)	phthalimido フタルイミド
$-CONH_2$	carbamoyl カルバモイル
$-CN$	cyano シアノ
$-NCO$	isocyanato イソシアナト

窒素2原子以上を含む置換基

$-N_2$	diazo ジアゾ
$-N_2^+$	diazonio ジアゾニオ
$-NHNH_2$	hydrazino ヒドラジノ
$=NNH_2$	hydrazono ヒドラゾノ
$-N=N-C_6H_5$	phenylazo フェニルアゾ
$-NHCONH_2$	ureido ウレイド
$-NHCONH-$	ureylene ウレイレン
$-C(=NH)-NH_2$	amidino (guanyl としない) アミジノ
$-NH-C(=NH)-NH_2$	guanidino グアニジノ

硫黄を含む置換基

$-SH$	mercapto メルカプト

$-SCH_3$ methylthio メチルチオ

$-CH_2SCH_3$ methylthiomethyl メチルチオメチル

=S thioxo チオキソ

$-SO_2H$ sulfino スルフィノ

$-SO_3H$ sulfo スルホ

$-SO_3^-$ sulfonato スルホナト

$-SO_2C_6H_5$ benzenesulfonyl ベンゼンスルホニル（基官能命名法）; phenylsulfonyl フェニルスルホニル（置換命名法）

$-SO_2-C_6H_4-CH_3$ *p*-toluenesulfonyl *p*-トルエンスルホニル（基官能命名法）; *p*-tolylsulfonyl *p*-トリルスルホニル（置換命名法）; tosyl トシル（*p*- に限る）

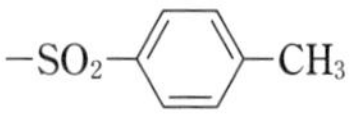

$-SO_2NH_2$ sulfamoyl スルファモイル

$-NCS$ isothiocyanato イソチオシアナト

複素環基

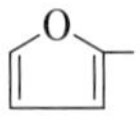

2-furyl 2-フリル

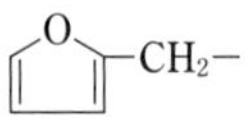

$-CH_2-$ furfuryl フルフリル（2- に限る）

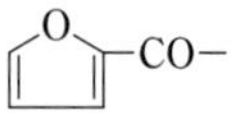

$-CO-$ 2-furoyl 2-フロイル

2-thienyl 2-チエニル

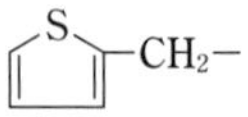

$-CH_2-$ 2-thenyl 2-テニル

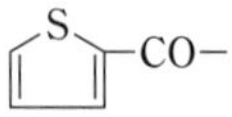

$-CO-$ 2-thenoyl 2-テノイル

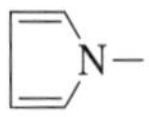

N– 1-pyrrolyl 1-ピロリル

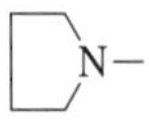

N– 1-pyrrolidinyl 1-ピロリジニル（pyrrolidino としない）

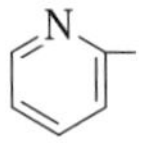

N 2-pyridyl 2-ピリジル

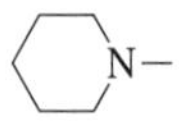

N– piperidino ピペリジノ（1- に限る）

HN 4-piperidyl 4-ピペリジル

O N– morpholino モルホリノ（4- に限る）

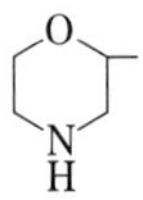

O N H 2-morpholinyl 2-モルホリニル

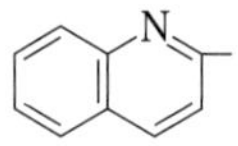

N 2-quinolyl 2-キノリル

欧 文 索 引*

Δ　17, 33
Λ　17, 33
δ(絶対配置記号の)　17, 33
η　17, 34
κ　17, 32
λ(絶対配置記号の)　17, 33
λ(非標準結合数の)　15, 17, 76
μ　17, 34

A

a　37
A-2　32
abbreviation(ポリマーの)　138
ABS　138
acac　27
aceanthrene　140
aceanthrylene　48, 140
acenaphthene　50, 140
acenaphthoquinone　105
acenaphthylene　48, 139
acephenanthrylene　48, 139
acetal　68, 106
acetaldehyde　66, 105
acetamide　5, 80, 110
acetamidine　5
acetamido　167
acetanilide　111
acetate　4, 90
acetato　27
acetic acid　69, 107, 163
acetic anhydride　72, 110
acetic benzoic anhydride　72
acetic peroxyanhydride　110
acetoacetic acid　72, 107
acetone　66, 105
acetonitrile　112
(*SP*-4-1)-(acetonitrile)dichlorido◌(pyridine)platinum(Ⅱ)　33
acetonyl　167
acetophenone　67, 105
acetoxy　71, 166
acetyl　70, 108, 166
acetylacetonato　27
acetylacetone　27
acetylamide　122
acetylamino　167
acetyl anion　122
acetyl chloride　64, 72
acetylene　45, 98, 162
acetylide　19
acetylium　124
acridine　55, 142, 153
acridone　67
acrolein　66
acrylaldehyde　66
acrylic　163
acrylic acid　69, 107
acrylonitrile　81
acryloyl　70, 167
actinide　9
actinoids　7
acyloxy　71, 109
acyloxyl　121
adamantane　99
adamantyl　100
added hydrogen　159
additive nomenclature　58
adiene　45, 47
adipic acid　69, 107
adiponitrile　81
adipoyl　130
al　61, 66
alanine hydrochloride　73
alaninium chloride　73
alcohol　63
aldehyde　66
aldehydic acid　72
alkali metals　7
alkaline earth metals　7
alkanesulfinyl　59, 115
alkanesulfonyl　59, 115
alkaphane　96
alkoxy　59
alkoxycarbonyl　71
alkoxyl　121
alkyloxy　59
alkyloxycarbonyl　109
alkyloxyl　121
alkylperoxy　59
alkylsulfanyl　59
alkylsulfinyl　115
alkylsulfonyl　115
alkylthio　59
allene　45, 98
allotrope　10
allyl　6, 46, 165
alt　133
alternating copolymer　133
aluma　52
alumane　15
aluminium　162
aluminium dicalcium heptahydroxide hydrate　26
aluminium potassium sulfate　11
aluminium sulfate—potassium sulfate—water (1/1/24)　35
aluminum　162
amic acid　73
amide　19, 61, 77, 80, 110, 122
amidine　61
amidino　61, 167
amidium　123
amid(o)　24
amido　111, 164
amidyl　121
amine　61, 62, 78, 79, 116
aminediide　122
aminide　122
aminium　118, 123
amino　61, 78, 116, 167
aminocarbonyl　111
aminoxide　104
aminoxyl　121
aminoxylium　124
aminyl　89, 121
ammine　27
amminedichlorido(η^2-ethene)platinum　34
amminedichlorido(pyridine)platinum(Ⅱ)　31
ammonio　80, 90, 167
ammonium　18, 90, 118
ammonium sodium hydrogenphosphate　26
amplification　95
n-amyl　165
amylase　4
ane　44, 53
angular　32
anhydride　72
anilic acid　73
anilide　81
aniline　78, 116, 163
anilinium　5
anilinium chloride　80
anilino　116, 167
anisic acid　72
anisidine　78, 116
anisole　4, 104
p-anisoyl　167
p-anisyl　167
annulene　48, 99, 145, 156
anorthic　37

*　位置番号(1,2-など)および位置記号(*trans*-など)は無視して配列した．また記号◌は，英語名称をハイフンのない場所で改行したことを示している．

anthra 49, 143, 146
anthracene 48, 139
anthranilic acid 73, 107
anthraquinone 68, 105
anthrol 104
anthrone 67
anthryl 100
9-anthryl 166
antimony dichloride fluoride 12
aP 37
aqua 27
arachno 38
arachno-tetraborane(10) 38
arene 48
arenesulfinyl 115
arenesulfonyl 115
argentate 30
arsa 52
arsane 15
aryl 6, 48
aryloxycarbonyl 71
arylsulfinyl 115
arylsulfonyl 115
astatane 15
ate 27, 61, 70, 71, 109
ato 61, 90
atropic acid 69
aurate 30
aureomycin 6
auxin 4
aza 52, 88, 154, 156
7-azabicyclo[2.2.1]heptane 57
azaborane 38
azane 15, 116
azanide 19, 122
azanium 18, 118
azanyl 116
azanylidene 116
azelaic acid 69
azepine 141
2*H*-azepine 53
azide 19, 63
azido 27, 59, 164
azine 100
azino 119
aziridine 52
azo 81, 118, 130
azobenzene 81, 119
azobenzene-4-sulfonic acid 82
azomethane 81
1,2′-azonaphthalene 81
azulene 48, 139

B

barium dioxide 14
barium(II) peroxide 14
barium titanium trioxide (*perovskite* type) 11
benzal 105, 166
benzaldehyde 5, 66, 105
benzamide 5, 80, 110
benzamido 167
benzanilide 81
benzena 95
benzenamine 116, 163
benzenaminide 122
benzene 4, 47, 99
benzenecarboperoxoic acid 164
benzene-1,4-dicarbonitrile 112
p-benzenedithiol 74
benzenediyl 46
benzene-1,4-diyl 120
benzenelium 125
benzenesulfonamide 77
benzenesulfonate 90
benzenesulfonyl 168
benzenesulfonyl chloride 64
benzenethiol 74, 112
benzenide 90, 121
benzenium 122
benzenyl 120
benzenylium 124
benzhydryl 99, 166
benzidine 117
benzidino 117
benzil 67
benzilic acid 107
benzimidazole 142
benzine 6
benzo 49, 88, 143, 144, 145
benzo[*a*]anthracene 49
benzofuran 142
benzo[*b*]furan 142
2-benzofuran-1,3-dione 110
benzohydrazide 83, 120
benzoic acid 69, 107, 163
benzoic anhydride 72
benzo[*h*]isoquinoline 55
benzonitrile 81
benzo[*d*]oxepine 56
benzophenone 67, 105
1*H*-2-benzopyran 142
2*H*-1-benzopyran 142, 163
p-benzoquinone 68
1,2-benzoquinone 105
1,4-benzoquinone 105
3-benzoxepine 56
benzoxy 166
benzoyl 30, 108
benzoylamino 167
benzoyloxy 166
benzyl 30, 48, 99, 163
benzylamine 5, 78
benzyl chloride 63
benzylidene 48, 99, 130, 166
benzylidyne 48, 99, 166
benzyloxy 65, 166
benzyloxycarbonyl 166
benzyne 6, 89, 102
bi 51, 84
biacetyl 67, 105
bicyclo 50, 154
bicyclo[2.2.1]hept-2-ene 6
bicyclo[4.2.0]octa-1,3,5,7-tetraene 100
bicyclopentadienylidene 51
bicyclo[2.1.0]pentane 49, 50
bicyclopropane 51
bicyclopropyl 51
1,2′-binaphthalene 51
1,2′-binaphthyl 51
biphenyl 51, 84
biphenyl-4,4′-diol 65
biphenyldiyl 130
biphenylene 48, 139
4-biphenylyl 166
2,2′-bipyridine 27, 84
bis 14, 30, 84, 134, 150
bis(acetylacetonato)copper(II) 31
bis(acetyloxy)-λ^3-iodanyl 59
bis(η^6-benzene)chromium 34
bis[(μ-chlorido)chlorido(η^2-ethene)platinum(II)] 16
bis(η^4-cyclooctadiene)nickel 34
bis(η^8-cyclooctatetraene)uranium 34
bis(η^5-cyclopentadienyl)iron 16, 34
bis(dimethylglyoximato)nickel(II) 31
bis[hexaamminecobalt(III)]tris[tetracyanidoplatinate(II)] 16
bisma 52
bismuthane 15
bismuth chloride oxide 11
bis(pentacarbonylmanganese)(*Mn*—*Mn*) 35
-*blend*- 137
block 133
-*block*- 134
block copolymer 133
bora 52
borane 15, 38
borane—ethoxyethane (1/1) 35
boric acid 38
borinic acid 38
boronic acid 38
boron trifluoride—water (1/2) 35
brace 16
bracket 16
branch- 137
-*branch*- 137
broma 52
bromane 15
bromide 63
bromid(o) 24, 27
bromo 24, 59, 166
bromonio 90
bromonium 90
N-bromosuccinimide 111
butane 44, 98
butanedioic 163
4-butanelactam 74
1,2,4-butanetricarboxylic acid 62
butano- 155
butanoic 163
but-1-ene-1,4-diyl 6
2-buteno- 155
butenyl 5
1-butenyl 165
2-butenyl 165
but-1-en-1-yl 165
but-2-en-1-yl 165
(η^3-2-butenyl)tricarbonylcobalt 34
butoxide 104
tert-butoxide 104
butoxy 65, 104, 166
s-butoxy 166
sec-butoxy 104

t-butoxy　166
tert-butoxy　104
butoxylium　124
butyl　98, 165
2-butyl　165
i-butyl　165
s-butyl　46, 163, 165
sec-butyl　98
t-butyl　46, 165
tert-butyl　98, 120
butylamine　62
butyraldehyde　66
butyric　163
butyric acid　69, 107
γ-butyrolactone　74, 110
2′-butyronaphthone　67
butyryl　70, 166
Bz　30
Bzl　30

C

C　37
cadmium sulfate—water (3/8)　35
caesium (cæsium)　4, 162
calcium diacetate　71
calcium phosphate　16
calcium phosphide　13
capric acid　69
caproic acid　69
caproyl　167
capryl　167
caprylic acid　69
capryloyl　167
carbaborane　38
carbaldehyde　61, 62, 66, 163
carbamic acid　73, 107
carbamimidic acid　107
carbamoyl　61, 73, 111, 167
carbanilic acid　73
carbazic acid　119
carbazole　55, 142, 153
carbene　120
carbethoxy　166
carbobenzoxy　166
carbodiimide　118
carbodithioic acid　61, 75, 113
carbohydrazide　61, 62, 83, 119
carbolactone　73, 110
carbomethoxy　166
carbonic acid　22
carbonimidic acid　164
carbonitrile　61, 62, 112
carbonitrilium　123
carbonoperoxoyl　108
carbonothioic acid　164
carbonyl　20, 27, 70, 108, 130
carbonyl halide　61
carbonylium　124
carboperoxoic acid　108, 163
carborane　38
carbothialdehyde　61, 113
carbothioamide　114
carbothioate　114
carbothioic acid　61, 75, 113
carbothioyl　75, 114
carboxaldehyde　163
carboxamide　61, 62, 80, 110
carboxamidine　61
carboxamidium　123
carboxamido　111
carboxamidyl　121
carboximide　61
carboximidium　123
carboxy　61, 166
carboxylato　71, 109, 166
carboxylic acid　61, 62, 68
carvacrol　104
catechol　65
cation　91, 123
cesium　4, 162
cetyl　165
cF　37
chalcogens　7
chalcone　105
characteristic group　58
chlora　52
chlorane　15
chloranil　5
chlorate　20, 21
chloric acid　22
chloride　19, 63
chlorid (o)　24, 27, 164
chloridooxidonitrogen　21
chloridooxygenate (1−)　19
chlorine (1+)　18
chlorine dioxide　11
chlorite　21
chloro　24, 59, 166
4-chloroanisole　104
chlorocarbonyl　167
2-chloroethyl alcohol　63
chloroformyl　167
chloromethyl methyl ether　63
chloronio　90
chloronium　90
chlorooxy　21
2-chloropropane　64
chlorosyl　21, 59
chlorous acid　22
chloryl　21, 59
cholesterol　65
cholesteryl acetate　71
chroman　54, 141, 143
chromane　100
chromene　54, 100
2*H*-chromene　142, 163
chromium (Ⅲ) oxide　14
chrysene　48, 140
cI　37
cinnamaldehyde　5, 66
cinnamic acid　69, 107
cinnamyl　48, 166
cinnoline　54, 142
circa　36, 37
cis　32, 88
citric acid　107
closo　38
closo-hexaborane (6) (2−)　38
-*co*-　133
comb-　137
-*comb*-　137
-*compl*-　137
complex substituent group　98
compound substituent group　98
configuration index　33
conjunctive nomenclature　58
connective　133, 137
constitutional repeating unit　127
copolymer　133
copper (1+)　18
copper (2+)　18
copper (Ⅰ) oxide　14
copper (Ⅱ) oxide　14
copper (Ⅱ) sulfate pentahydrate　35
coronene　48, 140
coumarin　4
Cp*　30
cP　37
cresol　65, 104
crotonic acid　69
CRU　127
CU-8　32
cubane　99, 155
cube　32
cubic　37
cumene　47
cumenyl　48, 166
α-cumenyl　166
cuprate　30
cupric　18
cupric oxide　14
cuprous　18
cuprous oxide　14
cyanate　63
cyanato　27, 61
cyanic acid　12
cyanide　63
cyanid (o)　24, 27
cyano　24, 61, 112, 167
cyclo (単環化合物の)　47, 88
cyclo- (高分子の)　137
cyclobuta　145
cyclobutabenzene　100
cyclohepta　145
cyclohexane　4, 47
cyclohexanecarbonyl　70, 167
cyclohexanecarbonyl chloride　70
cyclohexanecarboxylic acid　62
1,2-cyclohexanedione　67
cyclohexanediyl　130
cyclohexanemethanol　92
cyclohexanethione　75
cyclohexaphane　95
cyclohexene　47
1-cyclohexenyl　166
cyclohexyl　165
cyclohexylbenzene　52
cyclohexylcarbonyl　70, 167
cyclohexylidene　166
cyclohexylmethanol　92
cyclohexyl phenyl ether　105
cyclopenta　143, 145
cyclopentadiene　47
cyclopentadienide　121
cyclopropenylium　91

cymene 47

D, E

D 9
d-block elements 7
DD-8 32
deca 14
decane 44
decanoic acid 69
decanoyl 167
decasilane 16
deci 52
dehydro 102
delta 33
deuteride 19
deuterium 9
di 14, 79, 83, 150
diacetoxyiodo 59
diamine 78, 79
diamino 79
diamminechlorido(methanamine)platinum(II) chloride 30
diamminesilver(1+) 9
diazane 15, 119
diazanium 18
diazene 82, 118
diazenediyl 82, 130
diazene oxide 82
diazenyl 82
diazenylium 124
diazo 59, 167
diazonio 167
diazonium 124
dibenzophenanthrene 49
dibenzo[*c*,*g*]phenanthrene 49
diborane(6) 38
dibromido[ethane-1,2-diylbis(dimethylphosphane-κ^2*P*)]nickel(II) 32
1,2-dibromoethane 64
dibromoketene 106
dicarba-*closo*-dodecaborane(12) 38
dicarbide(2−) 19
cis-dichloridobis(triethylphosphane)platinum(II) 31
dichloridooxidocarbon 21
trans-dichloridotetraamminecobalt(III) chloride 11
dichromium iron tetraoxide (*spinel* type) 11
dicopper(II) chloride trihydroxide 26
dicyanidoargentate(1−) 9
didehydro 102
1,1-diethoxypropane 68
N,*N*-diethylethanamine 117
diethyl ketone 66
diethyl malonate 71
diethylphosphinimidic acid 164
diethyl sulfide 74
diethylsulfone 115
dihydridodimethanidoborate(1−) 38
dihydridonitrate(1−) 19
dihydro 50, 53, 145
dihydrogenborate 24
dihydrogen(diphosphate) 23
dihydrogen(heptaoxidodichromate) 23
dihydrogen(hexachloridoplatinate)—water (1/2) 23
dihydrogen(nonadecaoxidohexamolybdate) 23
dihydrogen[μ-oxidobis(trioxidophosphate)](2−) 23
dihydrogen(peroxide) 23
dihydrogenphosphate 20, 24
dihydrogenphosphite 24
dihydrogen(sulfide) 23
dihydrogen(tetraoxidochromate) 23
dihydrogen(tetraoxidophosphate)(1−) 20
dihydrogen(trioxidonitrate)(1+) 23
2,3-dihydro-1*H*-indene 162
2,3-dihydro-1*H*-pyrrole 163
dihydroxidodioxidosulfur 12, 22
dihydroxy-λ^3-iodanyl 59
dihydroxyiodo 59
diimine 79
diisopropyl ether 63
dimercury(2+) 18
dimethylamino 167
dimethylbenzene 162
dimethyl disulfide 113
1,1-dimethylethyl 120
dimethylglyoximato 27
dimethylketene 68
dimethylstannane 34
dimethyl sulfate 78
dimethyl sulfoxide 76
1,3-dimethylurea 83
N,*N*′-dimethylurea 83, 112
dinitrogen oxide 14
dinitrogen tetraoxide 14
1,2-dione 160
1,3-dione 160
1,4-dione 160
1,3-dioxaindane 57
dioxidane 15
dioxidanide 121
dioxide(1−) 19
dioxide(2−) 19
dioxidochlorine(1+) 21
dioxidonitrate(1−) 19
dioxidonitrogen(1−) 20
dioxidosulfidonitrogen 21
dioxidouranium(2+) sulfate 15
dioxidouranium(VI) sulfate 12
1,4-dioxine 56, 140, 141
1,3-dioxolane 53
dioxy 130, 166
dioxygen 10
dioxygen(1+) 18
dioxygen chloride 11
dioxygen difluoride 13
diperoxy 70
(diphenyl)amine 117
diphenylamine 117
diphenylazane 117
diphenylcarbene 89
diphenyldiazene 119
diphenylmethane 93
diphenylmethanone 105
diphenylmethyl 166
diphenylmethylene 89
diphenyl sulfide 113
diphosphane 15
diphosphorus pentaoxide 14
diquinone 67
disilane-1,2-diyl 130
disilylene 130
disodium succinate 71
dispiro 156
distannane 15
disulfanediyl 113
4,4′-disulfanediyldiphenol 113
disulfide 113
disulfur dichloride 14
disulfuric acid 22
1,4-dithianaphthalene 57
dithio 75
dithiocarboxy 61, 114
dithioic acid 61, 75, 113
dithionic acid 22
4,4′-dithiophenol 113
diyl 57, 120, 129
diylidene 120
diylylidene 47
diyne 45
docosane 44
dodeca 14
dodecahedron 32
dodecane 44
dodecyl 165
Dry Ice 6
dry ice 6

ecane 53
ecine 53
eicosane 162
element 113 10
elide 125
elium 125
"em"dash 17
emulsion 6
ene 45, 47, 58, 145
enediyne 45
eno 49, 143, 145
enyl 46
enylene 47
enyne 45
epane 53
epidioxy 156
epine 53
epithio 156
epoxy 66, 156, 166
2,3-epoxybutane 66
1,4-epoxycyclohexane 66
epoxythioxy 156
estrone 4
etane 53
ete 53
ethane 44, 98
ethane-1,2-diamine 27
1,2-ethanediol 83
ethanedioyl 130
1,2-ethanediyl 163
ethanethial 113

ethanethiol 74
ethanide 122
ethano- 155
ethanol 5
ethene 46, 64, 162
etheno- 155
ethenyl 163, 165
ether 63
ethoxide 90, 104
ethoxy 65, 104, 166
ethoxycarbonyl 166
ethoxyethylene 65
ethoxylium 124
ethyl 98, 120
ethyl alcohol 63
ethylamine 5
ethylammonium chloride 80
ethylate 90
ethylene 45, 46, 64, 98, 130, 162, 163, 165
ethylene diacetate 71
ethylenediaminetetraacetic acid 107
ethylene dibromide 64
ethylene glycol 65, 104
2-ethylhexyl propyl ketone 3
ethyl hydrogen phthalate 71
ethylidene 46, 120, 130, 165
ethylidyne 120
ethyl methyl ketone 63, 66
ethyl phenyl sulfone 76
ethyl vinyl ether 65
ethyne 162
ethynyl 165
etidine 53
experimental formula 11

F～H

F 37
fac 32
f-block elements 7
f-branch- 137
ferrate 30
ferric chloride 14
ferrocene 34
ferrocenium 34
ferrous chloride 14
fluora 52
fluorane 15
fluoranthene 48, 139
fluorene 48, 139
3*H*-fluorene 50
fluoride 63
fluorid(o) 24, 27
fluoridodioxidoiodine 21
fluoro 24, 59, 166
formaldehyde 66, 105
formamide 110
formic acid 69, 107, 163
formyl 61, 66, 70, 108, 166
f-star- 137
[60]fullerene 10
fulminic acid 12
fulvene 99
fumaric acid 69, 107
functional class nomenclature 58, 93
functional replacement nomenclature 24
furaldehyde 105
furan 4, 54, 142
furfural 105
furfuryl 168
2,2′-furil 67
furo 55, 143, 147
furohydrazide 120
furoic acid 70, 107
2*H*-furo[3,2-*b*]pyran 55
2-furoyl 168
furyl 57, 101
2-furyl 168

galla 52
gallane 15
gallic acid 72
general IUPAC name 92
generic class name 136
generic source-based name 133
germa 52
germane 15
germanide 19
GIN 92
glass 6
glucose 4
glutaric acid 69, 107
glutaryl 70, 130
glyceric acid 72, 107
glycerol 65, 104
glycolic acid 72, 107
glyoxal 66
glyoxylic acid 72, 107
graft 133
graft copolymer 133
guanidine 4
guanidino 167
guanyl 167

H 159
Hacac 27
haloformyl 61
halogens 7
HBPY-8 32
HBPY-9 32
henicosane 44
hepta 14
heptacene 48, 140
heptadecane 44
heptagonal bipyramid 32
heptalene 48, 139
heptane 44
heptanedioic acid 62
heptanoic acid 62
heptaphene 48, 140
hexa 14
hexaamminecobalt(III) chloride 30
hexaamminecobalt(III) tetracyanidoplatinate(II) 16
hexaaquachromium(III) chloride 31
hexacene 48, 140
hexachloridoplatinic(IV) acid 12
hexacontacarbon 10
hexadecane 44
hexadecyl 165
hexafluoridophosphate(1－) 20
hexafluoro-λ^5-phosphanuide 20
hexagonal 37
hexagonal bipyramid 32
hexahydro 145
hexahydrogen(diphosphooctadecatungstate) 23
hexahydrogen[dohexacontaoxido(diphosphorusoctadecatungsten)ate] 23
hexahydrogen[tetrapentacontaoxidobis(tetraoxidophosphato)octadecatungstate] 23
hexakis(μ-acetato-κ*O*:κ*O′*)-μ_4-oxido-*tetrahedro*-tetraberyllium 35
hexamethylene 130
hexamethylenediamine 163
hexanal 4
hexanamide 5, 80
hexane 4, 44
1-hexanecarboxylic acid 62
1,6-hexanediamine 163
hexanenitrile 62, 81, 112
hexanethioic acid 75
hexanethioyl chloride 76
hexanoic acid 69
hexanoyl 167
hexaphene 48, 140
hexasodium chloride fluoride bis(sulfate) 26
hexasulfur 10
4-hexenoic acid 68
hexenone 5
hexone 5
hippuric acid 73
hP 37
hR 37
hydrate 35
hydrazide 119
hydrazine 15, 61
hydrazine-1,2-diyl 119, 130
hydrazinediylidene 119
hydrazinium 18
hydrazino 61, 119, 167
hydrazinocarbonyl 61
hydrazinyl 119
hydrazinylidene 119
hydrazo 83, 119, 130
hydrazobenzene 83
hydrazono 119, 167
hydride 19
hydrido 27
hydridodihydroxidooxidophosphorus 16
hydridooxygenate(1－) 19
hydro 88, 102
hydrochloric acid 21
hydrogen 71
hydrogenborate 24
hydrogencarbonate 20, 24
hydrogen name 20
hydrogen(nitridocarbonate) 23
hydrogen peroxide 15
hydrogen(peroxide)(1－) 23
hydrogenphosphate 20, 24

hydrogenphosphite 24
hydrogenphosphonate 24
hydrogen phthalate 24
hydrogensulfate 24
hydrogen(sulfide)(1−) 19
hydrogensulfite 24
hydrogen(tetraoxidomanganate) 23
hydrogen(tetraoxidophosphate)(2−) 20
hydrogen(trioxidocarbonate)(1−) 20
hydron 9
hydronium 18
hydroperoxide 63, 104
hydroperoxy 20, 61, 104, 166
hydroperoxycarbonyl 108
hydroquinone 65, 104
hydroxide 19, 20
hydroxido 20, 27
μ-hydroxido-bis(pentaamminechromium)(5+) chloride 35
hydroxidotrioxidosulfur(1−) 22
hydroxy 5, 20, 61, 166
hydroxyamino 167
hydroxy(carbothioyl) 114
hydroxyimino 167
hydroxyl 20, 121
hydroxymethyl 167
hypochlorite 19, 21
hypochlorous acid 23

I

I 37
ic 163
ic anhydride 61
icosaborane(16) 38
icosane 44, 162
ide 90, 125
idene 46, 57
ido 90
idyne 46
imidazo 55, 143, 147
imidazole 54, 142
imidazolidine 54, 143
imidazoline 54
imide 61, 122
imidium 123
imido 111, 164
imidocarbonic acid 164
imidodioxidosulfur 21
imine 61, 79, 117
iminide 122
iminio 130
iminium 118, 123
imino 61, 117, 130, 156, 167
iminomethano 156
iminyl 121
inane 53
as-indacene 48, 139
s-indacene 48, 139
indane 50, 56, 140, 162
indanthrene dye 6
indazole 54
1*H*-indazole 142
indene 48, 139
2*H*-indene 50
indicated hydrogen 50, 159
indiga 52
indigane 15
indole 54, 142
indoline 54, 141, 143
indolizine 54, 142
indolyl 57
ine 53
inine 53
inner transition elements 7
interpenetrating polymer network 138
ioda 52
iodane 15
iodide 4, 63
iodid(o) 24, 27
iodo 24, 59, 166
iodobenzene 4
iodonio 90
iodonium 90
iodoso 166
iodosyl 59, 166
iodoxy 166
iodyl 59, 166
ionone 4
-ipn- 137
irane 53
irene 53
iridine 53
irine 53
iron(II) chloride 14
iron(III) chloride 14
iron(2+) sulfate 15
iron(3+) sulfate 15
irregular polymer 133
iso 88, 162
isoamyl 165
isobenzofuran 142
isobutane 44, 98, 162
isobutoxy 104, 166
isobutyl 46, 98, 165
isobutyric 163
isobutyric acid 69, 107
isobutyryl 70, 166
isochroman 54, 141, 143
isochromane 101
isochromene 101
1*H*-isochromene 142
isocrotonic acid 69
isocyanate 63
isocyanato 59, 61, 167
isocyanic acid 12
isocyanide 63
isocyano 59, 61
isohexane 44
isohexyl 46
isoindole 142
isoindoline 141, 143
isonicotinic acid 70, 107
isonitroso 167
isopentane 44
isopentyl 46, 165
isophthalaldehyde 105
isophthalic acid 69, 107
isophthalohydrazide 120
isophthaloyl 130
isoprene 98
isopropenyl 46, 165
isopropoxy 104, 166
isopropyl 46, 98, 163, 165
isopropyl alcohol 64
isopropyl chloride 64
isopropylidene 130, 163, 165
isoquinoline 54, 142
isoquinolone 105
isoquinolyl 57, 101
isothiazole 54, 101, 142
isothiocyanate 63
isothiocyanato 59, 61, 168
isothiocyanic acid 25
isotopically substituted compound 12
isovaleric acid 69
isovaleryl 70
isoxazole 5, 54, 101, 142
ium 80, 90, 122, 123

K〜M

ketal 68, 106
ketene 68, 106
keto 166
ketone 63

L-2 32
lactam 74
lactic acid 72, 107
lactone 110
lambda 33
lanthanide 9
lanthanoids 7
lauric acid 69
lauroyl 167
lauryl 165
l-branch- 137
leucine 4
linalool 4
linear 32
lithium tetrahydridoaluminate(1−) 31
locant 129
lysozyme 6

magnesium chloride hydroxide 12
magnesium potassium trifluoride 26
main group elements 7
maleic acid 69, 107
maleic anhydride 72
malic acid 72
malonaldehyde 66
malonaldehydic acid 72
malonic acid 69, 107
malonyl 70, 130, 167
manganese(7+) 18
manganese dioxide 14
manganese(IV) oxide 14
mannitol 65
mass% 135
mer 32
mercaptan 74
mercapto 61, 74, 112, 167
mesityl 48

mesitylene 47, 99
mesoxalic acid 72
mesoxalyl 5
mesyl 77
meta- 99
metal—carboxylate 61
metal—oate 61
methacrylic acid 5, 69, 107
methacryloyl 167
methallyl 165
methanamine 116, 163
methanaminide 122
methane 15, 44, 98
methanediazonium 124
methanediimine 118
methanethioyl 113
methanide 121
methanium 122
methano 155
methoxide 104
methoxy 5, 65, 104, 166
methoxycarbonyl 166
methoxyl 121
methoxylium 124
p-methoxyphenyl 167
methyl 27, 98
2-methylallyl 165
methylamide 122
methylamine 116, 163
methylamino 167
N-methylaniline 79
methylanthracene 5
methylazane 116
methylbenzene 162
2-methylbenzoic 163
α-methylbenzyl 163, 166
1-methylbutyl 165
methyl cation 123
methyldiazenylium 124
methylene 46, 98, 130, 165
1,1′-methylenedibenzene 93
methylenedioxy 166
1-methylethyl 163
1-methylethylidene 163
1-methylheptyl 165
methyl hydrogen sulfate 78
methylidene 46, 98, 165
methyl iodide 64
methylium 123
methylmethylene 130
methylnitrene 89
methylol 167
4-methylphenyl 163
4-methyl-*m*-phenylene 166
1-methyl-1-phenylethyl 166
methyl phenyl malonate 3
2-methylpropane 162
2-methylpropanoic 163
2-methylpropan-2-yl 120
1-methylpropyl 163
methyl-λ^6-sulfane 76
methylthio 168
methylthiomethyl 168
mol% 135
mono 14
monoclinic 37
monoimine 79
monomer 6
monoperoxy 70
monoperoxyphthalic acid 70
morpholine 54, 143
morpholino 57, 168
2-morpholinyl 57, 168
mP 37
mS 37
multiplicative nomenclature 93
multiplicative substituent 93
myristic acid 69

N, O

n- 44
N- 83
N′- 83
naphthacene 99
naphthalene 48, 139
1,2-naphthalenedicarbaldehyde 66
1,5-naphthalenedicarboxylic acid 68
naphthalenediyl 130
naphthalenyl 163
naphtho 49, 143, 146
naphthoic acid 69, 107
naphthol 65, 104
naphthophenanthrene 49
naphthoquinone 105
1,4-naphthoquinone 68
naphthyl 100, 163
naphthyridine 54
1,8-naphthyridine 142
neo 162
neopentane 44, 98
neopentyl 46, 98, 165
net- 137
-net- 137
μ-*net-* 137
Neutral Red 6
nickelocene 34
nicotinic acid 70, 107
nido 38
nido-pentaborane(9) 38
nitramide 25
nitrene 120
nitric acid 22
nitrido 27
nitrile 61, 112
nitrilium 123
nitrilo 61, 130, 167
nitrite 4, 19, 20
nitrito 27
nitro 20, 59
p-nitrobenzoyl chloride 72
nitrogen dioxide 14
nitrogen monooxide 14
nitrogen oxide 14
nitrogen peroxide 14
nitroso 20, 59
nitrosooxy 20
nitrosyl 20, 27
nitrous acid 22
nitrous oxide 14
nitryl 20
noble gases 7
node 96
nona 14
nonadecane 44
nonane 44
nonlinear polymer 136
non-stoichiometric phase 36
novi 52

o 163
O- 75, 83
OC-6 32
ocane 53
OCF-7 32
ocine 53
OCT-8 32
octa 14
octadecane 44
octadecyl 165
octahedro 34
octahedron 32
octahedron, face monocapped 32
octahedron, *trans*-bicapped 32
octane 44
octanedial 62
octanoic acid 69
octanoyl 167
octi 52
2-octyl 165
oestrone(œstrone) 4
oF 37
ohydrazide 61, 83, 120
oI 37
oic acid 61, 62, 68
oic anhydride 61
ol 61, 65
olactone 74
olane 53
olate 65, 104
ole 53
oleic acid 69, 107
olide 73
olidine 53
oligo 134
onane 53
onaphthone 66
one 61, 67, 115, 160
onine 53
onio 61
onitrile 81, 112
onium 61
oP 37
ophenone 66
ortho- 99
orthorhombic 37
oS 37
osmocene 34
ovalene 48, 140
oxa 52, 88, 154, 156
6*H*-1,2,5-oxadiazine 141
oxalacetic acid 72
oxalaldehyde 105
oxalic acid 69, 107
oxalo 108, 167
oxalyl 70, 108, 130, 167

oxamic acid 73, 107
oxamide 110
oxamoyl 5, 73
1,2-oxathiolane 53
oxazole 54, 142
1,2-oxazole 101
1,3-oxazole 141, 142
oxepine 56, 140
oxidane 15
oxidanide 19
oxidanium 18
oxide 19, 63, 119
oxido 27, 65
oxidonitrate(1−) 20
oxidophosphorus(1+) 20
oxidosulfur 20
oximino 167
oxine 100
oxo 61, 66, 105, 166
oxoacid 21
oxolane 52
oxolane-2,5-dione 110
oxonio 90
oxonium 18, 90
oxy 65, 104, 130, 166
oxycarbonyl 130
oxygen 10
oxygen difluoride 13
oxylium 124
oxymethyleneoxy 130
oyl 70
oyl halide 61
oylium 124
oyloxylium 124
ozone 10
ozonide 19

P

P 37
P(A/B/S) 138
palmitic acid 3, 69, 107
palmitoyl 70, 167
para- 99
[2.2]paracyclophane 95
paraldehyde 5
parenthesis 16
parent hydride 13, 92
PBPY-7 32
PE-HD 138
penta 14, 83
pentaamminechloridocobalt(2+) chloride 30
pentaamminethiocyanato-κ*N*-cobalt(2+) chloride 32
pentaamminethiocyanato-κ*S*-cobalt(2+) chloride 32
pentaamminetrinitridocobalt(Ⅲ) sulfate 31
pentacalcium fluoride tris(phosphate) 26
pentacene 48, 140
pentadecane 44
pentaerythritol 104
pentagonal bipyramid 32
pentakis 14, 84
pentalene 48, 139
pentamethylcyclopentadienyl 30
pentane 44
2,4-pentanedithione 75
pentanethial 74
5-pentanolide 73
pentaphene 48, 140
pentastannide(2−) 19
2-pentenedial 66
4-penten-2-one 66
pentoxy 166
pentyl 165
t-pentyl 46, 165
tert-pentyl 98
pentyloxy 65, 166
per 133
peracetic acid 70, 108
perbenzoic acid 70, 108, 164
perchloric acid 22
perchloryl 21, 59
performic acid 70, 108
perhydro 50
perhydroanthracene 50
perimidine 142
periodic copolymer 133
periodyl 59
peroxide 19
peroxido 27
peroxo 24
peroxoate 122
peroxoic acid 108, 163
peroxol 104
peroxolate 121
peroxy 24, 70, 108, 130
peroxyacetic acid 108
peroxyanhydride 110
peroxycarboxylic acid 163
peroxydiphosphoric acid 25
peroxydisulfuric acid 25
peroxynitric acid 25
peroxynitrous acid 25
peroxy—oic acid 163
peroxyphosphoric acid 25
peroxypropionic acid 70
peroxysulfuric acid 25
perylene 48, 140
perylo 146
phenacyl 167
phenalene 48, 139
phenanthrene 48, 139
phenanthridine 55, 142
phenanthro 146
phenanthroline 55
1,10-phenanthroline 142
phenanthrone 67
phenanthryl 100
2-phenanthryl 166
phenarsazine 143
phenazine 55, 142
phenethyl 99, 166
phenethyl alcohol 64
phenetidine 78, 116
phenol 65, 103
phenothiazine 143
phenoxathiin 143
phenoxazine 55, 143
phenoxide 104
phenoxy 65, 104, 166
phenoxylium 124
phenyl 48, 99, 120
N-phenylacetamide 111
phenyl acetate 71
phenylamide 122
phenylamino 116
N-phenylaniline 117
phenylazo 167
p-phenylazobenzenesulfonic acid 82
phenylboronic acid 38
phenyl cation 91, 124
phenylene 46, 48, 99, 130
p-phenylene 166
1,4-phenylenebis(methylene) 166
1-phenylethyl 163, 166
2-phenylethyl 166
phenylhydrazine 83, 119
phenylium 91, 124
phenylketene 68
phenylmethyl 163
phenylnaphthalene 52
phenylphosphonochloridothioic acid 164
N-phenylphthalimide 111
phenylsulfonyl 168
phloroglucinol 65
phospha 52
phosphane 15
phosphanium 18
phosphinimidic acid 164
phosphonic acid 16, 22
phosphonio 90
phosphonium 18, 90
phosphonochloridic acid 164
phosphoramidic acid 164
phosphoric acid 12, 22
phosphorodichloridic acid 164
phosphorothioic acid 164
phosphorous acid 22
phosphorus dibromide chloride 12
phosphoryl 20
phosphoryl trichloride 25
phthalaldehyde 66, 105
phthalazine 54, 142
phthalic acid 69, 107
phthalic anhydride 72, 110
phthalimido 167
phthalohydrazide 120
phthaloyl 70, 130, 167
phthaloyl dichloride 72
picene 48, 140
picric acid 104
pimelic acid 69
PIN 43, 92
pinacol 104
piperazine 54, 143
piperidine 54, 143
piperidino 57, 101, 168
piperidone 67
piperidyl 57, 101
4-piperidyl 57, 168
pivalic acid 69

plastic sulfur 10
pleiadene 48, 140
plumba 52
plumbane 15
plumbate 30
pnicogen 9
pnictide 6
pnictogens 6, 7
polane 15
poly 127
polyacrylonitrile 131
poly(amide-acid) 136
polyaziridine 132
polybutadiene 131
poly(buta-1,3-diene) 131
poly(ε-caprolactam) 132
poly(1,1-difluoroethene) 131
polyethene 131
polyethylene 128, 131
poly(ethylene oxide) 132
poly(ethylene terephthalate) 132
poly(ethylenimine) 132
polyformaldehyde 132
polyhedral symbol 33
poly(hexane-1,6-diyladipamide) 132
poly(hexano-6-lactam) 132
polyimide 136
poly(iminoethylene) 132
polyisobutylene 131
polyisoprene 131
polymer 6
polymer assembly 136
polymer blend 138
polymer-polymer complex 138
poly(methyl acrylate) 131
poly(methylene) 128, 131
poly(methyl methacrylate) 132
poly(2-methylpropene) 131
poly(α-methylstyrene) 131
polymorphism 37
poly(oxyethylene) 132
poly(oxymethylene) 132
poly(oxy-1,4-phenylene) 132
poly(phenylene oxide) 132
polypropene 131
polypropylene 131
polystyrene 131
polysulfur 10
poly(tetrafluoroethene) 131
poly(tetrafluoroethylene) 131
poly(vinyl acetate) 131
poly(vinyl alcohol) 131
poly(vinyl butyral) 131
poly(vinyl chloride) 131
poly(vinylidene fluoride) 131
potassium chloride 13
potassium cyanide 14
potassium dicyanidoargentate(1−) 15
potassium hexacyanidoferrate(4−) 30
potassium hexacyanidoferrate(Ⅱ) 14, 30
potassium hydrogen oxalate 71
potassium hydrogen phthalate 23
potassium isopropoxide 104
potassium pentachloridonitridoosmate(Ⅵ) 31
potassium tetrachloridopalladate(Ⅱ) 31
potassium tetracyanidonickelate(0) 14
potassium tetracyanidonickelate(2−) 15
potassium tetracyanidonickelate(Ⅱ) 31
potassium tetrahydroxidoaurate(1−) 31
potassium thiocyanate 13
preferred IUPAC name 92
preferred prefix 92
preferred suffix 92
prefix 137
preselected name 96
principal chain 85
principal group 60
propanal 105
propane 44, 98
1,3-propanediamine 78
propanedioyl 130
propane-1,2-diyl 165
1-propanimine 79
propanoic 163
2-propanol 64
propargyl 165
2-propenoic 163
1-propenyl 165
2-propenyl 165
propiolic acid 69, 107
propionaldehyde 105
propionaldehyde diethyl acetal 68
propionic 163
propionic acid 69, 107
propiononitrile 81
propionyl 70, 166
propiophenone 67, 105
propoxide 104
propoxy 65, 104, 166
propoxylium 124
propyl 98, 165
i-propyl 165
propylene 45, 130, 165
propylene glycol 65
propylideneamine 79
4-propyl-2-pentenedioic acid 68
2-propynyl 165
protactinium 5
protide 19
protium 9
pseudo 6
psoralen 6
pteridine 6, 54, 142
purine 54, 142, 153
pyran 54, 100
2*H*-pyran 142
4*H*-pyran-4-one 67
pyranthrene 48, 140
pyrazine 54, 142
7*H*-pyrazino[2,3-*c*]carbazole 55
pyrazino[2,3-*d*]pyridazine 55
pyrazole 54, 142
pyrazolidine 54, 143
pyrazoline 54
pyrazolone 67
pyrene 48, 49, 140, 151
pyridazine 54, 142
pyridinamine 5
pyridine 4, 27, 54, 100, 142
3-pyridinecarbaldehyde 62
pyrido 55, 143, 147
pyridone 67
pyridyl 57, 101
2-pyridyl 168
pyrimidine 54, 142
pyrimido 55, 143
pyrocatechol 65, 104
pyrogallol 65
4-pyrone 67
pyrrole 54, 142
1-pyrrolecarboxylic acid 68
pyrrolidine 54, 143
pyrrolidino 168
1-pyrrolidinyl 168
pyrrolidone 67, 105
2-pyrrolidone 74
pyrroline 54
2-pyrroline 163
1*H*-pyrrolizine 142
1-pyrrolyl 168
pyruvic acid 72, 107

Q～S

quater 52, 84
quinazoline 54, 142
quino 55, 143
quinoline 54, 142
8-quinolinol 65
4*H*-quinolizine 142
quinolone 67, 105
quinolyl 57, 101
2-quinolyl 168
quinone 67
quinoxaline 54, 142
quinque 52
quinuclidine 55, 141, 143

R 37
radicofunctional nomenclature 58
ran 133
random copolymer 133
rare earth metals 7
R—carboxylate 61
R-diazenyl 119
R-dioxy 61
R-disulfanyl 113
regular polymer 127
replacement nomenclature 59
resorcinol 65, 104
retained name 92
rhombohedral 37
R—oate 61
R-oxide 65
R-oxy 61
R-oxycarbonyl 61
R-sulfanyl 61, 112
R-thio 61, 112
rubicene 48, 140
ruthenocene 34

S(格子記号の) 37
S- 75, 83
s- 44, 88
salicyl 167
salicylic acid 72
salicylidene 167
salicyloyl 167
SAPR-8 32
sebacic acid 69
see-saw 32
selane 15
selectively labelled compound 12
selena 52
selenide 63
seleninyl 21
seleno 24, 74
selenonyl 21
selenoxide 63
semi-interpenetrating polymer network 138
septi 52
sexi 52
sh-branch- 137
sila 52
1-silanaphthalene 57
silane 15
silanediyl 130
silicic acid 22
silicon carbide 13
silylene 130
-sipn- 137
sodium(1+) 18
sodium azide 13
sodium bis(thiosulfato)argentate(I) 31
sodium dithioacetate 75
sodium ethyl succinate 71
sodium hexanoate 71
sodium hydroxide 14
sodium hypochlorite 11
sodium methanolate 65
sodium methoxide 65
sodium methylate 65
sodium pentacyanidonitrosylferrate(III) 31
sodium tetracarbonylferrate(−II) 14
sodium tetrahydridoborate(1−) 31
sodium thallium(I) dinitrate 26
sodium trinitride 13
sol 6
source-based name 127
SP-4 32
specifically labelled compound 12
spiro 51, 88, 156
spirobi 158
spiro[4.4]non-2-ene 6
spiro[3.4]octane 51
SPY-4 32
SPY-5 32
square antiprism 32
square plane 32
square pyramid 32
SS-4 32
stanna 52
stannane 15
stannate 30
star- 137
stat 133
statistical copolymer 133
stearic acid 69, 107
stearoyl 167
stearyl 165
stiba 52
stibane 15
stilbene 99
stoichiometric phase 36
structure-based name 127
styrene 47, 99, 132
styryl 48, 166
suberic acid 69
substituent 58
substitutive nomenclature 58
subtractive nomenclature 58
subunit 127
succinaldehyde 66, 105
succinamic acid 73
succinanilic acid 73
succinic 163
succinic acid 69, 107
succinic anhydride 72, 110
succinimide 5, 81, 111
succinimido 167
succinyl 70, 130, 167
sulfamic acid 25
sulfamoyl 5, 168
sulfane 15
sulfanediyl 130
sulfanide 19
sulfanido 27
sulfanyl 61, 112
sulfanylcarbonyl 114
sulfanylidene 113
sulfato 27
sulfenic acid 115
sulfide 63, 112
sulfido 27, 74
sulfidophosphorus(1+) 21
sulfinamide 116
sulfinate 116
sulfinato 116
sulfinic acid 61, 115
sulfino 61, 115, 168
sulfinyl 20, 130
sulfite 19
sulfo 61, 115, 168
sulfonamide 116
sulfonate 116
sulfonato 116, 168
sulfone 63
sulfonic acid 61, 115
sulfonio 90
sulfonium 90
sulfonyl 21, 130
sulfoxide 63
sulfur 10
sulfur hexafluoride 13
sulfuric acid 12, 22
sulfuric diamide 25
sulfurous acid 22
sulfuryl dichloride 25
superoxide 19
superoxido 27

T

T 9
T-4 32
t- 44, 88
tartaric acid 72, 107
TBPY-5 32
tellane 15
tellura 52
telluro 24, 74
ter 52, 84
terephthalaldehyde 105
terephthalic acid 69, 107
terephthalohydrazide 120
terephthalonitrile 112
terephthaloyl 130, 167
1,1′:4′,1″-terphenyl 52
$1^1,2^1:2^4,3^1$-terphenyl 100
p-terphenyl 52, 84
tetra 14, 83
tetraamminediaquacobalt(III) chloride 30
tetracarbonylhydridocobalt(I) 31
tetracene 48, 99, 140
tetrachloridocuprate(II) 20
tetracontane 44
tetradecane 44
tetrafluoridoantimony(1+) 18
tetrafluoridoantimony(V) 18
tetrafluorostibanium 18
tetragonal 37
tetrahedro 34
tetrahedron 32
tetrahydridoborate(1−) 38
tetrahydro 50
tetrahydrogen(hexacyanidoferrate) 23
tetrahydrogen[hexatriacontaoxido(tetraoxidosilicato)dodecatungstate] 23
tetrahydrogen(silicododecatungstate) 23
tetrahydrogen[(tetracontaoxidosilicon dodecatungsten)ate] 23
1,2,3,4-tetrahydronaphthalene 50
tetrakis 14, 30, 84
tetrakis(pyridine)platinum(II) tetrachloridoplatinate(II) 31
tetrakis(triphenylphosphane)platinum(0) 14
tetramethylammonium 18, 90, 123
tetramethylammonium iodide 118
tetramethylazanium 18
tetramethylazanium iodide 118
tetramethylene 46, 130
tetraphenylene 48, 140
tetraphosphorus decaoxide 14
tetrapotassium hexacyanidoferrate 30
tetrasilane 15
tetrasulfur(2+) 18
tetrol 5
thalla 52
thallane 15

thenoic acid 70
2-thenoyl 168
2-thenyl 168
thia 52, 74, 154, 156
thiaborane 38
thial 61, 113
thianaphthene 54
thianthrene 55, 142
thiazole 54, 142
1,2-thiazole 101
1,3-thiazole 53, 141, 142
2-thiazolecarbonitrile 62
thiazolone 67
thieno 55, 143, 147
thieno[2,3-*b*]furan 55
thienyl 57, 101
2-thienyl 168
thiirane 4
thio 24, 74, 75, 130, 164
thioacetaldehyde 113
thioacetone 75
thioamide 75, 114
thioanhydride 76
thioate 114
thiobenzamide 114
thiobenzophenone 75
thiocarbonic acid 164
thiocarboxy 61
thiocyanate 63
thiocyanato 27, 61
thiocyanic acid 25
thioether 74
thioformyl 61, 113
thiohydroperoxide 115
thioic acid 61, 75, 113
thiol 61, 74, 112
thione 61, 75, 113
thionyl 20
thionyl dichloride 25
thioperoxol 115
thiophene 4, 54, 142
2-thiophenecarbothialdehyde 74
thiophenol 74
thiophosphoryl 21
4*H*-thiopyran 142
thiosulfato 27
thiosulfuric acid 25
thiosulfurous acid 25
thiourea 115
thioxo 61, 113, 168
thioyl 75, 114
thiuram 4
thymol 104
tI 37
toluene 47, 99, 162
p-toluenesulfonyl 168
o-toluic 163
toluic acid 69
toluidine 78, 116
p-toluoyl 167
tolyl 48, 99, 166
p-tolyl 163
2,4-tolylene 166
p-tolylsulfonyl 168
tosyl 77, 168
TP-3 32
tP 37
TPR-6 32
TPRS-7 32
TPRS-8 32
TPRS-9 32
TPRT-8 32
TPY-3 32
trans 32, 88
transition elements 7
tri 14, 79, 83, 150
triacontane 44
triamine 78
triamminetrinitrito-κ*N*-cobalt(Ⅲ) 32
triamminetrinitrito-κ*O*-cobalt(Ⅲ) 32
triangulo 34
triazene-1,3-diyl 130
1,3,5-triazine 53
tricalcium diphosphide 13
tri-μ-carbonyl-bis(tricarbonyliron) (*Fe*—*Fe*) 35
tricarbonyl(η^4-cyclooctatetraene)iron 34
trichloridosulfidophosphorus 21
triclinic 37
tricyclo 50
tricyclo[*k.l.m.n*^{xy}]alkane 154
tridecane 44
triethylalumane 34
(triethyl)amine 117
triethylamine 62, 79, 83, 117
triethylazane 117
trifluoridotrifluoromethanidoborate (1−) 38
trigonal 37
trigonal bipyramid 32
trigonal plane 32
trigonal prism 32
trigonal prism, square-face bicapped 32
trigonal prism, square-face monocapped 32
trigonal prism, square-face tricapped 32
trigonal prism, triangular-face bicapped 32
trigonal pyramid 32
trihydridogermanate(1−) 19
trihydrogen(1+) 18
trihydroxidooxidosulfur(1+) 22
triiron tetraoxide 14
trimethylammonioacetate 91
trimethylene 46, 130
trimethylenediamine 78
N,N,N-trimethylmethanaminium 123
N,N,N-trimethylmethanaminium iodide 118
trinaphthylene 48, 140
trinitride(1−) 19
trinitrido 27
trioxide(1−) 19
trioxidochlorate(1−) 20
trioxidochlorine(1+) 21
trioxidosulfate(2−) 19
trioxygen 10
triphenylene 48, 140
triphenylmethanide 90
triptycene 155
tris 14, 30, 84, 134, 150
tris(η^3-allyl)chromium 34
tris(2,2′-bipyridine)iron(Ⅱ) chloride 31
triselane 15
tris(ethane-1,2-diamine) chromium(Ⅲ) chloride 14
tris(ethane-1,2-diamine)cobalt(3+) 16
tris(ethane-1,2-diamine)cobalt(Ⅲ) sulfate 31
tritium 9
trityl 48, 99
triyl 46, 47, 57, 120
TS-3 32
T-shape 32

U～Y

undeca 14
undecane 44
urea 112
ureido 167
ureylene 167

valeric acid 69
valerolactone 74
valeryl 70, 167
vinyl 46, 163, 165
vinylene 47, 130
vinylidene 46

w 135

x 135
xanthate 76
xanthene 55, 142, 153
xyl 121
xylene 47, 99, 162
xylenol 65
xylidine 78, 116
xylyl 48, 166
p-xylylene 166

yl 33, 45, 47, 57, 77, 89, 120
ylate 65
ylene 47
ylidene 46, 47, 120
ylidyne 120
ylium 91, 124
ylo 121
ylomethyl 121
ylylidene 46, 120
yne 45, 47, 58
ynyl 46
ynylene 47

和　文　索　引

あ

ISO 規格　138
IUPAC 規則　7
IUPAC 名　162
アウキシン　4
亜塩素酸　22
亜塩素酸イオン　21
アクア　27
アクチニド　9
アクチノイド　7, 9
アクリジン　55, 142, 153
アクリドン　67
アクリルアルデヒド　66
アクリル酸　69, 107
アクリロイル　70, 167
アクリロニトリル　81
ア　ザ　52, 88, 154, 156
アザニウム　18, 118
アザニド　122
アザニドイオン　19
アザニリデン　116
アザニル　116
アザボラン　38
アザン　15, 116
アジエン　45, 47
アジ化　63
アジ化物イオン　19
アジド　27, 59, 164
アジノ　119
アジピン酸　69, 107
アジポイル　130
アジポニトリル　81
亜硝酸　22
亜硝酸イオン　19, 20
アジリジン　52
アシルオキシ　71, 109
アシルオキシル　121
アシル基　70, 108
アジン　100
アスタタン　15
アズレン　48, 139
アセアントリレン　48, 140
アセアントレン　140
アセタト　27
アセタート　4, 90
アセタール　68, 106
アセチリウム　124
アセチリドイオン　19
アセチル　70, 108, 166
アセチルアセトナト　27
アセチルアセトン　27
アセチルアニオン　122
アセチルアミド　122
アセチルアミノ　167
アセチレン　45, 98
“ア”接頭語　52, 56
アセテート　6
アセトアニリド　111
アセトアミジン　5
アセトアミド　5, 80, 110, 167
アセトアルデヒド　66, 105
アセトキシ　71, 166
アセト酢酸　72, 107
アセトニトリル　112
アセトニル　167
アセトフェノン　67, 105
アセトン　66, 105
アセナフチレン　48, 139
アセナフテン　50, 140
アセナフトキノン　105
アセフェナントリレン　48, 139
アゼライン酸　69
ア　ゾ　81, 118, 130
アゾ化合物　81, 118
アゾキシ化合物　82, 119
アゾベンゼン　81, 119
アゾベンゼン-4-スルホン酸　82
アゾメタン　81
アダマンタン　99
アダマンチル　100
ア　ト　61, 90
アート　27, 61, 70, 71, 109
アトロパ酸　69
アニオン　90, 121
アニシジン　78, 116
p-アニシル　167
アニス酸　72
p-アニソイル　167
アニソール　4, 104
アニリド　81
アニリド酸　73
アニリニウム　5
アニリニウム=クロリド　80
アニリノ　116, 167
アニリン　78, 116
アミジウム　123
アミジノ　61, 167
アミジル　121
アミジン　61
アミド　24, 61, 77, 80, 110, 111, 122, 164
アミドイオン　19
アミド酸　73
アミニウム　118, 123
アミニド　122
アミニル　89, 121
アミノ　61, 78, 116, 167
アミノカルボニル　111
アミノキシド　104
アミノキシリウム　124
アミノキシル　121
アミノ酸　73
アミラーゼ　4
アミン　61, 62, 78, 79, 116
——の置換命名法　62
アミンオキシド　125
アミンジイド　122
“ア”命名法　56, 94
アラクノ　38
アラニル　73
亜硫酸　22
亜硫酸イオン　19
アリル　6, 33, 46, 165
アリール　6, 48
アリールオキシカルボニル　71
アリールスルフィニル　115
アリールスルホニル　115
亜リン酸　22
アール　61, 66
R/*S* 方式　33
R オキシ　61
R オキシカルボニル　61
R オキシド　65
アルカファン　96
アルカリ金属　7
アルカリ土類金属　7
アルカンスルフィニル　59, 115
アルカンスルホニル　59, 115
アルキルオキシ　59
アルキルオキシカルボニル　109
アルキルオキシル　121
アルキルスルファニル　59
アルキルスルフィニル　115
アルキルスルホニル　115
アルキルチオ　59
アルキルペルオキシ　59
アルコキシ　59
アルコキシカルボニル　71
アルコキシ酸　72
アルコキシル　121
アルコール　63, 64, 103
アルサ　52
アルサン　15
R ジアゼニル　119
R ジオキシ　61
R ジスルファニル　113
R スルファニル　61, 112
R スルフィド　112
R チオ　61, 112
アルデヒド　66, 105
アルデヒド酸　72
アルファベット記号
辺の——　49
アルマ　52
アルマン　15
アルミン酸　22
アレン　45, 98
アレーン　48
アレーンスルフィニル　115
アレーンスルホニル　115
ア　ン　44
angular 位置　146, 148, 152, 153, 159
——の比較　152
安息香酸　69, 107
安息香酸無水物　72
アントラ　49, 143, 146
アントラキノン　105
アントラセン　48, 139
アントラニル酸　73, 107
9-アントリル　166
アントリル　100
アントロール　104
アントロン　67
アンヌレン　48, 99, 145, 156
アンミン　27
アンモニウム　18, 90, 118
アンモニウム化合物　80, 118
アンモニオ　80, 90, 167

い

イウム　80, 90, 122
硫　黄　10, 74
硫黄イリド　125
硫黄酸　77
イオノン　4
イオン　90
イオン電荷　9
イコサン　44
異種多原子陰イオン　19
異種多原子陽イオン　18
イジン　46
イ　ソ　88
イソインドリン　143

イソインドール 142
イソオキサゾール 5, 54, 101, 142
イソ吉草酸 69
イソキノリル 57, 101
イソキノリン 54, 142
イソキノロン 105
イソクロトン酸 69
イソクロマン 54, 101, 143
イソクロメン 101
1*H*-イソクロメン 142
イソシアナト 59, 61, 167
イソシアノ 59, 61
イソシアン化 63
イソシアン酸 12, 63
イソチアゾール 54, 101, 142
イソチオシアナト 59, 61, 168
イソチオシアン酸 25, 63
イソチオ尿素 83
イソニコチン酸 70, 107
イソ尿素 83
イソバレリル 70
イソフタルアルデヒド 105
イソフタル酸 69, 107
イソフタロイル 130
イソフタロヒドラジド 120
イソブタン 44, 98
イソブチリル 70, 166
イソブチル 98, 165
イソブトキシ 104, 166
イソプレン 98
イソプロピリデン 46, 130, 165
イソプロピル 98, 165
イソプロピルアルコール 64
イソプロペニル 46, 165
イソプロポキシ 104, 166
イソヘキサン 44
イソベンゾフラン 142
イソペンタン 44
イソペンチル 165
イソ酪酸 69, 107
イータ 34
一 14
1,2-双極化合物 125
位置番号 44, 129, 154
——つきの名称 157
——の規則の例外 50
——のつけ方 54, 56, 87
縮合環の—— 49, 147, 151
縮合複素環の—— 152
スピロ環化合物の—— 156
一冠八面体 32
一般 IUPAC 名 92
イデン 46, 57
イ ド 90, 125
イニル 46
イニレン 47
イミジウム 123
イミダゾ 55, 143, 147
イミダゾリジン 54, 143
イミダゾリン 54
イミダゾール 54, 142
イミド 61, 81, 111, 122, 164
イミニウム 118, 123
イミニオ 130
イミニド 122
イミニル 121
イミノ 61, 117, 130, 156, 167
イミノメタノ 156
イミン 61, 79, 117, 161
イラート 65
イリウム 91, 124
イリジン 120
イリデン 46, 47, 120
イ ル 33, 45, 47, 57, 77, 89, 120
イルイリデン 46, 120
イレン 47
イ ロ 121
イロメチル 121
イ ン 45, 47, 58
陰イオン(アニオンも見よ) 18, 90, 121
陰イオン性配位子 26, 27
インジガ 52
インジガン 15
as-インダセン 48, 139
s-インダセン 48, 139
インダゾール 54
1*H*-インダゾール 142
インダン 50, 140
インダンスレン染料 6
インデン 48, 139
インドリジン 54, 142
インドリル 57
インドリン 54, 143
インドール 54, 142
1*H*-インドール 100

う，え

ウレイド 167
ウレイレン 167
ウ ン 10
ウンデカ 14
ウンデカン 44

S-酸 75
エステル 70, 109
エステル(有機硫黄酸の) 77
エストロン 4
エタニド 122
エタノ 155
エタノール 5
エタン 44, 98
エタン-1,2-ジアミン 27
エタンジオイル 130
1,2-エタンジオール 83
エタンチオール 74
エチニル 165
エチラート 90
エチリジン 120
エチリデン 46, 120, 130, 165
エチル 98, 120
エチルアミン 5
エチルアルコール 63
エチルアンモニウム=クロリド 80
エチルフェニルスルホン 76
2-エチルヘキシル=プロピル=ケトン 3
エチルメチルケトン 63, 66
エチレン 45, 46, 64, 98, 130, 165
エチレングリコール 65, 104
エチレンジアミン四酢酸 107
エテニル 165
エテノ 155
エーテル 63, 65, 104, 130
エテン 46, 64
エトキシ 65, 104, 166
エトキシカルボニル 166
エトキシド 90, 104
エトキシリウム 124
エニル 46
エニレン 47
エ ノ 49, 145
エピジオキシ 156
エピチオ 156
f ブロック元素 7
エポキシ 66, 156, 166
エポキシチオキシ 156
エマルション 6
エリウム 125
エリド 125
エ ン 10, 45, 47, 58, 145
塩 70
エンイン 45
塩 化 63
塩化アセチル 64, 72
塩化アニリニウム 80
塩化酸化ビスマス 11
塩化二酸素 11
塩化ベンジル 63
塩 酸 21
エンジイン 45
塩素酸 22
塩素酸イオン 20, 21

お

オイリウム 124
オイル 70
オイルオキシリウム 124
オキサ 52, 88, 154, 156
オキサゾール 54
1,2-オキサゾール 101
1,3-オキサゾール 142
オキサミド 110
オキサミド酸 73, 107
オキサモイル 5, 73
オキサリル 70, 108, 130, 167
オキサルアルデヒド 105
オキサロ 108, 167
オキサロ酢酸 72
R オキシ 61
オキシ 65, 104, 130, 166
R オキシカルボニル 61
オキシカルボニル 130
オキシダン 15
R オキシド 65
オキシド 27, 63, 65, 119
オキシドリン(1+) 20
オキシメチレンオキシ 130
オキシリウム 124
オキシン 100
オキソ 61, 66, 105, 166
オキソ酸 21, 72
——の類縁体 163
オキソニウム 18, 90
オキソニオ 90
オキソラン 52
オキソラン-2,5-ジオン 110
オクタ 14
オクタデカン 44
オクタデシル 165
オクタノイル 167
オクタン 44
オクタン酸 69
オクチ 52
オクト 10
O-酸 75
オスモセン 34
オゾン 10
オゾン化物イオン 19
オナフトン 66
オニウム 61
オニウムイオン 123
オニオ 61
オニトリル 81
オバレン 48, 140
オヒドラジド 61, 83, 120
オフェノン 66
オラクトン 74
オラート 65, 104
オリゴ 134
オリド 73
オール 61, 65
オルト 99
オレイン酸 69, 107
オーレオマイシン 6
折れ線 32
オ ン 61, 67, 115, 160

か

過安息香酸 70, 108
過塩素酸 22

化学式 11
化学組成 36
過カルボン酸 108
過ギ酸 70, 108
架橋配位子 17, 34
架橋ポリマー 137
角括弧 16, 49, 88, 147, 156, 157
核反応 9
化合物種類の優先順位 60, 96, 97
化合物の位置番号 87
過酢酸 70, 108
過 酸 70, 108
——の無水物 110
過酸化水素 15
過酸化物イオン 19
カチオン 90, 91, 122, 123
括 弧 16
——の順序 88
——の使い方 98
カッパ 32
カッパ方式 32
カテコール 65
カプリル酸 69
カプリン酸 69
カプロン酸 69
ガ ラ 52
ガラス 6
ガラン 15
カリウムイソプロポキシド 104
カルコゲン 7
カルコゲン化物 7
カルコン 105
カルバクロール 104
カルバジン酸 119
カルバゾール 55, 142, 153
カルバニリド酸 73
カルバボラン 38
カルバミン酸 73, 107
カルバモイミド酸 107
カルバモイル 61, 73, 111, 167
カルビノール 65
カルベン 89, 120
カルボアルデヒド 61, 62, 66
カルボキサミジウム 123
カルボキサミジル 121
カルボキサミジン 61
カルボキサミド 61, 62, 110, 111
カルボキシ 61, 166
カルボキシ基 68
カルボキシミジウム 123
カルボキシミド 61
カルボキシラト 71, 109, 166
カルボジイミド 118
カルボジチオ酸 61, 75, 113
カルボチオアート 114
カルボチオアミド 114
カルボチオアルデヒド 61, 113
カルボチオイル 75, 114
カルボチオ酸 61, 75, 113
カルボニトリリウム 123
カルボニトリル 61, 62, 112
カルボニリウム 124
カルボニル 20, 27, 70, 108, 130
カルボニル化合物 66, 105
カルボノペルオキソイル 108
カルボヒドラジド 61, 62, 83, 119
カルボラクトン 73, 110
カルボラン 38
カルボン酸 61, 62, 68, 69, 107
——の名称 163
カルボン酸R 61
カルボン酸エステルポリマー
——の日本語名 132
カルボン酸塩 109
カルボン酸金属 61
環 系
——の上位 52, 86
環再現化 95
環集合 51
環状アルデヒド 66
環状ジケトン 160
環状炭化水素 99
環状トリケトン 161
環状モノケトン 159
官能基代置命名法 24
官能種類名 63
官能種類命名法 58, 93
慣用名 13, 54
配位子の—— 27
慣用名方式 135
簡略化した模式図 95

き

貴ガス 7
基官能名 63
基官能命名法 58, 63
——の優先順位 63
擬ケトン 106
ギ 酸 69, 107
キサンテン 55, 142, 153
キサントゲン酸塩 76
キシリジン 78, 116
キシリル 48, 166
キシル 121
キシレノール 65
キシレン 47, 99
規則性ポリマー 127, 133
基礎成分 139
——の選び方 55
——の優先順位 141
吉草酸 69
希土類金属 7
キナゾリン 54, 142
キヌクリジン 55, 143
キ ノ 55, 143
キノキサリン 54, 142
4*H*-キノリジン 142
8-キノリノール 65
キノリル 57, 101
2-キノリル 168
キノリン 54, 142
キノロン 67, 105
キノン 67
キノンイミン 79
基本環 154
基本複素環 52
——の名称 163
基 名 129
九 14
共重合体 → コポリマー
強制接頭語 59, 60, 103
鏡像異性体
——の区別 33
橋 頭 154
供与体-受容体錯体 35
キラリティー記号 17
キレート環配座の絶対配置記号 17
キンクエ 52
金 酸 30
銀 酸 30
金属—金属結合 34

く

クアテル 52, 84
クアド 10
グアニジノ 167
グアニジン 4
空 位 36
クエン酸 107
鎖の上位 85
櫛型ポリマー 137
クバン 99, 155
クマリン 4
クメニル 48, 166
クメン 47
グラフトコポリマー 133
グリオキサール 66
グリオキシル酸 72, 107
グリコール酸 72, 107
グリシル 73
グリセリン 65, 104
グリセリン酸 72, 107
クリセン 48, 140
グルコース 4
グルタリル 70, 130
グルタル酸 69, 107
クレゾール 65, 104
クロソ 38
クロトン酸 69
黒丸点 17
クロマン 54, 100, 143
クロメン 54, 100
2*H*-クロメン 142
クロラ 52
クロラニル 5
クロラン 15
クロリド 24, 27, 164
クロリル 21, 59
クロロ 24, 59, 166
4-クロロアニソール 104
クロロオキシ 21
クロロシル 21, 59
クロロニウム 90
クロロニオ 90
クロロホルミル 167
クロロメチル=メチル=エーテル 63

け，こ

ケイ酸 22
形式酸化数
——有機金属錯体の 33
ケイ皮酸 69, 107
ケタール 68, 106
ケテン 68, 106
ケトン 63, 66, 105
Chemical Abstracts 索引名 43, 162
——における元素名 162
ゲルマ 52
ゲルマン 15
ゲルマン化物イオン 19
減去命名法 58
原子団 20
——の名称 38
原子番号 8, 9
元 素
——の順位 11
元 素 113 10
元素記号 8, 9
元素表 8
元素名 7
原料基礎名 127, 131

五 14
交互コポリマー 133
格子欠陥 37
構成繰返し単位 127
構成成分 96
構造基礎名 127, 131
公認略号 13
鉱物名 36
高分子間錯体 138
高分子集合体 136
高密度ポリエチレン 138
固相の名称 36
固 体 36
コハク酸 69, 107
五方両錐 32
コポリマー 133
——の組成 135
——の分子量 135
——の命名法 134
ゴム状硫黄 10
固溶体 36
コレステロール 65
コロネン 48, 140

混合原子価錯体 15
コンマ 154, 156

さ，し

最小の位置番号 44, 87
最多数の非集積二重結合 48, 57
——をもつ縮合環系 145
——をもつ炭化水素 145
酢 酸 69, 107
酢酸フェニル 71
鎖状アルデヒド 66
鎖状ケトン 66
鎖状炭化水素 44, 98
鎖状炭化水素基 45
鎖状モノアシル誘導体 66
サリチリデン 167
サリチル 167
サリチル酸 72
サリチロイル 167
三 14, 83
酸 21, 61, 62, 68
—酸 R 61
酸解離性ヒドロン 23
三角形 32
(三角)十二面体 32
三角面二冠三方柱 32
酸化数 14
——有機金属化合物の 33
—酸金属 61
三酸素 10
三斜晶系 37
酸性塩 109
酸 素 10
三方晶系 37
三方錐 32
三方柱 32
三方両錐 32
—酸無水物 61
酸無水物 72, 110

ジ 14, 79, 83, 150
GIN 92
次亜塩素酸 23
次亜塩素酸イオン 19, 21
次亜塩素酸ナトリウム 11
ジアザン 119
ジアセトキシヨード 59
ジアゼニリウム 124
ジアゼニル 82
R ジアゼニル 119
ジアゼン 82, 118
ジアゼンオキシド 82
ジアゼンジイル 82, 130
ジアゾ 59, 167
ジアゾニウム 124
ジアゾニオ 167
シアナト 27, 61
シアニド 24, 27
シアノ 24, 61, 167
ジアミノ 79
ジアミン 78, 79
CRU 127
シアン化 63
シアン酸 12, 63
ジアンミン銀(1+) 9
ジイソプロピルエーテル 63
ジイミン 79
ジイリデン 120
ジイル 57, 120, 129
ジイルイリデン 47
ジイン 45
CA 索引名 162
N,N-ジエチルエタンアミン 117
ジエチルケトン 66
ジエチルスルフィド 74
ジエチルホスフィノイミド酸 164
C/A 方式 33
ジオキシ 130, 166
R ジオキシ 61
ジオキシダニド 121
ジオキシド塩素(1+) 21
ジオキシド窒素(1+) 20
四角面一冠三方柱 32
四角面三冠三方柱 32
四角面二冠三方柱 32
ジキノン 67
シクロ 47, 88
シクロオクタジエン 33
シクロオクタテトラエン 33
シクロブタ 145
シクロプロペニリウム 91
シクロヘキサファン 95
シクロヘキサン 4, 47
シクロヘキサンカルボニル 70, 167
シクロヘキサンジイル 130
シクロヘキサンメタノール 92
シクロヘキシリデン 166
シクロヘキシル 165
シクロヘキシルカルボニル 70, 167
シクロヘキシルフェニルエーテル 105
シクロヘキシルメタノール 92
1-シクロヘキセニル 165
シクロヘキセン 47
シクロヘプタ 145
シクロヘプタトリエニル 33
シクロペンタ 143, 145
シクロペンタジエニド 121
シクロペンタジエニル 33
シクロペンタジエン 47
ジシアニド銀酸イオン(1−) 9
指示水素 50, 67, 157, 159, 161
ジシラン-1,2-ジイル 130
ジシリレン 130
シ ス 32
ジスピロ 156
ジスピロ化合物 158
R ジスルファニル 113
ジスルファンジイル 113
4,4′-ジスルファンジイルジフェノール 113
ジスルフィド 113
シーソー 32
七 14
ジチオ 75
ジチオカルボキシ 61, 114
ジチオ酸 61, 75, 113
ジチオ炭酸 76
4,4′-ジチオフェノール 113
ジチオン酸 22
七方両錐 32
実験式 11
質量数 9
質量% 135
質量分率 135
ジデヒドロ 102
ジヒドロ 50, 145
ジヒドロキシ-λ^3-ヨーダニル 59
ジヒドロキシヨード 59
ジフェニルアザン 117
ジフェニルアミン 117
(ジフェニル)アミン 117
ジフェニルカルベン 89
ジフェニルジアゼン 119
ジフェニルメタノン 105
ジフェニルメタン 93
ジフェニルメチル 166
ジフェニルメチレン 89
1,2-ジブロモエタン 64
ジペルオキシ 70
脂肪族環状炭化水素 99
ジメチルアミノ 167
1,1-ジメチルエチル 120
ジメチルグリオキシマト 27
ジメチルジスルフィド 113
ジメチルスルホキシド 76
1,3-ジメチル尿素 83
N,N′-ジメチル尿素 83, 112
シメン 47
四面体 32
斜交直線方式 33
斜 線 17
斜方格子 37
斜方晶系 37
十 14
十 一 14
臭 化 63
周 期 7
周期コポリマー 133
周期表 9
シュウ酸 69, 107
シュウ酸水素カリウム 71
重縮合系コポリマー 135
ジュウテリウム 9
ジュウテロン 9
十 二 14
重付加系コポリマー 135
重複合置換基 98
主 基 60, 84, 85
接尾語として呼称する—— 60
主 橋 51
縮合環
——の配列の規則 151
——への橋かけ 155
置換基や特性基をもつ—— 153
橋かけ環を基礎成分とする—— 156
縮合環化合物 139
縮合環炭化水素 99, 139
縮合多環炭化水素 48
縮合複素環 54, 141
——の位置番号 152
——の基礎成分の優先順位 55
主 鎖 85
主鎖の選択 101
主鎖副単位の優先順位 128
酒石酸 72, 107
主要族元素 7
小括弧 16
硝 酸 22
シ ラ 52
シラン 15
シランジイル 130
シリレン 130
シンナミル 48, 166
シンナムアルデヒド 5, 66
シンノリン 54, 142

す～そ

水酸化物イオン 11, 19, 20
水 素 71
——の同位体 9
水素イオン 9
水素化物イオン 19
水素名称 20, 23
水和物 35
スクシニル 70, 130, 167
スクシンアニリド酸 73
スクシンアミド酸 73
スクシンアルデヒド 66
スクシンイミド 5, 81, 167
スズ酸 30
スタンナ 52
スタンナン 15
スチバ 52
スチバン 15
スチリル 48, 166
スチルベン 99
スチレン 47, 99
ステアリン酸 69, 107
ステアロイル 167
スーパー原子 95

スピロ 51, 88, 156
スピロ環化合物 158, 161
——の位置番号 156
——の命名 156
スピロ原子 51, 156
スピロ炭化水素 51
スピロ[4.4]ノナ-2-エン 6
スピロビ 158
スベリン酸 69
スペルオキシド 27
スルファト 27
スルファニド 27
スルファニドイオン 19
スルファニリデン 113
R スルファニル 61, 112
スルファニル 61, 112
スルファニルカルボニル 114
スルファモイル 5, 168
スルファン 15
スルファンジイル 130
スルフィド 27, 63, 74, 112
R スルフィド 112
スルフィドリン(1+) 21
スルフィナト 116
スルフィナート 116
スルフィニル 20, 130
スルフィノ 61, 115, 168
スルフィンアミド 116
スルフィン酸 61, 77, 115
スルフェン酸 61, 115
スルホ 61, 115, 168
スルホキシド 63, 76, 115
スルホナト 116, 168
スルホナート 116
スルホニウム 90
スルホニオ 90
スルホニル 21, 130
スルホン 63, 76, 115
スルホンアミド 116
スルホン酸 61, 77, 115

正方晶系 37
正方錐 32
正方ねじれ柱 32
セキシ 52
セシウム 4
接合命名法 58, 92
接続記号 133, 137
絶対配置 33
絶対配置記号 17
接頭語 137
——の順序 88
数を表す—— 3, 45, 52
置換命名法で用いられる主要基の—— 61
接尾語
——として呼称する主基 60
置換命名法で用いられる主要基の—— 61
母音字で始まる—— 5
セバシン酸 69
セプチ 52
セプト 10

セミ相互侵入高分子網目 138
セラン 15
セレナ 52
セレニド 63
セレニニル 21
セレノ 24, 74
セレノキシド 63
セレノニル 21
遷移元素 7
全角ダッシュ 17, 34
1990 勧告 7
1993 規則 43
1979 規則 43
旋光符号 17

相互侵入高分子網目 138
挿入語 163
族 7
側面心格子 37
組成範囲 37
ソラレン 6
ゾ ル 6

た 行

対イオン 26
第一級アミン 78, 116
——の名称 163
大括弧 16
体系名称 13
第三級アミン 79, 116
体心格子 37
代置命名法 56, 59, 94
第二級アミン 79, 116
多核錯体 34
多核母体水素化物 15
多価置換基 94
多環系 154
多 形 37
多重使用順序 16
ダッシュ 17
多面体記号 33
タ ラ 52
タラン 15
炭化水素環集合 51
炭化水素基 98, 130
炭化水素基名 163
単環炭化水素 47
単原子陽イオン 18
炭 酸 22
——の類縁体 164
炭酸水素イオン 20, 24
炭酸誘導体 107
単斜晶系 37
単純格子 37
炭素環ケトン 67
炭素単環の縮合 145

チ ア 52, 74, 154, 156
チアゾール 54
1,2-チアゾール 101
1,3-チアゾール 142
チアゾロン 67

チアナフテン 54
チアボラン 38
チアール 61, 113
チアントレン 55, 142
チイラン 4
チウラム 4
チエニル 57, 101
2-チエニル 168
チエノ 55, 143, 147
R チオ 61, 112
チ オ 24, 74, 75, 112, 130, 164
チオアセタール 75
チオアセトン 75
チオアート 114
チオアミド 75, 114
チオアルデヒド 74, 113
チオイル 75, 114
チオエーテル 74
チオカルボキシ 61
チオカルボン酸 75, 113
——の塩またはエステル 75
——の無水物 76
チオカルボン酸アミド 114
チオカルボン酸エステル 114
チオカルボン酸塩 114
チオキソ 61, 113, 168
チオケトン 75, 113, 161
チオ酸 61, 75, 113
チオシアナト 27, 61
チオシアン酸 25, 63
チオスルファト 27
チオ炭酸 75, 76, 113
チオ尿素 83, 115
チオニル 20
チオヒドロペルオキシド 115
4*H*-チオピラン 142
チオフェノール 74
チオフェン 4, 54, 142
チオフェンカルボン酸 70
チオペルオキソール 115
チオベンゾフェノン 75
チオホスホリル 21
チオホルミル 61, 113
チオ無水物 76
チオ硫酸 25
チオール 61, 74, 112
チオン 61, 75, 113
置換基 58
置換命名法 13, 15, 19, 34, 58, 60, 92
チタン族 7
チモール 104
中括弧 16
中間結晶相 36
中心原子名 30
中性配位子 26
超酸化物イオン 19
直鎖炭化水素 44
直 線 32
直方格子 37
直方晶系 37

つなぎ符号 3, 63, 71

T 9
D 9
T-型 32
底心格子 37
定比相 36
定比組成 37
定比組成命名法 13
d ブロック元素 7
デ カ 14
デカノイル 167
デカン 44
デカン酸 69
デ シ 52
鉄 酸 30
テトラ 14, 83
テトラオール 5
テトラキス 14, 30, 84
テトラコンタン 44
テトラセン 48, 140
テトラデカン 44
テトラヒドロ 50
テトラフェニレン 48, 140
テトラメチルアンモニウム 90, 123
テトラメチレン 46, 130
2-テニル 168
2-テノイル 168
テノ酸 70
デヒドロ 102
テラン 15
テ ル 52, 84
デルタ 33
デルタ形 33
p-テルフェニル 52, 84
$1^1,2^1:2^4,3^1$-テルフェニル 100
テルラ 52
テルロ 24, 74
テレフタルアルデヒド 105
テレフタル酸 69, 107
テレフタロイル 130, 167
テレフタロニトリル 112
テレフタロヒドラジド 120
電荷数 15
電気的陰性成分 11
電気的陽性成分 11

同位体 9
同位体置換化合物 12
統計コポリマー 133
銅 酸 30
同種多原子陽イオン 18
同素体 10
特性基 58
——の優先順位 61
接頭語としてのみ呼称される—— 59
特性基名 163
特性基命名法 103
——の一般原則 59
——の種類 58
特定位置標識化合物 12

特定数標識化合物　12
ドコサン　44
トシル　77, 168
ドデカ　14
ドデカン　44
ドデシル　165
ドライアイス　6
トランス　32
トランス-二冠八面体　32
ト リ　10, 14, 79, 83, 150
トリアコンタン　44
トリアゼン-1,3-ジイル　130
トリアミン　78
トリイル　46, 47, 57, 120
トリエチルアミン　62, 79, 83, 117
(トリエチル)アミン　117
トリオキシド塩素(1＋)　21
トリシクロ　50
トリシクロ[$k.l.m.n^{xy}$]アルカン　154
トリス　14, 30, 84, 134, 150
トリチウム　9
トリチオ炭酸　76
トリチル　48, 99
トリデカン　44
トリトン　9
トリナフチレン　48, 140
トリニトリド　27
トリフェニルメタニド　90
トリフェニレン　48, 140
トリプチセン　155
トリメチルアンモニオアセタート　91
N,N,N-トリメチルメタンアミニウム　123
トリメチレン　46, 130
トリメチレンジアミン　78
トリル　48, 99, 166
p-トリルスルホニル　168
トルイジン　78, 116
トルイル酸　69
トルエン　47, 99
p-トルエンスルホニル　168
p-トルオイル　167

な 行

内遷移元素　7
ナイトレン　89, 120
内部原子の位置番号　99, 144, 151
ナトリウムメタノラート　65
ナトリウムメチラート　65
ナトリウムメトキシド　65
ナフタレン　48, 139
ナフタレンジイル　130
ナフチリジン　54
1,8-ナフチリジン　142
ナフチル　100
ナフト　49, 143, 146
ナフトエ酸　69, 107
1,4-ナフトキノン　68
ナフトキノン　105
ナフトール　65, 104
波括弧　16, 88

二　14, 83
二価アシル基　130
二価の基　130
二環系　144
ニクトゲン　6, 7
ニクトゲン化物　6, 7
二元化合物　15
ニコゲン　9
ニコチン酸　70, 107
二酢酸カルシウム　71
二酸化塩素　11
二酸化物(1－)イオン　19
二酸素　10
二臭化エチレン　64
二重プライム　150, 158
2005 勧告　7
2013 勧告　43
ニッケロセン　34
ニ ド　38
ニトリット　4
ニトリト　27
ニトリド　27
ニトリリウム　123
ニトリル　61, 81, 112
ニトリロ　61, 130, 167
ニトロ　20, 59
ニトロシル　20, 27
ニトロソ　20, 59
ニトロソオキシ　20
乳 酸　72, 107
ニュートラルレッド　6
尿 素　83, 112
二硫酸　22
ニ ル　10

ネオペンタン　44, 98
ネオペンチル　98, 165

ノ ナ　14
ノナデカン　44
ノナン　44
ノ ビ　52

は

配位化合物　26
　――の化学式　26
　――の命名　30
配位原子位置記号　17
配位子　26
　――の慣用名　27
　――の名称　27
　――の略号　13, 27, 28
π 系　34
倍数接頭語　14, 45, 83
倍数置換基　93
倍数命名法　93
配置指数　17, 33
ハイフン　17
橋かけ環　157
橋かけ環化合物　154
橋かけ環系　99
八　14
八硫黄　10
八面体　32
バナジン酸　22
馬尿酸　73
ハプト　34
ハプト配位　17
パ ラ　99
パラアルデヒド　5
[2.2]パラシクロファン　95
パルミチン酸　3, 69, 107
パルミトイル　70, 167
バレリル　70, 167
パーレン　16
ハロゲン　7
ハロゲン化アシル　72
ハロゲン化―オイル　61
ハロゲン化―カルボニル　61
ハロゲン化物　7
ハロゲン誘導体　64, 103
ハロホルミル　61
半角中黒　17
半慣用名　54

ひ

ビ　10, 51, 84
PIN　92
ビアセチル　67, 105
Pearson 記号　37
ピクリン酸　104
ヒ 酸　22
ビシクロ　50, 154
ビシクロ[2.2.1]ヘプタ-2-エン　6
ビ ス　14, 30, 84, 134, 150
ビス(アセチルオキシ)-λ^3-ヨーダニル　59
ビス(η^5-シクロペンタジエニル)鉄(1＋)　34
ビスマ　52
ビスムタン　15
ピセン　48, 140
非線状ポリマー　136, 137
非体系的慣用名称　19
ヒドラジド　119
ヒドラジニウム　18
ヒドラジニリデン　119
ヒドラジニル　119
ヒドラジノ　61, 119, 167
ヒドラジノカルボニル　61
ヒドラジン　15, 61, 83, 119
ヒドラジンジイリデン　119
ヒドラジン-1,2-ジイル　119, 130
ヒドラゾ　83, 119, 130
ヒドラゾノ　119, 167
ヒドラゾベンゼン　83
ヒドリド　27
ヒドロ　88, 102
ヒドロキシ　5, 20, 61, 166
ヒドロキシアミノ　167
ヒドロキシイミノ　167
ヒドロキシ(カルボチオイル)　114
ヒドロキシ酸　72
ヒドロキシド　20, 27
ヒドロキシメチル　167
ヒドロキシル　20, 121
ヒドロキノン　65, 104
ヒドロニウム　18
ヒドロペルオキシ　20, 61, 104, 166
ヒドロペルオキシカルボニル　108
ヒドロペルオキシド　63, 104
ヒドロン　9
ピナコール　104
ビニリデン　46
ビニル　46, 165
ビニレン　47, 130
ピバル酸　69
非標準結合数　17, 76
2,2′-ビピリジン　27, 84
4-ビフェニリル　166
ビフェニル　51, 84
ビフェニルジイル　130
ビフェニレン　48, 139
ピペラジン　54, 143
ピペリジノ　57, 101, 168
ピペリジル　57, 101
4-ピペリジル　168
ピペリジン　54, 143
ピペリドン　67
ピメリン酸　69
標準結合数　15
ピラジン　54, 142
ピラゾリジン　54, 143
ピラゾリン　54
ピラゾール　54, 142
ピラゾロン　67
ピラン　54, 100
2*H*-ピラン　142
ピラントレン　48, 140
ピリオド　154, 156
ピリジル　57, 101
2-ピリジル　168
ピリジン　4, 27, 54, 100, 142
ピリジンアミン　5
ピリダジン　54, 142
ピリド　55, 143, 147
ピリドン　67
ピリミジン　54, 142
ピリミド　55, 143
ピルビン酸　72, 107
ピレン　48, 140, 151
ピロカテコール　65, 104
ピロガロール　65
1-ピロリジニル　168
ピロリジン　54, 143

1*H*-ピロリジン 142
ピロリドン 67, 105
2-ピロリドン 74
1-ピロリル 168
ピロリン 54
ピロール 54, 142
1*H*-ピロール 100
4-ピロン 67

ふ

ファク 32
ファン化合物 95
フェナシル 167
フェナジン 55, 142
フェナルサジン 143
フェナレン 48, 139
フェナントリジン 55, 142
フェナントリル 100
2-フェナントリル 166
フェナントレン 48, 139
フェナントロ 146
フェナントロリン 55
1,10-フェナントロリン 142
フェナントロン 67
フェニリウム 91, 124
フェニル 48, 99, 120
N-フェニルアセトアミド 111
フェニルアゾ 167
p-フェニルアゾベンゼンスルホン酸 82
N-フェニルアニリン 117
フェニルアミド 122
フェニルアミノ 116
1-フェニルエチル 166
2-フェニルエチル 166
フェニルカチオン 91, 124
フェニルスルホニル 168
フェニルヒドラジン 83, 119
N-フェニルフタルイミド 111
フェニルホスホノクロリドチオ酸 164
フェニレン 46, 48, 99, 130
p-フェニレン 166
1,4-フェニレンビス(メチレン) 166
フェネチジン 78, 116
フェネチル 99, 166
フェノキサジン 55, 143
フェノキサチイン 143
フェノキシ 65, 104, 166
フェノキシド 104
フェノキシリウム 124
フェノチアジン 143
フェノール 64, 65, 103
フェノール類 65
フェロセニウム 34
フェロセン 34
von Baeyer 命名法 154
付加化合物 35
付加水素 67, 159
——を用いる命名法 158
付加命名法 12, 13, 19, 58
不規則性ポリマー 133
複 塩 25, 35
複 核 34
副 橋 51, 154, 155
複合基名 88
複合置換基 98
複素環
——の縮合 147
——の優先順位 86, 147
複素環ケトン 67
複素単環化合物 52
副単位 127
付随成分 139, 149
——の縮合位置 146
プソイド 6
ブタ-1-エン-1-イル 165
ブタ-2-エン-1-イル 165
ブタ-1-エン-1,4-ジイル 6
ブタジエン 33
ブタノ 155
フタラジン 54, 142
フタルアルデヒド 66, 105
フタルイミド 167
フタル酸 69, 107
フタル酸水素イオン 24
フタル酸水素エチル 71
フタル酸水素カリウム 23
フタロイル 70, 130, 167
フタロヒドラジド 120
ブタン 44, 98
4-ブタンラクタム 74
ブチリル 70, 166
ブチル 98, 165
s-ブチル 165
sec-ブチル 98
t-ブチル 165
tert-ブチル 98, 120
ブチルアミン 62
ブチルアルデヒド 66
γ-ブチロラクトン 110
フッ化 63
不定比相 36
ブテニル 5
1-ブテニル 165
2-ブテニル 165
2-ブテノ 155
プテリジン 6, 54, 142
ブトキシ 65, 104, 166
s-ブトキシ 166
sec-ブトキシ 104
t-ブトキシ 166
tert-ブトキシ 104
ブトキシド 104
tert-ブトキシド 104
ブトキシリウム 124
フマル酸 69, 107
プライム 51, 79, 81, 149, 150, 157, 158
ブラケット 16
プラス 17
プラスチック製品 138
ブラベ格子 17, 37
フラーレン 10
フラン 4, 54, 142
フランカルボン酸 70
フリル 57, 101
2-フリル 168
2,2′-フリル 67
プリン 54, 142, 153
フルアルデヒド 105
フルオラ 52
フルオラン 15
フルオランテン 48, 139
フルオリド 24, 27
フルオレン 48, 139
フルオロ 24, 59, 166
フルフラール 105
フルフリル 168
フルベン 99
ブルンバ 52
ブルンバン 15
プレイアデン 48, 140
ブレース 16, 88
フ ロ 55, 143, 147
2-フロイル 168
フロ酸 70, 107
プロチウム 9
ブロック間の接合単位 135
ブロックコポリマー 133, 134
プロトアクチニウム 5
プロトン 9
プロパナール 105
2-プロパノール 64
プロパン 44, 98
1,3-プロパンジアミン 78
プロパン-1,2-ジイル 165
プロパンジオイル 130
プロピオニル 70, 166
プロピオノニトリル 81
プロピオフェノン 67, 105
プロピオル酸 69
プロピオール酸 107
プロピオンアルデヒド 105
プロピオン酸 69, 107
フロヒドラジド 120
2-プロピニル 165
プロピル 98, 165
プロピレン 45, 130, 165
プロピレングリコール 65
1-プロペニル 165
2-プロペニル 165
プロポキシ 65, 104, 166
プロポキシド 104
プロポキシリウム 124
ブロマ 52
ブロマン 15
ブロミド 24, 27
ブロモ 24, 59, 166
ブロモニウム 90
ブロモニオ 90
フロログルシノール 65
分岐ポリマー 137
分類式原料基礎名 133
分類式原料基礎命名法 136
分類名 136

へ

平面四角形 32
ヘキサ 14
ヘキサオン 5
ヘキサセン 48, 140
ヘキサデカン 44
ヘキサデシル 165
ヘキサナール 4
ヘキサノイル 167
ヘキサヒドロ 145
ヘキサフェン 48, 140
ヘキサメチレン 130
ヘキサン 4, 44
ヘキサンアミド 5, 80
1-ヘキサンカルボン酸 62
ヘキサン酸 69
ヘキサン酸ナトリウム 71
ヘキサンニトリル 62
ヘキス 10
ヘキセノン 5
4-ヘキセン酸 68
ヘテロ原子 148
ヘテロ原子群 94
ヘテロ単位 94
ヘプタ 14
ヘプタセン 48, 140
ヘプタデカン 44
ヘプタフェン 48, 140
ヘプタレン 48, 139
ヘプタン 44
ヘプタン酸 62
ヘプタン二酸 62
ペリ縮合 144, 146
ペリミジン 142
ペリレン 48, 140
ペリロ 146
ペルオキシ 24, 70, 108, 130
ペルオキシド 27
ペルオキソ 24
ペルオキソアート 122
ペルオキソラート 121
ペルオキソール 104
ペルクロリル 21, 59
ペルヒドロ 50
ペルヨージル 59
ヘンイコサン 44
ベンザイン 6, 89, 102
ベンザル 105
ベンジジノ 117
ベンジジン 117
ベンジリジン 48, 99, 166
ベンジリデン 48, 99, 130, 166
ベンジル 48, 67, 99
ベンジルアミン 5, 78
ベンジルオキシ 65, 166
ベンジルオキシカルボニル 166
ベンジル酸 107
ベンジン 6
ベンズアニリド 81

ベンズアミド 5, 80, 110, 167
ベンズアルデヒド 5, 66, 105
ベンズヒドリル 99, 166
ベンゼナ 95
ベンゼニウム 122
ベンゼニド 90, 121
ベンゼニリウム 124
ベンゼニル 120
ベンゼネリウム 125
ベンゼン 4, 33, 47, 99
ベンゼンアミニド 122
ベンゼンアミン 116
ベンゼンジイル 46
ベンゼン-1,4-ジイル 120
ベンゼン-1,4-ジカルボニトリル 112
p-ベンゼンジチオール 74
ベンゼンスルホナート 90
ベンゼンスルホニル 168
ベンゼンスルホニル=クロリド 64
ベンゼンスルホンアミド 77
ベンゼンチオール 74, 112
ベンゾ 49, 88, 143, 144, 145
ベンゾイミダゾール 142
ベンゾイル 108
ベンゾイルアミノ 167
ベンゾイルオキシ 166
p-ベンゾキノン 68
1,2-ベンゾキノン 105
1,4-ベンゾキノン 105
ベンゾニトリル 81
ベンゾヒドラジド 83, 120
1*H*-2-ベンゾピラン 142
2*H*-1-ベンゾピラン 142
ベンゾフェノン 67, 105
ベンゾ[*b*]フラン 142
2-ベンゾフラン-1,3-ジオン 110
ペンタ 14, 83
ペンタエリトリトール 104
ペンタキス 14, 84
ペンタセン 48, 140
ペンタデカン 44
5-ペンタノリド 73
ペンタフェン 48, 140
ペンタメチルシクロペンタジエニル 30
ペンタレン 48, 139
ペンタン 44
ペンチル 165
t-ペンチル 165
tert-ペンチル 98
ペンチルオキシ 65, 166
ペント 10
変動組成 36

ほ

母 音
——の省略 45, 52
ホウ酸 22, 38
ホウ素族 7
飽和直鎖炭化水素
——の名称 44
星型ポリマー 137
ホスファ 52
ホスファニウム 18
ホスファン 15
ホスフィノイミド酸 164
ホスフィンオキシド 125
ホスホニウム 18, 90
ホスホニオ 90
ホスホノクロリド酸 164
ホスホリル 20
ホスホロアミド酸 164
ホスホロジクロリド酸 164
ホスホロチオ酸 164
ホスホン酸 16, 22
保存名 92
母体化合物
——の選定 85
母体カチオン名 90
母体水素化物 13, 92
母体炭化水素 98
没食子酸 72
ホモポリマー 127
ボ ラ 52
ボラン 15, 38
ボラン 15
ポ リ 127
ポリアクリル酸メチル 131
ポリアクリロニトリル 131
ポリアジリジン 132
ポリアミド酸 136
ポリアミン 117
ポリ硫黄 10
ポリイソブチレン 131
ポリイソプレン 131
ポリイミド 136
ポリ(イミノエチレン) 132
ポリエチレン 128, 131
ポリエチレンイミン 132
ポリエチレンオキシド 132
ポリエチレンテレフタラート 132
ポリエチレンテレフタレート 132
ポリエテン 131
ポリ塩化ビニル 131
ポリ(オキシエチレン) 132
ポリ(オキシ-1,4-フェニレン) 132
ポリ(オキシメチレン) 132
ポリ(ε-カプロラクタム) 132
ポリカルボン酸 69
ポリケトン 67
ポリ酢酸ビニル 131
ポリ(1,1-ジフルオロエテン) 131
ポリスチレン 131
ポリテトラフルオロエチレン 131
ポリテトラフルオロエテン 131
ポリビニルアルコール 131
ポリビニルブチラール 131
ポリフェニレンオキシド 132
ポリブタジエン 131
ポリ(ブタ-1,3-ジエン) 131
ポリフッ化ビニリデン 131
ポリプロピレン 131
ポリプロペン 131
ポリ(ヘキサノ-6-ラクタム) 132
ポリ(ヘキサン-1,6-ジイルアジパミド) 132
ポリホルムアルデヒド 132
ポリマー 6
ポリマーブレンド 138
ポリメタクリル酸メチル 132
ポリ(α-メチルスチレン) 131
ポリ(2-メチルプロペン) 131
ポリ(メチレン) 128, 131
ボリン酸 38
ホルミル 61, 66, 70, 108, 166
ホルムアミド 110
ホルムアルデヒド 66, 105
ボロン酸 38

ま 行

マイナス 17
末端基 135
丸括弧 16, 88, 158
マレイン酸 69, 107
マロニル 70, 130, 167
マロンアルデヒド 66
マロン酸 69, 107
マロン酸ジエチル 71
マンニトール 65

ミリスチン酸 69

無機硫黄酸 78
無水過酢酸 110
無水コハク酸 72, 110
無水酢酸 72, 110
無水フタル酸 72, 110
無水マレイン酸 72

メシチル 48
メシチレン 47, 99
メシル 77
メソキサリル 5
メソシュウ酸 72
メ タ 99
メタクリル酸 5, 69, 107
メタクリロイル 167
メタニウム 122
メタニド 121
メタノ 155
メタロセン命名法 34
メタン 15, 44, 98
メタンアミニド 122
メタンアミン 116
メタンジアゾニウム 124
メタンジイミン 118
メタンチオイル 113
メチリウム 123
メチリデン 46, 98, 165
メチル 27, 98
メチルアザン 116
N-メチルアニリン 79
メチルアミド 122
メチルアミノ 167
メチルアミン 116
メチルアリル 165
メチルアントラセン 5
メチルカチオン 123
メチルジアゼニリウム 124
メチルチオ 168
メチルチオメチル 168
メチルナイトレン 89
1-メチル-1-フェニルエチル 166
メチル=フェニル=マロナート 3
4-メチル-*m*-フェニレン 166
1-メチルブチル 165
2-メチルプロパン-2-イル 120
1-メチルヘプチル 165
α-メチルベンジル 166
メチルメチレン 130
メチレン 46, 98, 130, 165
メチレンジオキシ 166
1,1′-メチレンジベンゼン 93
メトキシ 5, 65, 104, 166
メトキシカルボニル 166
メトキシド 104
p-メトキシフェニル 167
メトキシリウム 124
メトキシル 121
メ ル 32
メルカプタン 74
メルカプト 61, 74, 112, 167
面心格子 37

モ ノ 14
モノイミン 79
モノペルオキシ 70
モノマー 6
モル% 135
モル分率 135
2-モルホリニル 168
モルホリノ 57, 168
モルホリン 54, 143

や 行

約 36

有機硫黄酸 77
有機塩基
——の塩 80
有機過酸 164
有機金属化合物 26, 33
有機酸エステル 4
有機溶媒
——の略号 13
優先 IUPAC 名 43, 92
優先順位
環系の—— 86
鎖の—— 85
優先接頭語 92
優先接尾語 92
遊離基(ラジカルも見よ) 89, 120
陽イオン(カチオンも見よ) 18, 90, 122
ヨウ化 63
ヨウ化テトラメチルアザニウム 118
ヨウ化テトラメチルアンモニウム 118
ヨウ化 *N,N,N*-トリメチルメタンアミニウム 118
ヨウ化メチル 64
ヨージド 4, 24, 27
ヨージル 59, 166
ヨーダ 52
ヨーダン 15
ヨード 24, 59, 166
ヨードシル 59, 166
ヨードニウム 90
ヨードニオ 90
ヨードベンゼン 4
予備選択名 96
四 14, 83

ら～わ

雷 酸 12
ラウリン酸 69
ラウロイル 167
酪 酸 69, 107
ラクタム 73, 106, 111
ラクチム 111
ラクトン 73, 106, 110
——の位置番号 73
ラジカル 89, 120
ラジカルイオン 125
ラジカルドット 17
ラムダ 33
ラムダ形 33
λ-方式 17, 76
ランタニド 9
ランタノイド 7, 9
ランダムコポリマー 133

リゾチーム 6
立 方 37
立方晶系 37
立方体 32
リナロオール 4
略語(コポリマーの) 138
略語(ポリマーの) 138
略 号
化学式—— 13
配位子の—— 13
硫化ジエチル 74
硫 酸 22
硫酸アルミニウムカリウム 11
硫酸ジメチル 78
硫酸水素イオン 24
硫酸水素メチル 78
両性イオン 91
菱面体格子 37
菱面体晶系 37
リンゴ酸 72
リン酸 22
リン酸水素イオン 20, 24
リン酸二水素イオン 20, 24

ルテノセン 34
ルビセン 48, 140

レソルシノール 65, 104
レッドブック 7

ロイシン 4
六 14
六硫黄 10
六十炭素 10
六 方 37
六方晶系 37
六方両錐 32

第1版 第1刷 2011年3月25日 発行
第2版 第1刷 2016年2月 1 日 発行
第4刷 2022年5月24日 発行

化合物命名法
―― IUPAC勧告に準拠 ――
第2版

編　集　公益社団法人 日本化学会
命名法専門委員会

発行者　住 田 六 連

発　行　株式会社 東京化学同人
東京都文京区千石3-36-7(〒112-0011)
電話 03-3946-5311・FAX 03-3946-5317
URL: http://www.tkd-pbl.com/

印　刷　中央印刷株式会社
製　本　株式会社 松 岳 社

ISBN 978-4-8079-0888-2
Printed in Japan